I0464596

Die Admiralität von Santarid

Geheimakte MARS 09

© 2022 D. W. McGillen

Umschlagsfoto: Mit Lizenz
Paperback: ISBN: 9781514817001
Imprint: Independently published

Hardcover: ISBN: 9798366307215
Imprint: Independently published

ISBN-e-Book: ebenfalls erhältlich:

D.W. McGillen, 15.12.2022

Auch erhältlich:

Inhaltsverzeichnis

Rückblick

Episode 07:

Major Travis, eingesetzter Verwalter der alten natradischen Hinterlassenschaften, versucht das untergegangene kaiserliche Imperium wieder zu beleben. Doch eine neue Bedrohung wurde von der Aufklärung des galaktischen Sicherheits-Dienstes registriert. Die Worgass stehen kurz vor der Fertigstellung einer neuen Invasions-Flotte. Hiermit wollen sie allen humanoiden Rassen in den gehassten Nachbar-Galaxien eliminieren. Eine eilig zusammengerufene Allianz der befreundeten Rassen soll diese Gefahr beseitigen. Die technisch weit entwickelten Lantraner unterstützen die Rassen der Milchstraße. Gelingt es den Völkern der Milchstraße die Gefahr zu beseitigen, oder wird das Neue-Imperium wieder in einen massiven Krieg hineingezogen?

Episode 08:

Major Travis, eingesetzter Verwalter der alten marsianischen Hinterlassenschaften, versucht das ehemalige natradische Kaiserreich wieder zu beleben. Ein neuer Krisenfall wurde von der weitsichtigen Rasse der Lantraner entdeckt. Heran bittet das Neue-Imperium von Tarid & Natrid um Unterstützung. Die neue Lebens-Hemisphäre der ausgewanderten Natrader, welche sich heute Santaraner nennen, wird angegriffen. Durch die bitteren Erfahrungen des großen Krieges, hat die Regierung der Santaraner vor langer Zeit, eine Abrüstung der vernichtenden Waffentechnik befohlen. Viele junge Rassen konnten diesen technischen Vorsprung zwischenzeitlich einholen. Die insektoide Rasse der Daraner ist auf eine Spur der Evakuierten gestoßen. Seit vielen Generationen keimt in ihnen ein immenser Hass auf humanoide Völker, speziell aber auf die Santaraner. Das Neue-Imperium, unter der Führung von Major Travis entsendet einen schweren Kampf-Verband zur Unterstützung. Der Major hofft, erste politische Kontakte zu dem ausgewanderten Volk des Sol-Systems herstellen zu können. Doch es scheint kein einfaches Unterfangen zu werden.

Episode 09:

Major Travis, der Verwalter der alten natradischen Hinterlassenschaften, versucht das ehemalige Imperium des untergegangenen Kaiserreiches wieder zu beleben. Die Gefahr für das santaranische Kunst-System konnte abgewendet werden. Die Leitung der Admiralität der ehemals evakuierten Natrader zeigt sich undankbar und will sich der fortgeschrittenen Technik des Neuen Imperiums bemächtigen. Es kommt zu einem ernsten Zwischenfall. Admiral Gentrin wird abgesetzt und das Hohe Auditorium wieder etabliert. Admiral Cartero erhält den Oberbefehl über die santaranische Admiralität Oberst Cameron, der neue Kommandeur des ISD, sucht nach Spuren der Piraten, um diese vor weiteren Beutezügen zu warnen. Major Travis folgt einem Hilferuf von Sil'drock, der ein Angehöriger einer Rasse ist, die sich Ablonder nennen. Es handelt sich um ein ehemaliges Hilfsvolk der "Aller Ersten". Die Flotte des Neuen-Imperiums unter dem Befehl von Major Travis kommt noch rechtzeitig, um die Vernichtung eines Versorgungs-Mondes der Ablonder zu verhindern. Wieder haben die Worgass ihre Hände im Spiel. Das Neue-Imperium erhält Kenntnisse von der weißen Barriere und dem machthungrigen Volk der Zierrakies. Sie scheinen ihren Ausdehnungsbereich massiv ausweiten zu wollen und stellen sich als die Herren der Worgass dar.

Im Kunst-System Santaron

Das neue Hauptquartier des KSD konnte endlich auf Natrid fertiggestellt werden. Die Zentrale war bewusst nicht in der unterirdischen Stadt Tattarr integriert worden. Sie sollte als eigenständige Einheit fungieren. Noel und General Poison hatten dies nach langen Überlegungen beschlossen, um diese Abteilung der EWK, als eine kampffähige Spezialeinheit zur Erledigung besonderer Aufgaben in das Geflecht des Neuen-Imperiums zu integrieren. Hier sollten nur die Besten der Besten aufgenommen werden. Sie sollten mit besonderen Schulungen und Wissens-Implantationen zu einem Eingreifkommando von Spezialisten heranwachsen, um alle möglichen Krisenherde in den Kolonien und auf den Planeten des Imperiums bekämpfen zu können.

Weit genug entfernt von der EWK-Mars-Kolonie, erhob sich am Anfang des Mars-Graben-Systems Valles Marineris, aus 7 Kilometern Tiefe ein gewaltiges und monströses Bauwerk in den Himmel. Das pyramidenförmige Gebäude ragte 4 Kilometer aus dem Canyon-Graben hervor. Außenstehende Beobachter konnten die Komplexität der Anlage unmöglich abschätzen. Für Personen, die weit vor dem Graben auf dem Marsboden standen, war die Gesamthöhe des Bauwerks nicht abschätzbar. Dieses maß von dem Boden des Grabens ganze 11.000 Metern. Hiermit jedoch nicht genug. General Poison und Noel hatten beschlossen, dem KSD ein Hauptquartier aus dem Boden zu stampfen, das den zukünftigen Aufgaben dieser Eingreif-Truppe gerecht werden sollte. Dank den natradischen Maschinen und den über 250.000 beteiligten Arbeits-Robotern, war dieses Gebäude innerhalb von 6 Monaten realisiert worden. Nicht sichtbar für Beobachter waren die 52 unterirdischen Stockwerke, die terranische Ingenieure mit den natradischen Arbeits-Robotern in den Marsfelsen getrieben hatten. Das unterirdische Flechtwerk wies eine Größe von 32 Kilometern auf. Die Wände waren mit 6 Meter dicken Natrid-Stahl verstärkt. Alle Etagen wurden als Sicherheits-Festungen autark ausgelegt. Auf allen Ebenen waren für Notfälle natradische Energie-Meiler, für eine separate Energie-Versorgung und Personen-Flucht-Transmitter integriert worden. Alle Etagen konnten mit großzügigen Transport-Turbolifts und eigenen Anti-Graf-Bändern, für die schnelle Weiterleitung Maschinen und Materialien aufwarten.

Alle Räume wiesen zusätzliche massive Versteifungs-Elemente und extreme Sicherheits-Schotts auf. Jede Abteilung dieser Behörde war eigens mit Codegebern und Sicherheits-Schleusen gesichert. Den Zutritt erhielten Mitarbeiter nur über ihre eigene DNA-Code-Card. Die mächtige Natrid-Hypertronic-KI prüfte die Daten mit überlichtschneller Geschwindigkeit und erteilte erst dann die Freigabe. Über die weiteren geheimen Abteilungen dieses neuen KSD-Hauptquartiers, lagen bis zu dem Datum der Eröffnung noch keine öffentlichen Daten vor.

Die Steuerzentrale war in der Mitte des Gebäudes untergebracht. Tief im Boden arbeiteten geschulte Spezialisten und werteten jede eingehende Information aus, die von der zentralen Leitstelle aus Tattarr übermittelt wurde. Am Fuße dieses Bauwerks lag die unterste Etage. Sie war als modernes Energie- und Technik-Center konzipiert. Tief im Marsfelsen eingebettet arbeiteten 42 natradische Großmeiler neuster Bauart, um alle technischen Einrichtungen und Abteilungen mit Energie versorgen zu können. Eine Etage hierüber lag das zentrale Groß-Transmitter-Zentrum. Die 369 Transmitter waren bereits auf diverse Koordinaten und Bezugspunkte im All eingestellt. Über 1.500 Kampf-Roboter patrouillierten in dem Gebäude und sicherten jeden Bereich. Den Transmittern wurde eine abgespeckte Version des Produktions-Duplikators beigestellt, der speziell die Entwicklungs- und Forschungs-Abteilungen des KSD unterstützen sollte. Die Turbolifte sorgten für den personellen Austausch zwischen den Etagen. Alle nicht militärischen Bereiche, wie zum Beispiel Aufenthaltsräume, Bistros, Bars, Sport- und Erholungsanlagen, Unterkünfte für das Stammpersonal, sowie auch zahlreiche Konferenz-Zimmer, wurden im oberen Bereich des Gebäudes angelegt. Sie vervollständigten die Anlage zu einem autarken System.

Der Boden im Außenbereich des Grabens wurde großflächige begradigt und mit speziellen natradischen Baumaschinen glasiert. Hier diente eine Fläche von 750 Kilometern als Landefläche für Raumschiffe und als Parkbereich der Einsatz-Schiffe. Oberhalb und Unterhalb der der Anlage zogen sich stabile Röhren-Verbindungen in alle Richtungen und stellten den Anschluss zu der natradischen Stadt Tattarr und der EWK-Mars-Kolonie her. Die aus 5 Meter dicken, transparenten Aluminium hergestellten Röhren, wurden zusätzlich durch Schutz-Schirme gesichert. Ein Dreifachgeflecht des neuen Super-Schutz-Schirms, sicherte zusätzlich das ganze Bauwerk von außen ab.

Dank der intensiven Überwachung aller Bereiche des Neuen-Imperiums, konnte im Notfall blitzschnell reagiert werden und KSD-Greif-Truppen in entsprechende Gefahrengebiete entsendet werden. Im Umkreise des neuen KSD-Haupt-Quartiers wurden 120 schwere, ausfahrbare natradische Abwehr-Geschütze installiert. Jede von ihnen war mit einen Zwillings-Geschütz bestückt. Die hierunter liegenden Wartungs-Schächte konnten von dem technischen Robot-Service-Personal genutzt werden, um Wartungen oder Updates an den Geschütz-Anlagen durchzuführen.

Die Fertigstellung und die Übergabe der Anlage erfolgten vor 8 Tagen. Noel, General Poison und eine ausgesuchte Elite der EWK, durften die neue KSD-Zentrale ihrer Funktion übergeben. Während den Feierlichkeiten wurde von General Poison und der Führung der EWK, eine erste Einsatz-Flotte über 1.500 Schiffen, der neuen 400-Meter messenden Prinz-Klasse, dem Hauptquartier des KSD übergeben. Alle Schiffe wurden bereits nach dem neusten technischen Standard des Imperiums gefertigt. Jedes von ihnen konnte sich im Krisenfall in eine feuerspeiende Festung verwandeln. Von diesen Schiffen standen 500 Stück auf dem neuen Raum-Flug-Hafen, vor dem Hauptquartier der KSD, bereit. Weitere 300 Schiffe wurden jeweils auf den Flotten-Kampf-Stationen Tarel 7 und Konstalarosa geparkt.

Die restlichen 400 Schiffe in einem freien Hangar auf der Basis Atlantis stationiert. Weitere 500 Schiffe sollten laut Aussage von General Poison noch folgen. Diese würden in einem freien Hangar auf Titan ihren Heimat-Hafen finden. Der Zugang zu ihnen wurde durch ein Hoch-Sicherheits-Konzept gesichert. Die Schiffe durften nur von dem Personal des KSD genutzt werden.

General Poison saß in seinem Büro mit Noel und Oberst Cameron zusammen. Der ehemalige Offizier der amerikanischen Streitkräfte, hatte sich in der Ausübung seiner Tätigkeit, gute Verdienste erworben. Wie bereits bei seiner ehemaligen Stellung ersichtlich wurde, verfügte der Oberst über exzellente Führungsqualitäten. Auf seiner Suche nach neuen Herausforderungen, hatte er sich für den leitenden Job des KSD, bei der EWK beworben. Nach intensiver Prüfung der Personalakten und der Anerkennung seiner militärischen Erfolge, wurde er von der Führungsebene der EWK positiv bewertet und ins Gefüge des KSD integriert. Mit 56 Jahren war der Oberst ein gereifter und zuverlässiger Mann. Überhastete Entscheidungen waren ihm fremd.

Oberst Cameron wurde der neue Leiter der KSD, einer wichtigen Untergruppierung der EWK.

General Poison und Noel blickten ihn an und musterten ihn. Der Oberst ließ die Begutachtung ohne jegliche Nervosität über sich ergehen. Er wusste von seiner Kompetenz und seinem Sachverstand.

»Sie haben ihr neues Quartier bereits bezogen? «, fragte der General. » Ich hoffe nur, dass sie genügend Platz für ihre Abteilungen finden. «

Der Oberst lachte.

»Ein kolossales Bauwerk«, antwortete er. »Ich denke, wir werden kein zweites dieser Art im ganzen Universum finden. Es ist gleichzeitig die zentrale Verwaltungs- und Leitstelle des KSD, mit den angegliederten Ausbildungs-, Forschungs- und Entwicklungs-Abteilungen. Ferner wurden jetzt auf die Büros der imperialen Sicherheit, und Überwachung, sowie alle Bereiche der schnellen Einsatz-Kräfte integriert. Ich danke der EWK für diese komfortable Basis und Arbeitsstätte. «

»Es werden zusätzliche neue Aufgaben auf ihre Dienststelle zukommen«, erklärte der General. »Diese gehen über die bisherigen Aufgaben des KSD weit hinaus. Eine hoheitliche Aufgabe ihrer Behörde wird es sein, für Ordnung in unserem Imperium zu sorgen. Sie übernehmen alle unangenehmen Aufgaben, die möglicherweise für eine Verstimmung bei unseren Mitgliedern sorgen, weil sie in die inneren Angelegenheiten der nationalen Regierungen eingreifen. Ähnlich einer intergalaktischen Polizeitruppe.

Alle Basen, Stationen und Anlagen der EWK und des Neuen-Imperiums von Tarid & Natrid, unterstehen ihrer Überwachung. Als Grenze unseres Einflussbereiches ist die ehemalige Linie des alten kaiserlich natradischen Imperiums zu sehen. Viele der alten Planeten müssen durch uns erst noch geprüft und aktiviert werden. Vorher wollen wir keine Schiffe von dem KSD dort sehen. Ist das von ihnen klar aufgenommen worden? «

»So lauten ihre Befehle«, antwortete Oberst Cameron nüchtern. »Es ist mir vollkommen klar, dass nur die Führung der EWK, die Leitung von Natrid, speziell Noel und Major Travis, uns weisungsbefugt sind. Hieran halten wir uns. «

General Poison nickte.
»Sollten wir irgendwelche Ungereimtheiten erfahren, die gegen diese erste Order in ihren Statuten verstößt, dann wird das für ihre Behörde Konsequenzen nach sich ziehen und wir werden die KSD-Dienststelle neu ordnen. Ich sage dies nur, weil zu viel Macht in wenigen Händen bereits früher viele Offiziere zu eigenmächtigen Handlungen veranlasst haben. Ihre Behörde muss ein Vorbild für Gerechtigkeit und Toleranz in unserem Neuen-Imperium werden. Alle fremden Rassen müssen sich von dieser Behörde beschützt und gerecht behandelt fühlen. Nur so kann neues Vertrauen bei den Politikern der Regierungen bewohnter Welten wachsen. Gerade die Rasse der Najekesio leidet immer noch unter der seinerzeit schlechten Behandlung des kaiserlichen Imperiums. «

»Seien sie unbesorgt«, antwortete Oberst Cameron. »Sie ersehen aus meiner Personalakte, die Gerechtigkeit ein Wort ist, dass speziell bei mir großgeschrieben wird. «

Noel blickte den schlanken und sportlichen Terraner an.

»Ihre Behörde arbeitet eng mit den Geheimdienststellen auf Tarid und Natrid zusammen«, bemerkte er. »Sie werden also als eine der ersten Stellen über mögliche Krisenherde und Probleme im Imperium informiert werden. Eine entsprechende Depesche, über die anstehenden Aufgaben, geht ihnen nach meiner Rückkehr nach Tattarr zu. «

»Ich bin mir der Vielzahl der anstehenden Arbeiten bewusst«, antwortete Oberst Cameron. »Wir sind gerade dabei Teams zu bilden, die sich für die speziellen Aufgaben am besten eignen. Diese Teams brauchen Raumschiffe. Daher meine erste Frage an sie ist folgende. Meinen sie denn nicht, dass wir mit 1.500 Schiffen der neuen Prinz-Klasse unterpräsentiert sind? «

Noel und General Poison schauten den Oberst emotionslos an.

» Doch, das glauben wir«, entgegnete Noel.

» Diese erste Schiffs-Ausstattung ist nur der Grundstein ihrer neuen Flotte. Wir können Raum-Schiffe nicht aus den Ärmeln schütteln. Die Produktion unserer Verteidigungs-Flotte läuft auf Hochtouren. «

»Das hat vor allem anderen Vorrang«, bemerkte General Poison. » Wenn wir die neue Station auf dem Europa-Mond fertiggestellt haben, dann werden auch drei weitere Gross-Duplikatoren ans Netz gehen. Ab diesem Zeitpunkt wird ihre Flotte kontinuierlich aufgestockt.«

»An welche Flottenzahlen denken sie im Endstadium? «, fragte Oberst Cameron.

General Poison dachte nach.
»Um allen Aufgaben des Imperiums gerecht zu werden und um auf eine schlagfertig Flotte zugreifen zu können, denke wir über eine Flotte-Größe von 150.000 Schiffen nach. Sicher ist, dass es nicht nur die neuen Schiffe der Prinz-Klasse sein werden. Ihre Flotte wird durch unsere bewährten Kampf-Stationen der 2.000-Meter-Klasse, der 1.500 Meter-Klasse und weitere Modelle ergänzt. «

Oberst Cameron pfiff durch seine Zähne.
»An solche Zahlen hätte ich niemals gedacht«, antwortete er. »Das bringt natürlich eine relative Sicherheit und reichlich Schlagkraft ins Spiel. «

»Das ist das Ziel dieser Behörde, entgegnete Noel. »Sie werden in Krisengebieten reisen müssen, um dort für Ordnung zu sorgen. Eine kleinere Flotte würde für keinen Respekt sorgen. «

General Poison hatte seine Hände vor seinem Bauch gefaltet. Er blickte den Oberst an.

»In diesem Zusammenhang habe ich die erste Aufgabe für sie«, teilte er mit. »Stellen sie ein Team zusammen, die unsere Schutz-Flotte zu den Argonern begleitet. Dort wartet Captain Hunter auf seine Ablösung. Ich habe den Argonern eine Schutz-Flotte von 250 Lord-Schiffen zugesagt. Dieser Verband soll sie vor den Übergriffen der Piraten schützen. Fliegen sie dort hin und stationieren sie die Flotte. Erteilen sie Captain Hunter den Rückzugsbefehl. Danach versuchen sie Spuren von den Piraten zu finden. Stellen sie fest, wo ihr Heimat-Planet ist, von welchen Basen aus sie operieren und welches Einzugsgebiet sie beanspruchen. Der Hintergrund ist, dass wir die Piraten beruhigen möchten. Es kann nicht sein, dass sie bewohnte Planeten angreifen und diese versuchen unter ihren Einfluss zu, diese Ausbeuten und Abgaben von ihnen fordern. «

»Sind das Planeten, die bereits unserem Neuen-Imperium beigetreten sind? «, fragte Oberst Cameron.

Noel schüttelte seinen Kopf.

»Es handelt sich ausschließlich um Planeten, die wir noch nicht erreicht, oder angesprochen haben. Vermutlich haben die Piraten Respekt vor unseren Flotten. In der Vergangenheit haben ihre Schiffe immer den Kürzeren gezogen. Es gibt noch Tausende von Planeten des alten kaiserlichen Imperiums, von denen wir nicht wissen, ob sie existieren, oder ob sie im großen Krieg vernichtet wurden. Durch die ganzen Geschehnisse der letzten Zeit, wurde die Prüfung weiterer Systeme des alten Imperiums nach hinten geschoben. Wir möchten die Piraten möglich ins Imperium integrieren und ihnen eine zukunftsträchtige Aufgabe geben. «

»Darf ich sie noch auf eine wichtige Änderung hinweisen, bemerkte General Poison. »Ihre Behörde wird umgetauft. Der Name KSD stand bisher für die Bezeichnung des kolonialen Sicherheits-Dienstes. Das scheint uns mittlerweile etwas antiquiert zu sein, da sich unser neues Imperium nicht mehr nur auf die Kolonien von Luna und Mars erstreckt. Wir halten die Umbenennung in den Namen ISD für sinnvoll, der für die Betitelung Imperialer Sicherheits-Dienst steht. Mit diesem Namen decken wir den vollen Bereich unseres Imperiums ab. Er steht für Autorität und Gerechtigkeit. Können sie sich hiermit anfreunden? «

»Ich habe kein Problem hiermit«, antwortete Oberst Cameron. »Dieser Name gibt dem Ganzen eine größere Note. «

»Das ist der Sinn«, antwortete Noel. » Wir bereiten für die Umfirmierung alles vor. Sie werden neue Uniformen bekommen und auch moderner Ausweise. «

»Danke«, antwortete Oberst Cameron.
»Machen sie ihr Team klar«, entgegnete General Poison. »Die Schutz-Flotte für die Argoner wird bei Titan auf sie warten und ihre Befehl entgegennehmen. Überbringen sie die Flotte und suchen sie nach Spuren von den Piraten.«

Der General stand auf und salutierte.

Oberst Cameron erwiderte den Gruß.
»Viel Erfolg für ihren ersten Auftrag«, ergänzte der General.

Oberst Cameron nickte, drehte sich um und verließ das Büro seines Vorgesetzten.

Reco Kuriato war der gewählte Anführer der Piraten-Clans. Er stand auf dem Balkon seiner Villa auf Kiras, dem geheimen Piraten-Planeten. Es war ein schöner Tag. Die Sonne stand am Firmament und erhitzte den Planeten. Reco zog den Geruch der würzigen Luft in sich ein. Er liebte seinen Planeten, der bereits seit vielen Jahrtausenden ein Rückzugsgebiet für die unterschiedlichen Clans der Piraten darstellte. Er blickte in den Himmel. Die Sonne strahlte ihre rosafarbenen warmen Strahlen auf den Planeten. Kiras lag versteckt, mitten in dem Auge eines seltsamen Asteroidenfeldes. Reco vermutete, dass ihr Sternen-System früher einige Planeten besaß.

Eine Katastrophe musste über das kleine Sternen-System hereingebrochen sein. Von den ursprünglichen Planeten waren nur noch tote Steinbrocken übriggeblieben, die sich zu einem schier fast undurchdringbaren Gürtel, um die Sonne und seinen Planeten formiert hatten. Dank seltsamer Mineralien, versagten alle technischen Ortungsgeräte und Anzeigen in diesem Asteroiden-Gürtel. Seine Vorfahren hatten unter schweren Verlusten eine Flugroute gefunden, die es den Schiffen ermöglichte, unbeschadet durchzufliegen. Dieser geheime Weg wurde nur nachfolgenden Generationen von Navigatoren beigebracht. Sie mussten die Koordinaten manuell erkennen und steuern. Das aber funktionierte problemlos. Reco wischte seine Gedanken beiseite.

Viel mehr Probleme bereiteten ihm die Schlappen, die seine Clans gegen das neue Imperium von Natrid &Tarid erlitten hatten.

»Ich habe die Flotten in die Schlacht befohlen und bin als Verlierer hieraus hervorgegangen«, dachte er. »Die Waffentechnik der großen Schiffe des Neuen-Imperiums sind unserer Waffen-Technik weit überlegen. Wenn das neue Imperium erst aufgerüstet hat, dann wird unser Wirkungskreis massiv eingeschränkt werden. Nichts wird mehr so sein, wie es war. Dunkelheit wird über unseren Planeten ziehen. Unser Wohlstand kann nicht mehr gehalten werden. Das neue Imperium wird die von uns annektierten Planeten für sich beanspruchen und diese wieder ihrem Imperium einverleiben. So weit darf es nicht kommen. Wir müssen in die Offensive gehen. Ich darf nicht tatenlos zusehen, wie alles Erreichte verloren geht.«

Er blickte in den Himmel. Einige Transport-Frachter flogen in gemäßigter Höhe vorbei.

»Noch bringen sie Ware zu uns«, bemerkte er. »Doch wenn wir nichts unternehmen, wird dieser Anblick seltener werden. Ist das jetzt meine Bewährungsprobe, als Anführer der Piraten? Warum habe ich dieses Problem? Alle früheren Anführer konnten sich ohne größere Probleme profilieren. Mit Stolz wird bei jedem kleinsten Zwischenfall hierauf hingewiesen. «

Er hörte die Worte der Regierungskaste noch in seinen Ohren.

»Die guten alten Zeiten verdanken wir unseren verstorbenen großen Anführern. Was leisten sie für die Allgemeinheit? «

Seine Augen wirkten regungslos.
»Ich bin es leid, ständig diese Vorhaltungen vernehmen zu müssen«, dachte er. »Gerade deshalb würde er sich mit allem Ehrgeiz dafür einsetzen, eine Endlösung herbeizuführen. «

Genervt atmete er aus. Kraftvoll spannte er seine Muskeln an und richtet sich in voller Größe auf.

»Ich bin Reco Kuriato, der Anführer des größten Piraten-Clans«, rief er von seinem Balkon herunter. »Ihr werdet euch noch alle wundern, was in der Zukunft passiert. Fürchtet euch vor mir. Ich werde nicht ruhen, bis ich die Wurzel des Unheils im Boden verbrannt habe. «

Er merkte, wie neue Kraft durch seinen Körper strömte. Der erste Schritt war getan.

Reco dachte an das Gremium der Regierungs-Kaste, dass ihn nachher zu dem Dilemma, bezüglich der argonischen Transport-Flotte, befragen wollte.

»Ich muss mich stolz geben und ihnen mitteilen, wozu ich im Stande bin«, dachte er. »Die degenerierten Politiker suchen wieder einen Schuldigen. Die Anhörung ist eine Phrase und ohne Bedeutung. Ich werde keine Rücksicht mehr auf dieses Gremium nehmen. Sie alle waren nie im Außeneinsatz und können nicht mitreden. Meine Rechte haben sie bereits auf ein Minimum beschnitten. Ich habe einen starken Körper und einen frischen Geist. Das will ich sie spüren lassen. «

Er wusste innerlich, dass diese Zeit einmal kommen musste. Alle Entscheidungen der Flotte wurden hinterfragt, gerade dann, wenn es Verluste gab.

»Die lange Zeit, der natradischen Abwesenheit im ehemaligen Imperium, konnten wir nutzen, um unsere Ansprüche durchzusetzen«, erinnerte er sich. » Viele neue Rassen haben sich entwickelt. Doch die meisten von ihnen besitzen keine Raumfahrt. Diese Planeten werden unsere Opfer. Sie können nicht flüchten und sind sichtlich beeindruckt, wenn unsere Piraten-Schiffe bei ihnen landen. Viele von ihnen zahlen freiwillig die geforderten Tribute und Schutzzölle an uns. Dafür garantieren wir im Gegenzug eine gewisse Sicherheit für die Planeten. Aber die Zeiten hatten sich geändert. Eine neue Rasse hat die natradischen Hinterlassenschaften für sich entdeckt und spielt sich jetzt als Wächter der Gerechtigkeit in der Milchstraße auf. «

Reco Kuriato bemerkte, wie sein Blut wieder in seinen Kopf schoss.

»Eine gewisse Zeit habe ich gebraucht, um alles zu erkennen«, flüsterte er. »Doch jetzt liegt alles klar erkennbar vor meinen Augen. Noch ist es Zeit, die Weichen in eine neue Richtung zu stellen. Ich brauche einen Plan. «

Der Anführer der Piraten senkte seinen Blick. Es war Zeit sich fertigzumachen. Die Regierungs-Kaste liebt keine Verspätungen. Er drehte sich um und ging in das großzügige Zimmer seiner Villa. Ein Bediensteter reichte ihm seine Uniform. Reco streife sie über und zog sie glatt. Ihm gefiel, was er sah. Die Uniform saß tadellos. Der Bedienstete reichte ihm seinen Waffengut. Er griff hiernach und schnallte ihn um. Zwei am Griff vergoldete Laser-Pistolen ragten aus den seitlichen Holstern heraus.

Reco Kuriato fühlte sich besser. Die Waffen sprachen eine deutliche Sprache und zeugten für Respekt.

»Ihr Gleiter wartet«, informierte ihn der Bedienstete. «

»Danke, ich komme«, antwortete Reco.

Eiligen Schrittes verließ er seine Villa und sprang in den Regierungs-Gleiter, der vor dem Haus stand.

* * *

Major Travis hatte die Offiziere der Termar 1 und die Lantraner Heran und Giratron zu einem Strategie-Gespräch eingeladen. Die Hinweise des gemäßigten Admirals Cartero sollten analysiert werden und die weitere Vorgehensweise besprochen werden. Die Gäste hatten sich bereits in dem großen Kartenraum, hinter der Brücke der Termar 1 versammelt und ließen die Geschehnisse noch einmal an sich vorbeiziehen. Sie alle hatten gemeinsam eine große Schlacht erfolgreich abgeschlossen.

»Ich möchte noch einmal Heran und seinen Leuten danken, dass sie uns bei dieser Mission erfolgreich unterstützt haben«, sagte Major Travis. »Die Gefahr für die Santaraner konnte abgewendet werden und wir konnten den ersten Kontakt zu den ausgewanderten Natradern herstellen. «

»Danken sie nicht uns«, antwortete Heran. »Letztendlich ist die Initiative von uns ausgegangen. Unsere hohe Empore weiß aber nichts von dieser Mission. Aritron hatte den Einsatz befohlen, weil er davon ausgegangen ist, dass die Santaraner als Rasse eine wichtige Bereicherung im Universum darstellen. Vielleicht auch als Bonus, für unsere Versäumnisse der Vergangenheit. «

»Der Führer der Admiralität, Admiral Gentrin, hat uns zu einem großen Fest Akt eingeladen, an dem wir als Gäste und Retter des santaranischen Kunst-Systems geehrt werden sollen«, teilte Major Travis mit. » Durch die Informationen von Admiral Cartero wissen wir, dass dies nur ein Vorwand ist. Admiral Gentrin will unbedingt an die Technik des Neuen-Imperiums gelangen. Hier scheint ihm jeder Weg Recht zu sein, auch wenn er die Retter aus dem neuen Imperium in Arrest nehmen muss. Ferner beabsichtigt er, unseren Freund, Gildor Barenseigs, ebenfalls gefangen zu nehmen und seiner gerechten Strafe zu überführen. Laut den santaranischen Gesetzen, steht auf eine Bekanntgabe der geheimen Koordinaten ihres geheimen Kunst-Systems, die Todesstrafe.

Ich hatte Admiral Cartero erklärt, dass Gildor Barenseigs in unserem Imperium Asyl beantragt hat und wir seinem Wunsch entsprochen haben. Er ist somit ein Mitglied des Neuen-Imperiums und untersteht nicht mehr der Gesetzgebung der Santaraner. Ich vermute, dass Admiral Gentrin diesen Einwand ignoriert, um seine Ziel durchzusetzen. Barenseigs ist also gefährdet, sobald er einen Fuß auf seinen Heimat-Planeten setzt. Ursprünglich hatte ich gedacht, die Santaraner würden geistig auf einer höheren Stufe stehen. Letztendlich existieren sie eine wesentlich längere Zeit als wir Terraner. Doch es zeigt sich, dass eine räumliche Veränderung auch ein geistiges Umdenken einer Rasse mit sich bringen kann. Ich wollte die Santaraner als Freunde in unser neues Imperium einladen.

Mein Gedanke war es, langfristig eine Wurmloch-Brücke einzurichten, die einen schnellen Handelsweg zwischen unseren Planeten ermöglicht. Diese könnte auch als schnelle Verbindung in Krisenfällen genutzt werden. Eine Steuerstation mit terranischer Besatzung könnte hier im System der Santaraner installiert werden und den Zugang regeln. Wann das sein kann, ist einmal dahingestellt. Diese Wurmloch-Technik ist für uns relativ neu und wir müssen uns erst noch auf mögliche Bedienungsfehler einstellen. « »Bedienungsfehler sind nicht möglich«, antwortete Heran. » Wenn die Brücke einmal installiert, reicht es aus, vorprogrammierte Koordinaten anzuwählen und per Knopfdruck den Durchgang zu öffnen. Falsch machen, kann man hierbei wenig. «

Major Travis blickte seine Gäste an.
»So hat sich noch nie eine Rasse bedankt, der wir erfolgreich Unterstützung gewährt haben«, ergänzte er.

Die Enttäuschung war dem Major deutlich anzusehen.

» Admiral Gentrin wird nicht anders können«, antwortete Barenseigs. » Durch die befohlene jahrtausendelange Einstellung von Forschung und Entwicklung an Waffen-Systemen, sind sie jetzt maßgeblich in Bedrängnis geraten. Das zeigt uns leider der Angriff der Daraner. Der Verlust der zahlreichen Schiffe der Heimat-Verteidigung hat Admiral Gentrin gezeigt, dass die Situation äußerst ernst ist. Die ehemals so große Überlegenheit unserer Rasse ist verspielt worden. «

Sirin nickte.
»Ich blicke entsetzt über das Verhalten von Admiral Gentrin«, gestand sie. »Dieser hinterhältige Zug von ihm, entfernt diese Rasse immer weiter von mir. Das Verhalten von dem General wäre früher geahndet worden. «

»Nicht alle Santaraner sind so«, beschwichtigte Barenseigs. »Sie sehen es auch an Admiral Cartero. Er trägt noch Ehre in sich. Das Gefühl für Gerechtigkeit ist in meinem Volk nicht verloren gegangen. Wir werden Admiral Gentrin überzeugen müssen, dass der von ihm eingeschlagene Weg der falsche Weg ist. Falls er zu keiner Einsicht kommt, empfehle ich eine Absetzung von Admiral Gentrin und die Einberufung von Admiral Cartero als oberster Führer der Admiralität. «

Major Travis, Heran und die weiteren Gäste hatten angespannt zugehört.

»Es liegt nicht in unserer Berufung, den Umsturz von Regierungen neuer besuchter Planeten einzuleiten«, sagte der Major. »Es steht eindeutig in den Statuen der EWK, dass wir uns nicht in die inneren Angelegenheiten und Planeten und Regierungen einmischen dürfen. «

»Es hört sich alles gut und schön an«, antwortete Gildor Barenseigs. » Doch diese Einmischung hat bereits stattgefunden. Mit der gewährten Unterstützung des Neuen-Imperiums haben sie bereits in die inneren Angelegenheiten meines Kunst-Systems eingegriffen. Jetzt nicht weiterzumachen, wäre ein Frevel. Die Situation lässt keine andere Entscheidung zu. Admiral Gentrin kennt jetzt die technischen Möglichkeiten des Neuen-

Imperiums. Er wird sie in Besitz nehmen wollen. Falls wir jetzt von hier abziehen, dann ist es durchaus möglich, dass er irgendwann eine Flotte zusammenstellt und das neue Imperium angreift. Eben aus diesem einzigen Wunsch heraus, in den Besitz der technischen Errungenschaften zu kommen. «

Heran und Giratron lachten.

»Wir stimmen dem Gildor zu«, antworteten sie. »Dem Admiral ist nicht zu trauen. Bringe wir die Angelegenheit in Ordnung, bevor wir uns neue Feinde schaffen. Noch besteht die Möglichkeit hierzu. Wir werden den Gildor nicht gefangen nehmen lassen. Die Santaraner sehen die Bewohner von Tarid vermutlich noch als ihre Genversuche an. Admiral Gentrin verweigert den Terraner den Respekt und die Hand als Freund. Hieran müssen wir arbeiten. Nach unserer Meinung wäre es besser, wenn die Rasse der Santaraner ein erstes Bollwerk, gegen mögliche Angriffe auf die Milchstraße darstellen würde. «

»So weit muss es aber erst einmal kommen«, antwortete Heinze. » Die Gedanken, die ich von Admiral Gentrin empfangen habe, verheißen nichts Gutes. Er schwört seinen Führungsstab gegen uns ein und vermittelt ihnen, dass wir uns die Hinterlassenschaften von Natrid widerrechtlich angeeignet haben. So wie ich das sehe, ist derzeit mit wohlwollenden Gesprächen absolut nicht weiterzukommen. «

Major Travis schaute ihn entgeistert an.
»Du kannst auf diese Entfernung seine Gedanken empfangen? «, fragte er.

»Klar und deutlich«, erwiderte Heinze. »Durch seine Kommunikation mit uns, ist mir seine Gedankenstimme bekannt. Sie liegt wie ein offenes Buch vor mir. Jeder Gedankenimpuls hat eine eigene Stimme. Ich erkenne die von Admiral Gentrin sofort. «

Heran und Giratron schauten sich verwundert an und intensivierten sofort ihren Hypno-Block um ihre Gedanken.

»Deine Fähigkeiten werden uns von Nutzen sein«, bemerkte Heran. »Spätestens auf dem Festakt der Admiralität, sollest du uns über gefährliche Gedanken informieren. «

»Das ist meine Aufgabe«, antwortete Heinze. »Ihr Beide habt auch noch kein richtiges Vertrauen zu mir gefunden, ansonsten würdet ihr eure Gedanken nicht noch intensiver abschirmen. Heran hat mir gesagt, dass er es nicht wünscht, wenn ich seine Gedanken lese. Hieran halte ich mich. Ein Hypno-Block ist also nicht notwendig.«

Die Lantraner lachten und verzichteten auf eine Antwort.

»Meine schlimmsten Befürchtungen haben sich bewahrheitet«, bemerkte Sirin. »Die Santaraner, meine evakuierte Rasse der Natrader, sind degeneriert und haben keinen Anstand mehr. Admiral Gentrin ist in einer schwierigen Lage. Er möchte nicht Admiral Tarin aus dem Kälteschlaf erwecken, weil er weiß, dass der Admiral die Macht im Kunst-System an sich reißen würde. Gleichzeitig sieht er Probleme mit dem großen Auditorium, das auf eine Abrüstung der Waffen-Systeme besteht.

Als Führer der Admiralität versteht er seine Aufgabe, das Heimat-System der Santaraner vor Angriffen von außen zu schützen. Dies geht aber nur mit entsprechend entwickelten Waffen-Systemen und kampfstarken Schiffen. Er weiß jedoch, dass er die kurzfristig nicht erhalten kann. Also versucht er uns und unsere Schiffe in seine Gewalt zu bekommen, um einen technischen Vorsprung zu erlangen. Vermutlich würde er auch nicht zögern, uns zu foltern, um an unsere Informationen zu gelangen. «

Heran blickte in die Runde der Zuhörer.

» Das wird ihm nicht gelingen«, bemerkte er. » Wir haben genügend Möglichkeiten, um seinen Wunsch zu verhindern. «

» Wie sehen diese im Einzelnen aus? «, fragte Major Travis

»Die ganze santaranische Technik ist veraltet«, erwiderte der Lantraner. » Unsere Tarntechnik ist ihrer Technik zehnfach überlegen. Ich schlage vor, wir gehen zum Schein auf die Einladung des Admirals ein. Vermutlich werden wir zum Festakt, außerhalb der Stadt, auf einen Raumhafen geleitet. Gleiter werden uns abholen und zu dem Palast der Admiralität bringen. Ich schlage vor, dass eins ihrer Kaiser Klasse-Schiffe, bestückt mit 30.000 Kampf-Roboter und ein Evolutions-Schiff meines Verbandes, getarnt auf der Rückseite des Palastes der Admiralität landet. Für mehr Schiffe wird vermutlich kein Platz vorhanden sein.

Weitere 10 Schiffe der Kaiser-Klasse können getarnt über dem Bereich des Palastes schweben und mögliche Angriffe aus der Luft vereiteln. Wir lassen uns zu den Santaraner geleiten und nehmen an der Ehrung teil. Vielleicht ist es möglich, ihr großes Auditorium von einer Freundschaft zwischen Tarid und Santarid zu überzeugen. Die von Major Travis angesprochene Wurmloch-Brücke könnte die Pläne des Hohen-Auditoriums unterstützen. Eine massive Aufrüstung wäre nicht erforderlich, denn Hilfe aus dem Sol-System wäre im Krisenfall schnell zur Stelle. «

»Das sind auch meine Gedanken«, bemerkte der Major.

»Genau«, antwortete Heran. »Sobald es zu einer möglichen Verhaftung unserer Personen kommen sollte, schalten wir unsere Taja's ein. Ich gebe an alle Teilnehmer der Ehrung später lantranische Ausführungen aus. Diese Körperpanzer sind euren Taja's eindeutig überlegen. Vor allen Dingen, können ihnen santaranische Waffen nichts anhaben. Zu gegebener Zeit schleusen wir die Kampf-Roboter aus, die in den Palast eindringen und die santaranischen Schutz-Roboter eliminieren. Unsere restliche Flotte legt einen Riegel um den vierten Planeten ihres Systems. Sie werden keine weiteren Schiffe als Verstärkung durchlassen.

Wenn es zu einem Ernstfall kommen sollte, enttarnen wir die Schiffe der Kaiser-Klasse über dem Palast der Admiralität. Allein die Größe dieser Kampf-Stationen sollte eine abschreckende Wirkung auf die Admiralität haben. Wir drehen den Spieß um. Die ausgeschleusten 30.000 Kampfroboter und ihre Einheiten Marines, werden die Sicherheits-Truppen des Palastes festnehmen und Admiral Gentrin unter Arrest stellen. Admiral Cartero kann die die Amts-Geschäfte vorläufig übernehmen, bis Admiral Gentrin einsichtig wird und für eine friedfertige Lösung bereitsteht. Falls er nicht einsichtig sein sollte, müsste Admiral Cartero ihn unter seine Obhut nehmen. «

»Es werden sicherlich Schiffe der Heimat-Verteidigung auf dem Planeten stationiert sein«, sagte Major Travis. »Diese werden den Befehl erhalten, aufzusteigen und unsere gelandeten Schiffe anzugreifen.

»Damit rechnen wir«, antwortete Giratron. »Eines unserer Schiffe wird auf der Rückseite des Palastes landen und den ganzen Komplex unter einen sicheren Schutz-Schirm legen. Hieran beißen die die Jets der santaranischen Heimat-Verteidigung ihre Zähne aus. Es besteht also keine Gefahr. «

»Ich möchte keine Opfer unter den Santaranern verursachen«, bemerkte Major Travis. »Das würde alle politischen Verhandlungen massiv erschweren. «

»Mach dir keine Sorgen«, antwortete Heran. » Ihre Waffen sind veraltet und der Schutz-Schirm ihrer Schiffe ist nicht wirksam. Wir können ihre Schiffe beschädigen, so dass sie sich in ihre Werften zurückziehen müssen. Hierdurch wird die Besatzung nicht geschädigt. «

Major Travis nickte zufrieden.

»Das wäre in meinem Sinne«, antwortete er.

Er blickte den Gildor Barenseigs an.

»Ich Entschluss steht fest«, fragte er. »Sie wollen in unserem neuen Imperium bleiben und vielleicht später als Konsul, die Kommunikation und den Austausch von Waren zwischen unseren Systemen organisieren? «

»Das würde ich gerne«, antwortete Barenseigs. »In der kurzen Zeit, die ich bei ihnen im Sol-System verbracht habe, konnte ich alles schätzen lernen. Ich wollte es mir anfangs nicht eingestehen, doch bei ihnen lebt es sich wesentlich angenehmer. Falls sie mir dann noch eine sinnvolle Aufgabe übergeben könnten, dann wäre mein Lebenswunsch erreicht. «

»Unterstellen sie ihm die Kontrolle der Bierproduktion«, sagte Giratron.

Major Travis drehte seinen Kopf und schmunzelte Giratron an.

»Das wird nicht nötig sein«, erwiderte er. »Diese Branche kontrolliert sich selbstständig. Aber ich denke, dass Barenseigs uns in der Zukunft viel über die Gesellschaft der Santaraner sagen kann. Wenn er bei uns leben möchte, verlange ich auch Loyalität von ihm. Das bedeutet, dass er später alle möglichen Verträge und Vereinbarungen mit dem Kunst-System hinterfragt und uns auf mögliche Mängel hinweist. Aber das ist jetzt erst einmal eine Zukunftsvision. «

Major Travis ließ eine kurze Pause vergehen. Dann blickte er wieder den Gildor an.

»Über wie viele Sicherheits-Truppen und Kampf-Roboter verfügt Admiral Gentrin in seinem Palast? «, fragte er.

Barenseigs zog seine Stirn in Falten und dachte nach. »Direkt dem Palast angeschlossen, ist eine Elite-Garde von 500 santaranischen Soldaten und ein Kommando von 5.000 Kampf-Robotern. Alle weiteren Einheiten werden außerhalb in ihren Kasernen stationiert sein. Wenn Heran seinen Schutz-Schirm errichtet hat, werden keine weiteren Einheiten nachrücken können. Dann wird es bei den vorgenannten Einheiten bleiben. «

»Kann man dem Wort von Admiral Cartero trauen? «, fasste der Major nach.

Der Gildor blickte ihn an.

» Ich kenne meinen Vorgesetzten seit vielen Jahren«, antwortete er. »Der Admiral ist pflichtbewusst, ehrlich und vertrauenswürdig«, erwiderte Barenseigs. »Ich habe nie eine Situation erlebt, in der er mich, oder unsere Besatzung ungerecht behandelt hat. Ich lege meine Hand für ihn ins Feuer. Er ist ein sehr seriöser Santaraner, wie die meisten unserer Rasse. Sein Wort zählt vor allen Dingen in der Flotte. «

»Ich würde gerne noch einmal mit ihm sprechen«, bemerkte Major Travis.

» Soll ich versuchen ihn zu erreichen? «, fragte der Gildor.

» Bitten sie ihn auf unser Schiff, wir werden ihn in unserer Vorhaben einweihen«, erwiderte Major Travis. »Achten sie bitte darauf, dass sie ihn unter einem anderen Vorwand auf unser Schiff bitten. Ich befürchte, dass unsere Hyperfunk-Verbindungen abgehört werden. Falls wir auf eine sichere Leitung gehen, kann das bereits verdächtig wirken. Dies möchte ich vermeiden. Admiral Gentrin sollte nichts von unserem Vorhaben erkennen mitbekommen. «

»Befehl verstanden«, antwortete Barenseigs und erhob sich. Schnellen Schrittes verließ er den Kartenraum und eilte in die Kommando-Zentrale der Termar 1.

Dort angekommen, schritt er zu dem CIC.

»Ist die Flotte von Admiral Cartero bereits gelandet? «, fragte er Sergeant Dantow.

Dieser schüttelte seinen Kopf.

»Sie steht noch auf ihrer Position«, bestätigte der Ortungs-Offizier. »Das Flaggschiff des Generals hat sich an die vorderste Position des Verbandes gesetzt. «

»Das ist gut«, antwortete Barenseigs.

»Sergeant Farmer, Major Travis bittet sie eine Verbindung für mich, zu dem Flaggschiff des Admirals herzustellen. «

Der Funk-Offizier der Termar 1 blickte kurz auf, nickte dann aber freundlich.

»Ich stelle ihnen die Verbindung her, Gildor«, antwortete er.

Die Hände von Sergeant Farmer flogen über das Display.

»Die Leitung baut sich auf«, erwiderte er. »Sie können sprechen. «

»Danke«, antwortete Barenseigs.

Er hob den Communicator auf und hielt ihn an sein Ohr.

Ein kurzes Knistern lag in der Leitung.

»Hier ist die Taurus«, vernahm er eine bekannte weibliche Stimme.

»Barenseigs spricht«, antwortete der Gildor. »Ich würde gerne kurz Admiral Cartero sprechen? Ist er zugegen? «

»Ich verbinde sie mit dem Admiral«, antwortete die weibliche Stimme.

»Admiral Cartero spricht, was kann ich für sie tun, Gildor? «, schallte die bekannte Stimme seines ehemaligen Vorgesetzten aus dem Gerät.

»Hallo Admiral, ich habe noch einmal ein Anliegen an sie. Major Travis bittet sie noch einmal zu uns an Bord zu kommen. Er möchte kurz von ihnen einige santaranische Regeln für den heutigen Empfang empfohlen bekommen. Ich weiß zwar, dass es ein seltsamer Wunsch ist, doch wir möchten die Admiralität nicht mit falschen Gebärden verärgern. Würden sie uns nochmals die Freundlichkeit eines Besuches geben? «

»Ihrem Wunsch kann entsprochen werden«, erwiderte der Admiral freundlich. »Ich habe ihren Hyperfunk-Spruch insgeheim bereits erwartet. Wir helfen gerne, zumal wie ihnen zu großem Dank für ihre Unterstützung verpflichtet sind. Ich komme mit einem Gleiter zu ihnen. Senden sie mir bitte einen Leitstrahl. «

»Das veranlasse ich«, antwortete Barenseigs. »Wir freuen uns auf ihren Besuch. Bis später. «
Die Verbindung brach ab.

Barenseigs legte den Communicator auf das CIC. Dann blickte er Sergeant Dantow an.

»Major Travis bittet um den Besuch von Admiral Cartero«, teilte er mit. »Würden sie ihm einen Leitstrahl senden und ihn in einen Hangar unseres Schiffes einweisen. Empfangen sie ihn und lassen sie ihn zu uns in den Kartenraum bringen. «

Sergeant Dantow bestätigte kurz.
»Ich kümmere mich darum«, antwortete er.

»Vielen Dank«, antwortete Barenseigs und eilte zurück in den Kartenraum.

Als er eintrat, blickte der Major fragend auf.
»Es hat funktioniert«, sagte Barenseigs. »Der Admiral ist auf dem Weg zu uns. Er hat bereits auf unseren Funkspruch gewartet.«

»Er scheint wirklich ein heller Kopf zu sein«, bemerkte Heran.

»Verfügen ihre Kampf-Roboter auch bereits über den neuen lantranischen Schutzschirm? «, fragte Giratron.

Commander Brenzby lächelte verschmitzt.
»Wir haben bereits alles umgerüstet«, antwortete er.
»Unsere Techniker arbeiten sehr schnell. «

»Dann sollten sie sich ja auch getarnt in dem Palast der Admiralität verteilen können, um auf unseren Einsatzbefehl zu warten«, bemerkte Giratron.

»Das wäre möglich«, sagte Major Travis. »Ich möchte jedoch in jedem Fall ein Gemetzel in dem Festsaal der Admiralität vermeiden. «

»Wir sollten die Kampf-Roboter trotzdem mitnehmen und bei einem Fremdangriff aktivieren«, antwortete Heran. » Ich bin mir nicht sicher, ob die santaranischen Kampf-Roboter bereits in der Nähe des Festsaales positioniert stehen. Durch die Vermeidung unsinniger Gefechte, ist möglicherweise auch ein Umdenken bei dem großen Auditorium zu erreichen. «

»Wir sollten dem großen Auditorium zeigen, dass sich das neue Imperium nicht einfach herumstoßen lässt«, sagte Sirin. » Ich weiß es aus eigener Erfahrung, dass viele von Erfolg verwöhnte Rassen, immer sehr schlecht einen besseren Nachbarn ausrufen können. Es wird es im Hinblick auf Barenseigs einen Zwischenfall gegeben.

Dieses Erfolgserlebnis wird Admiral Gentrin sich nicht entgehen lassen. Vielleicht sollten wir den Gildor auf unserem Schiff lassen. «

»Hierdurch schieben wir die Entscheidung nur auf«, antwortete Major Travis. »Wir müssen den Santaranern deutlich machen, dass wir auf Augenhöhe verhandeln und praktisch sogar technisch überlegen sind.«

Der Communicator des Major summte. Eröffnete ihn.

»Admiral Cartero ist hier«, teilte Sergeant Dantow mit.

»Bringen sie ihn bitte herein«, antwortete Major Travis.

Der Schott öffnete sich und der santaranische Admiral betrat den Kartenraum.

Freudig begrüßte er die wartenden Offiziere der Termar 1, die beiden Lantraner und Gildor Barenseigs.

»Entschuldigen sie bitte, dass wir sie noch einmal zu uns gebeten haben«, sagte Major Travis.

Admiral Cartero schüttelte seinen Kopf.
»Das ist kein Umstand«, antwortete er. »Ich befand mich mit meiner Flotte noch in der Nähe. Was kann ich für sie tun? «

»Wir haben sie noch einmal zu uns gebeten, um mit ihnen die weitere Vorgehensweise abzusprechen«, eröffnete Major Travis das Gespräch. » Wir haben beschlossen zu dem Festakt von Admiral Gentrin zu gehen, werden aber Vorsichtsmaßnahmen treffen. «

Der Major wartete einen Augenblick, ehe er weitersprach.

»Hierzu meine Frage an sie«, fuhr er fort. »Sehen sie eine Möglichkeit Admiral Gentrin von seinem Vorhaben abzubringen, Barenseigs zu inhaftieren und über ihn die Todesstrafe zu verhängen? «

Admiral Cartero blickte seinen ehemaligen Mitarbeiter an und schüttelte den Kopf.

»Ich habe die starke Vermutung, dass sich Admiral Gentrin nicht von seinem Vorhaben abbringen lässt«, erklärte der Santaraner. »Er hat sich leider verändert. Die waffentechnische Unterlegenheit im Kampf gegen die Daraner hat ihm gezeigt, wie sehr veraltet unsere Waffentechnik ist. Vermutlich hat er sich darauf versteift, dass er aus Barenseigs Informationen herausquetschen kann, bezüglich ihrer Waffentechnologie. «

»Das befürchten wir auch«, antwortete Sirin. »Können sie sich vorstellen, dass wir Admiral Gentrin zum Abdanken bewegen können und dass sie die Position des Führers der Admiralität einnehmen könnten? «

Admiral Cartero riss seine Augen weit auf.
»Erwarten sie nicht von mir, dass ich zum Verräter werde und mich an einem Umsturz meiner Vorgesetzten beteilige«, antwortete er. »Hat Barenseigs ihnen diese Idee in den Kopf gesetzt? «

»Keineswegs«, antwortete Major Travis. »Sie haben uns doch informiert, dass Admiral Gentrin einen Hinterhalt auf uns plant. Wir werden ihm dieses Vorhaben vereiteln und ihm Gegenzug den Admiral gefangen nehmen. Es ist nachzuvollziehen, dass wir seinen Versuch als einen Angriff auf unser Leben werten. Der Admiral wird dann vor ein ordentliches Gericht in unserer Hemisphäre gebracht. «

»Das können sie nicht machen«, antwortete Admiral Cartero. »Die santaranische Gesetzgebung ist für ihn zuständig. «

»Was schlagen sie vor? «, fragte Heran. » Sie sehen, dass wir in einer Zwickmühle sind. Wir teilen ihnen dies mit, weil wir sie für umsichtiger und dankbarer halten als Admiral Gentrin. Letztendlich sind wir zu ihnen gekommen, um sie aus einer Zwangslage zu befreien. Sagen sie uns klar und deutlich, wie ihr Kampf gegen die Daraner ausgegangen wäre, wenn wir nicht rechtzeitig zur Stelle gewesen wären? «

Admiral Cartero blickte zu Boden.
»Meine ehrliche Antwort ist, wir hätten den Kampf verloren«, antwortete er. »Es war ein schwerer Fehler des Admirals, nicht genügend Flotten-Kohorten in unserem Kunst-System zu stationieren. Jetzt kann ich ihm aber nur indirekt einen Fehler vorwerfen, denn so eine Situation gab es bisher noch nicht für uns. «

»Was sagt ihr großes Auditorium, zu den geheimen Machenschaften von Admiral Gentrin? «, fragte Heinze.

Der Admiral blickte verwundert auf die pelzige Gestalt. Er war sichtbar irritiert und wunderte sich über die Frage des Ro.

Admiral Cartero behielt seine Kontrolle.

»Sie werden den Admiral unterstützt haben«, sagte er. »Das große Auditorium wacht über alles. «

Heinze nickte und schaute den Admiral durchdringend an. »Das denken sie«, antwortete er. »Sie waren in der Flugbereitschaft und können nicht wissen, was Admiral Gentrin in der Zwischenzeit veranlasst hat. «

Admiral Cartero blickte Heinze gespannt an.

»Der Führer ihrer Admiralität hat in der Zwischenzeit die Macht an sich gerissen und das große Auditorium abgesetzt und von allen Ämtern enthoben. Er hat das Kriegsrecht ausgerufen. «

»Das ist nicht möglich«, erwiderte Admiral Cartero entsetzt. »Dazu wäre eine direkte Befragung aller Flotten-Admiräle notwendig gewesen. Nur durch die Zustimmung aller Admiräle, wäre ein entsprechend Gesetz in Kraft getreten. Woher weißt du das? «

»Ich weiß es eben«, antwortete Heinze.

»Unser Freund hat besondere Kräfte«, bestätigte Major Travis. »Er ist sehr vorsichtig mit seinen Äußerungen. Wenn er uns etwas mitteilt, dann entspricht es der Wahrheit. Gehen wir einmal davon aus, dass die

Informationen unseres Freundes zutreffen. Würde sich hierdurch ihre Meinung ändern? «

Admiral Cartero Gesicht war ernst.

»Alles würde sich ändern«, antwortete er. »Ab diesem Zeitpunkt wäre Admiral Gentrin ein Feind unserer Regierung. Ich sollte mich mit vertrauenswürdigen Admirälen beraten, wie die alte Situation wieder hergestellt werden könnte. Das große Auditorium muss wieder eingesetzt werden. «

»Wie ist das für sie durchführbar, ohne dass sie Schaden nehmen? «, fragte Commander Brenzby.

»Das kann ich ihnen noch nicht beantworten«, erwiderte der Admiral. »Wenn ich zurück auf meinem Flaggschiff bin, werde ich den Befehl geben, die Umlaufbahn unseres Planeten anzufliegen. Ich werde landen und mir die Situation direkt vor Ort anzuschauen. Nur so kann ich ihre Aussagen überprüfen. «

»Sie wissen, dass Gentrin sie als kritischen und hinterfragenden Admiral kennt«, bemerkte Barenseigs. »Ich hoffe nicht, dass er sie direkt inhaftiert. Sie sind für ihn eine nicht kalkulierbare Bedrohung. «

»Sie haben Recht«, antwortete Admiral Cartero. »Doch bisher hat sich der Führer unserer Admiralität immer alles angehört. Erst dann traf er seine Entscheidungen. «

»Denken sie daran, dass die Situation sich jetzt anders darstellt«, ergänzte Barenseigs. »Der Admiral hat bereits seine Entscheidung getroffen. Jeder der seine Autorität angreift, könnte sich in Gefahr begeben. «

Admiral Cartero dachte nach.
»Sie könnten Recht haben«, erwiderte er. »Haben sie einen besseren Vorschlag? «

»Ja«, antwortete Major Travis. »Ich biete ihnen an, die Autorität ihres Vorgesetzten zu überprüfen. Sie begleiten uns zu dem Festakt der Admiralität. Wir sichern sie mit einer speziellen Taja, die von den Waffen ihrer Schutztruppen und ihrer Kampfroboter nicht durchdrungen werden können. Sie stellen dem Admiral entsprechende Fragen, bezüglich der Absetzung des Hohen-Auditoriums. Teilen sie ihm ihre Meinung mit, die sie gerade vor uns vertreten haben.

Wir führen nichts gegen sie im Schilde, doch wir möchten fair behandelt werden. Falls der Admiral auf uns schießen lässt, um uns aus dem Wege zu räumen, gegebenenfalls um Barenseigs habhaft zu werden, dann werden wir im

Gegenzug Gentrin absetzen und sie als Führer der Admiralität einsetzen. «

»Diese Möglichkeit haben sie? «, erkundigte sich Admiral Cartero entsetzt.

»Diese und noch viele andere Möglichkeiten, antwortete Heran. »Doch alle dienen sie nur einem friedlichen Miteinander aller Rassen im Universum. Die Zeit der gegenseitigen Ausrottung sollte für alle Zeiten vorbei sein. «

»Schöne Worte«, entgegnete Admiral Cartero. »Doch wer sagt mir, dass sie es ernst meinen? «

»Das kann ich bestätigen«, antwortete Gildor Barenseigs. »Mein Wort hatte immer Gewicht bei ihnen gehabt. Ich habe mich nicht verändert und spreche immer noch aufrichtig meine Meinung aus. Die Aussagen stimmen. Das santaranische Kunst-System kann sich voll hierauf verlassen. Das Neue-Imperium ist auf diesen Grundsätzen aufgebaut. Glauben sie den denn, wenn es nicht so wäre, dann hätte mich das Neue-Imperium eingebürgert? «

»Ich betrachte es als große Ehre, dass sie mich als würdig für diesen Posten vorschlagen«, antwortete der Flotten-Admiral. »Falls sich die Situation ergibt, werde ich gerne die Position ausfüllen. Doch freiwillig wird Admiral Gentrin nicht abdanken. Das große Auditorium hat ihn vorgeschlagen. Auch hat er ihre Vorgaben bislang immer erfüllt. Ich sehe seine Absetzung als nicht so einfach an. «

»Doch, jetzt haben wir eine neue Situation«, bemerkte Barenseigs. » Die alten Vorschriften der Ahnen sind nicht mehr zutreffend. Es wird Zeit, dass sich das ehemalige natradische Imperium wieder öffnet und weiter an seiner Zukunft arbeitet. «

»Das ist auch in unserem Sinne«, antwortete Admiral Cartero. Das große Auditorium ist zu schwerfällig und zu behebe geworden. «

»Wir bieten ihnen eine intensive Zusammenarbeit an«, erklärte Major Travis. » Hierzu gehört, neben den üblichen Handelsgeschäften, auch eine Aufrüstung ihrer technischen Möglichkeiten, eine technische Verbesserung ihrer Schutz-Schirme und ein sogenannter Beistandspakt, wenn weitere Angreifer unbekannter Herkunft ihren Lebensraum bedrohen. Sie werden nie mehr allein dastehen, um alles ausfechten müssen. Es ist uns möglich eine Wurmloch-Verbindung zwischen unseren Sternen-Systemen einzurichten. Sie könnten dann innerhalb von Minuten Hilfe anfordern, falls es notwendig wäre. Natürlich wäre das auch für unsere Seite vertraglich vereinbart.

Admiral Cartero pfiff durch seine Zähne.
»Das wäre für sie machbar?«, antwortete er. » Wir haben die Wurmloch-Technik vor vielen Jahrtausenden verworfen, weil unsere Techniker nicht weiterkamen. Das öffnet uns neue Möglichkeiten. «

»Sehen sie«, antwortete Major Travis. »Nicht immer ist es schlecht, Freunde zu haben. Zumal wir aus ihrem ehemaligen Heimat-System stammen. Das allein verbindet uns bereits. «

»Hiervon machen wir gerne Gebrauch«, antwortete Admiral Cartero. » Doch noch kann ich dies nicht entscheiden. Die Verträge sollten im Einzelnen detailliert besprochen werden. Diese müssen dann noch von unserem großen Auditorium genehmigt werden. Falls aber ihre Aussagen stimmen sollten und das große Auditorium seiner Regierungsgeschäfte enthoben sein sollte, werden sie in jedem Fall positiv bewertet werden, falls sie es schaffen sollten, es wieder zu etablieren. «

»Können sie Admiral Gentrin bitten, dass wir mit zwei Schiffen auf einem ihrer Raumhäfen landen dürften«, fragte Major Travis. » Sie sehen hier Terraner und

Lantraner unter uns. Es ist nicht verwunderlich, dass unsere Freunde lieber mit ihrem eigenen Schiff landen möchten. Dieser Raumhafen sollte nicht sehr weit von dem Palast der Admiralität entfernt liegen. Das würde uns bei dieser Aktion sehr hilfreich sein. «

Admiral Cartero dachte nach.
»Das wird nur zu besonderen Anlässen der eigenen Flotte gewährt«, antwortete er. »Aber dies scheint mir ja ein besonderer Anlass zu sein. Ich werde versuchen die Gedanken des Admirals, in die entsprechende Richtung zu lenken. «

»Wir spielen mit offenen Karten«, entgegnete Major Travis. » Sie sehen, dass wir volles Vertrauen zu ihnen haben, nicht zuletzt durch die Referenzen über ihre Person durch unseren Freund Barenseigs. «

»Sie Barenseigs bezeichnen Barenseigs als ihren Freund «, antwortete der Admiral. »Das zeigt mir ihre positive Denkweise. Danke, dass sie sich weiter für ihn einsetzen und ihn nicht der Willkür von Admiral Gentrin überlassen. «
Der santaranische Admiral lächelte Major Travis an.
Major Travis lächelte zurück.

»Kommen wir jetzt zu dem ernsten Teil unserer Aufgabe«, ergänzte Major Travis.

»Wir werden ein getarntes Schiff der Kaiser-Klasse auf der Rückseite des Palastes ihrer Admiralität landen. Dieses Schiff wird 30.000 Kampf-Roboter ausschleusen und einige Kampf-Truppen unserer Marines, die gegebenenfalls eingreifen können. «

Der Major erkannte, wie das Lächeln auf Admiral Carteros Gesicht einfror.

» Wollen sie die Admiralität übernehmen? «, erkundigte er sich entsetzt.

Major Travis schüttelte seinen Kopf.
»Nein, keineswegs«, antwortete er. »Das wird nur zu unserer Vorsicht sein, falls sich ihr Vorgesetzter nicht von seinem Vorhaben abbringen lässt. Er wird sicherlich noch so vernünftig sein, keine Übermacht angreifen zu wollen. Ich kann ihnen noch einmal empfehlen, uns zu vertrauen. «
Der Major zeigte mit seinem ausgestreckten Arm auf die Runde der Zuhörer.

»Haben sie bereits einmal analysiert, wer hier alles an unserem Tisch sitzt? «, fragte er.

Admiral Cartero blickte erstaunt auf und schüttelte seinen Kopf.

»Sie erkennen hier Terraner, die Nachkommen des Gen-Versuchs-Planeten Tarid. Sirin ist eine Prinzessin, aus der Blutlinie des letzten natradischen Kaisers, Barenseigs kennen sie persönlich. Heinze ist ein Ro, ein Angehöriger eines ihrer ehemaligen Hilfsvölker. Unsere beiden Freunde sind Lantraner. Sie stammen von einem Volk, dass das Weltall schon wesentlich länger bereisen als unsere beiden Völker zusammen. Glauben sie wirklich, wir sind zu ihnen gekommen, um ihr Volk zu vernichten?«

Admiral Cartero blickte in die Augen der Zuhörer.
»Ich vertraue ihnen«, antwortete er. »Sie haben uns bei dem Angriff der Daraner geholfen, das allein ist bereits eine Gegenleistung wert. «

Major Travis nickte und blickte auf Heinze.
Der nickte nur kurz. Ein Zeichen für den Major, dass der Admiral die Wahrheit sprach.

»Danke für ihre ehrlichen Worte«, antwortete er. »Sie werden es nicht bereuen, sondern nur hieraus profitieren. Hiermit meine ich, das ganze santaranische Volk. Ihr großes Auditorium gilt es zu überzeugen, dass eine Partnerschaft unserer Systeme für beide Teile Vorteile bringt. Nur so ist auf Dauer eine Verbindung unserer beiden Systeme nutzbringend. «

»Sie sprechen mir aus der Seele«, antwortete der Flotten-Admiral.

»Ich habe noch eine letzte Frage«, sagte Major Travis. »Sie akzeptieren die Programmierung von Admiral Tarin und erkennen die uns zugeteilte Nachfolge der Hinterlassenschaften von Natrid an? «

»Das ist gar keine Frage«, erwiderte Admiral Cartero. »Wir haben hier unterhalb des Sombrero-Nebels unsere neue Heimat gefunden. Mit der Vergangenheit haben wir schon lange abschließen. Eine Admiralität unter meinem Vorsitz, würde niemals wieder die alte Heimat akquirieren wollen. Noch weniger, die Hinterlassenschaften des alten Kaisers für sich beanspruchen. Darauf gebe ich ihnen mein Wort. Wir sind in der Lage aus eigener Kraft wieder eine technische Vormachtstellung innerhalb unserer Hemisphäre herzustellen. «

» Das wollte ich hören«, antwortete Major Travis. » Dann steht einer zukünftigen Zusammenarbeit nichts im Wege. «

»Ich verabschiede mich«, sagte Admiral Cartero. » Vielen Dank für das aufschlussreiche Gespräch. Ich fliege zur Admiralität und werde versuchen unseren Führer noch umzustimmen. Wir sehen uns heute Abend bei dem Festakt im Palast. Vielen Dank für Ihre Unterstützung. «

»Warten sie, ich begleite sie«, antwortete Heran. »Sie bekommen noch einen Sicherheits-Anzug von mir. Gemeinsam schritten der Lantraner und der Santaraner aus dem Kartenraum der Termar 1.

Im Hangar des Schiffes zog Heran eine Taja aus einem Schrank. Diese übergab er dem Admiral und wies ihn in seinen Funktionen ein.

»Der Anzug passt sich jeder Körperform an«, teilte Heran mit.

Er zeigte auf den schweren Gürtel. Der Waffenholster war leer.
»Ich habe bewusst keine Waffe integriert«, sagte er. »Vermutlich würde das nur auffallen. Verwenden sie ihren eigenen Laser-Strahler. «

Heran zeigte auf einen grünen Knopf an dem Gürtel.

»Drücken sie diesen ein und drehen sie ihn auf volle Leistung. Hiermit sind sie vor allen Laserstrahlen geschützt. «

»Wie ist das möglich? «, fragte Admiral Cartero.

Heran klopfte ihm auf die Schulter.
»Wir wollen doch nicht direkt alles verraten«, antwortete er. »Haben sie Geduld. Sie werden nach und nach immer mehr erfahren. Ziehen sie den Anzug erst einmal unter ihrer Kleidung an. So fallen sie nicht direkt auf. «

Admiral Cartero nickte dankbar.
»Wofür sind die anderen Knöpfe? «, fragte der Admiral.

Heran verzog sein Gesicht.
Der rote Knopf aktiviert ihr Tarnfeld«, erklärte Heran. Sie drücken den Knopf einfach hinein und sie sind für die Umwelt nicht mehr sichtbar. Setzen sie dieses Tarnfeld bewusst ein. «

Heran schaute den Admiral an.
»An den weiteren Tasten und Knöpfen spielen sie bitte nicht hieran herum«, ergänzte er. »Die Funktionen erkläre ich später. Probieren sie diese bitte nicht aus. Der blaue Knopf kann sie in der Zeit versetzen. Der gelbe Knopf aktiviert die Flugfähigkeit des Anzuges. Die

weiteren Tasten haben noch speziellere Funktionen. Doch wie ich ihnen schon sagte, probieren sie es besser nicht aus. Falls sie in der Zeit verschwunden sind, kann sie keiner mehr von uns zurückholen. «

Heran wusste zwar, dass diese Aussage erfunden war, doch er wollte sich nicht weiter mit dem Anzug beschäftigen. Die vorgestellten Schutzfunktionen reichten bei diesem Einsatz völlig aus.

Admiral Cartero bedankte sich mehrmals und wurde von den wartenden Marines wieder zu seinem Schiff geleitet.

Heran wartete noch, bis der Gleiter des Admirals die Abflug-Genehmigung erhalten hatte.

Ein Energiefeld baute sich auf und sicherte den Start- und Landebereich gegen den luftleeren Raum ab. Der Schott des Hangars öffnete sich und das santaranische Beiboot hob sanft ab. Vorsichtig und ohne Probleme steuerte der Admiral seinen Gleiter ins dunkle All hinaus.

Heran blickte ihm noch einige Zeit nach.
»Können wir diesem Admiral trauen? «, fragte sich.

Heran eilte zurück in den Kartenraum, der hinter der

Zentrale der Termar 1 lag. Er blickte seine Freunde fragend an.

»Was meint ihr? «, fragte er. » Können wir dem Admiral trauen? «

»Er macht mir einen vernünftigen Eindruck«, sagte Commander Brenzby. »Nach meiner Ansicht wäre es besser, ihn als den obersten Chef der Admiralität zu sehen. «

» Wir werden keinen Sturz der santaranischen Admiralität herbeiführen«, antwortete Major Travis. » Dies wird nur geschehen, wenn es keine andere Lösung gibt und Admiral Gentrin von seinem Plan nicht abweicht. «

Der Major blickte die Zuhörer ernst an.
»Unser Plan sieht wie folgt aus«, sagte er. »Die Termar 1 und das Evolutions-Schiff von Heran landen offiziell zu dem Festakt auf dem zugewiesenen Landeplatz. Heran wird von Giratron begleitet. Ich gehe davon aus, dass unsere Tarn-Technik ausgereifter ist, als die santaranische Technik. Vermutlich werden wir von einem santaranischen Gleiter abgeholt und zu dem Palast der Admiralität gebracht. «

Major Travis drückte einen Knopf an seiner Steuer-Konsole, die vor ihm in dem Tisch integriert war. Er ließ die exakten Karten des santaranischen Regierungs-Planeten auf die Wände projizieren. Der Major stand auf uns näherte sich dem projizierten Oberflächenbild des Palastes. Mit einem Laserpointer zeigte er auf die große Anlage.

»Hier ist der Ort des Geschehens«, bemerkte er. »Auf der Freifläche hinter dem Palast ist ausreichend Platz vorhanden. Hier kann ein Schiff unserer Kaiser-Klasse und ein Schiff von Heran's Flotte getarnt landen. Vermutlich wird auf der Rückseite des Palastes nicht so viel Sicherheits-Personal stationiert sein, wie an dem Haupt-Zugang, auf der Vorderseite. Das besagte Einsatz-Schiff schleust die 30.000 Kampf-Roboter aus und ein Kommando von 200 Marines, unter dem Befehl von Sergeant Hardin. «

Major Travis blickte seinen Sicherheits-Offizier an.
»Ich denke, es wird am besten sein, wenn jeder Marine einen Trupp von 150 Kampf-Roboter befehligt«, teilte er mit. »Die insgesamt 200 Stoß-Trupps platzieren sich jeweils in Sichtweite zu dem nächsten Trupp. So kann jeder Trupp dem anderen zu Hilfe eilen, falls dieser doch überrannt werden sollte. «

»Wir sicheren den Haupteingang? «, fragte Sergeant Hardin.

Major Travis schaute ihn an.
»Platzieren sie ihre Truppen kreisrund um den Palast der Admiralität«, antwortete Major Travis. »Wenn unsere Abordnung in den Festsaal eingetreten ist, erhalten sie von mir einen Funkimpuls. Setzen sie ihre Paralysatoren ein, um mögliche Wachen vor dem Eingangstor auszuschalten. Sobald die Wachen in einen Schlaf gefallen sind, rücken sie mit 6 Einheiten vor und säubern alle Gänge und Korridore. Besetzen sie die Zugänge zu dem Festsaal. Schalten sie das santaranische Sicherheits-Personal aus. «

Der Major drückte auf einen Knopf auf seiner Konsole. Das Bild wurde transparent und gab die Innenräume des Palastes wieder.

»Wo haben sie die geheimen Informationen her? «, fragte Barenseigs. » Keiner ist im Besitz der geheimen Daten der inneren Räumlichkeiten des Palastes der Admiralität? «

Major Travis schmunzelte ihn an.
»In der Zwischenzeit sollten sie doch einiges über unsere Möglichkeiten erfahren haben«, antwortete er. »Die

Informationen wurden von dem Evolutions-Raumschiff von Heran gescannt. «

Barenseigs nickte nur stumm.

Major Travis wandte sich wieder dem Kartenmaterial zu. »Hier sehen sie den Eingang zu dem Palast«, erklärte er. Sein Laserpointer markierte die Stelle.

»Hierhinter folgt ein großer Flur, der am Ende in unterschiedliche Richtungen abzweigt«, fuhr er fort. »Sergeant Hardins Truppen wenden sich nach rechts. Der in dieser Richtung verlaufende Gang endet in einen großen Saal. Da es der einzige große Raum in dem Palast ist, gehe ich davon aus, dass hier der Festakt stattfinden wird. «

Er blickte Barenseigs an.
»Stimmen sie meiner Vermutung zu? «, fragte der Major.

»Ja«, antwortete der Gildor. »Diese Räumlichkeit wird für Ehrungen, Sitzungen größeren Umfangs, oder auch für andere Anlässe verwendet. Der Festakt wird in diesem Raum stattfinden. «

»Bei dieser Gelegenheit habe ich noch eine Frage«, ergänzte Major Travis. »Sie teilten uns mit, dass der Palast der Admiralität von santaranischen Sicherheits-Kräften gesichert wird. Was ist mit den Kampf-Robotern? «»Diese haben keinen Zugang zu dem Palast«, antwortete Barenseigs. » Der Einsatz unserer Kampf-Roboter findet außerhalb des Palastes statt. «

»Sind sie sicher? «, fragte Commander Brenzby nach.
»Ich kann nur von meinen Erkenntnissen berichten«, erwiderte Barenseigs. »Zu meiner Zeit, war es so. Falls sie Roboter im Innenbereich des Palastes antreffen, dann ist diese Änderung nach meiner Abreise befohlen worden. «

»Das genügt«, sagte Major Travis. »Die Scans von Herans Schiff bestätigen die Aussage von Gildor Barenseigs. Es wurden keine Kampf-Roboter im inneren der Anlage festgestellt. «

Der Major wandte sich wieder Sergeant Hardin zu.
»Halten sie eine Einheit der Kampf-Roboter bereit, die auf meinen Wunsch hin, unter ihrem Befehl, in den Festsaal eindringt. Verteilen sie die Roboter an den Wänden und halten sie die wenigen, in dem Raum befindlichen santaranischen Sicherheits-Kräfte, in Schach. Falls sie angegriffen werden, setzen sie wieder ihre Paralysatoren ein. Ich möchte in keinem Fall ein Blutvergießen anrichten. «

»Ich hoffe, dass lässt sich so einfach bewerkstelligen«, antwortete Sergeant Hardin. »Was ist mit den mobilen Laser-Panzern, die vor dem Palast der Admiralität stehen. Diese werden die santaranischen Kampf-Roboter unterstützen. «

Major Travis nickte.
»Hierüber habe ich mich bereits mit Heran unterhalten«, teilte er den Zuhören mit. »Ich darf das Wort an Heran weitergeben«.

Heran stand auf und kam auf die Karte zugeschritten. Er zeigte auf den großen Platz hinter dem Palast.

»Meine Absicht ist es, eines unserer Evolutions-Schiffe, ebenfalls getarnt, neben ihrem Schiff landen zu lassen. Dieses Schiff hat nur einen Auftrag. Es errichtet einen sogenannten Absorber-Spezial-Schirm über und um das Gebäude der Admiralität. Das ganze Gebiet des Palastes wird zu einer autarken, geschlossenen Einheit. Sobald sich der Schirm in seiner vollen Leistung entfaltet hat, ist es für alle santaranische Truppen nicht mehr möglich einzudringen. Das betrifft auch jeglichen Beschuss durch Kampf-Gleiter oder Raumschiffe des Kunst-Systems. Ihre Waffen-Systeme zwingen dem Schirm maximal ein Lächeln ab. Hieran beißen sich die Santaraner die Zähne aus. «

Viele der Zuhörer lachten laut auf.

»Kommen wir zu dem Angriff auf die Laser-Panzer, die möglicherweise vor dem Palast in Stellung gegangen sind. Ich werde vor dem Angriff an Sergeant Hardin 10 unserer Plasma-Werfer leihweise ausgeben. Die Betonung liegt auf leihweise. Nach dem Einsatz möchte ich die Werfer unbeschädigt zurückhaben, ansonsten muss ich mich vor unserer hohen Empore verantworten.

Diese Plasma-Werfer stellen sie sich bitte als eine komprimierte Waffe vor, ähnlich der früher auf der Erde verwendeten Panzerfäuste. Die Waffe bündelt einen Laserstrahl zu einer Kugel. Der Plasma-Werfer feuert diese mit einem Schlag gegen angreifende Objekte ab. In der minimalen Einstellung wird diese Plasma-Energie die Laser-Generatoren der Panzer zur Überlastung bringen. Einfach ausgedrückt, die aktivierten Energie-Generatoren überlasten und brennen durch. Ab diesem Zeitpunkt sind die Panzer unbrauchbar. Meine Leute werden Sergeant Hardin und sein Team noch in der Benutzung dieser Waffen schulen. «

Lauter Beifall brach aus.
Heran hob seine Arme und seine Hände in die Luft.

»Ich bemerke, die haben sie Wirkungsweise verstanden«, ergänzte er. »Doch wie ich schon mitteilte, brauche ich die Waffen unversehrt zurück. «

»Das garantieren wir«, antwortete Sergeant Hardin. »Damit wären alle Hindernisse bereinigt«, sagte Heran. Er schritt an den Tisch zurück und setzte sich zu Giratron. Der lächelte und schlug ihm auf die Schulter.

»Stehen noch Fragen an? «, bemerkte Major Travis, der den bedenklichen Blick von Barenseigs erkannt hatte. « Was sind ihre Gedanken? », fragte der Major. Der Gildor blickte ihn an.

»Wertet denn die Admiralität unsere Mission nicht als einen Angriff auf ihr Territorium? «, fragte Barenseigs. » Mag sein«, erwiderte Major Travis. » Aber wir schützen uns lediglich vor einem Angriff von Admiral Gentrin. Wir sind als Freunde gekommen, haben ihrer Rasse geholfen, konnten Unheil und Vernichtung abzuwenden. Wir sind von ihrer Admiralität zu einer Ehrung eingeladen worden, doch Admiral Gentrin plant ein Attentat auf uns. Geht man so mit seinen Beschützern um? «

Gildor Barenseigs schüttelte seinen Kopf. »Das geht gar nicht«, bestätigte er. » Ich weiß wirklich nicht, was in Admiral Gentrin gefahren ist. «

»Ein Zugriff durch uns erfolgt erst im Krisenfall«, sagte Major Travis. »Falls Admiral Cartero noch Einfluss auf seinen Vorgesetzten nehmen konnte und die Pläne geändert wurden, werden wir nicht eingreifen. Wir ziehen in diesem Fall unsere Einheiten wieder getarnt ab. «

Er blickte in die Runde der Zuhörer.

»Übrigens, ich vergaß mitzuteilen, 10 Schiffe der Kaiser-Klasse beziehen getarnt, oberhalb des Palastes Stellung und sichern den Luftraum. Das wird in einer Höhe passieren, die nicht für die anfliegenden Kampf-Gleiter der Santaraner gefährlich wird. Ich möchte vermeiden, dass sie mit den getarnten Schutz-Schirmen unserer Schiffe kollidieren. Diese Schiffe schreiten nur im Notfall ein und auf meinen ausdrücklichen Befehl, oder wenn die Termar 1 und das Evolutions-Schiff von Heran unter einem massiven Feuer liegen sollte. «

»Werden wir Admiral Gentrin in Gewahrsam nehmen? «, fragte Barenseigs.

Major Travis blickte den Gildor an.
» Wer bestimmt den Führer der Admiralität? «, entgegnete er. » Wird er gewählt oder wird er eingesetzt? «

»Er wird von dem großen Auditorium berufen«, antwortete Barenseigs.

» Wenn dem Führer ihrer Admiralität Verfehlungen nachgewiesen werden können«, fragte Heran. » Ist es dann möglich ihn abzusetzen? «

»Dann tritt das so genannte Amts-Enthebungs-Verfahren in Kraft«, erwiderte Barenseigs. »Bei einer tatsächlich nachgewiesenen Schuld, kann er von seiner Anstellung enthoben werden. «

»Ist das nicht bereits mit der Absetzung des Hohen-Auditoriums gegeben? «, ergänzte Major Travis. »Admiral Cartero teilte mit, dass sein Vorgesetzter hierzu keine Befugnisse hatte. «

Der Gildor nickte.
»Ich denke, Admiral Cartero wird Recht haben«, sagte er »Gentrin hat seine Kompetenzen überschritten. «

Heran und Giratron nickten zustimmend.
»Die Admiralität wird ja nicht nur aus Admiral Gentrin bestehen. Haben sie anderen Führer keine Meinung? Können wir sie vielleicht umstimmen. Wir sollten darauf bestehen, dass ihr großes Auditorium an dem Festakt

teilnimmt. Es sollte wieder eingesetzt werden und die Verfehlung von Admiral Gentrin bestätigen. «

»Das stimmt«, sagte Barenseigs. »Ich als Gildor, kann den Antrag auf das Absetzungs-Verfahren von Admiral Gentrin vor dem großen Auditorium stellen. Bestätigt werden muss es jedoch von der Mehrzahl der anwesenden Admirale. Hierdurch entsteht ein Recht für das große Auditorium, über die Absetzung von Admiral Gentrin zu entscheiden. «

Stumm überlegten die Offiziere der Termar 1 zusammen mit der lantranischen Abordnung über diesen Vorschlag.

»Ich finde keine bessere Vorgehensweise«, bemerkte Major Travis. »Heinze du öffnest deine Sinne und hältst uns auf dem Laufenden, falls irgendwelche Gefahren drohen, die wir nicht eingeplant haben. Sirin, du bleibst hier an Bord. «

»Das kommt gar nicht in Frage«, antwortete die Prinzessin. »Ich bin bei dem Außeneinsatz dabei. Das lasse ich mir auf keinen Fall nehmen. Zumal meine Anwesenheit auch das große Auditorium von den Verfehlungen des Admirals überzeugen kann. Ich bin die letzte Überlebende des alten kaiserlichen Imperiums und kann die Programmierung und die Befehle von Admiral Tarin bestätigen. «

Major Travis dachte kurz nach.
» Einverstanden«, antwortete er. » Du kommst mit. Sergeant Hardin, sie sorgen dafür, dass Sirin gut abgesichert ist. Ich mache sie hierfür verantwortlich, falls etwas schiefgeht. «

Sergeant Hardin salutierte.
»Meine besten Marines werden sie eskortieren«, antwortete er.

Major Travis blickte auf seine Uhr.
»Meine Damen und Herren, in 2 Stunden startet unsere Operation. Wir begeben wir uns zu dem Festakt und landen auf dem Raumhafen der Admiralität. Bereiten sie alles vor. «

Die Zusammenkunft löste sich auf. Jeder der Offiziere wusste, was zu tun war. Major Travis blieb noch mit Heran sitzen, um weitere Details zu besprechen. Tart 1 und Tart 2 wichen dem Major nicht von der Seite. Sie wussten, dass ein spezieller Auftrag vor ihnen lag. Sie nahmen sich vor, sich von ihrer besten Seite zu zeigen.

Der Festakt Admiralität

Admiral Gentrin hatte zahlreiche Vorbereitungen getroffen. In 2 Stunden trafen die ausgewählten Gäste ein. Santaranische Elite-Truppen sicherten den inneren Bereich des Palastes. Eine ganze Kohorte Kampf-Roboter patrouillierte außerhalb. Die geschulten Kampf-Einheiten sollten auf den Befehl des Admirals hin, die Gäste des Neuen-Imperiums gefangen nehmen. Der Admiral schaute auf seine Monitore.

»Sämtliche Ein- und Ausgänge wurden mehrmals gesichert«, dachte er.» Der große Platz vor dem Palast ist geräumt und wird durch Sicherheitskräfte der Palast-Ehrengarde und zusätzlichen Kampf-Robotern gesichert. Zehn Laser-Panzer unterstützen sie. Niemand kann jetzt mehr unbefugt eindringen. Mein Palast ist zu einer sicheren Zone geworden. Der Luftraum über dem Palast ist für fremde Schiffe, im Umkreis von zehn Kilometern, aufwendig gesperrt worden. Alles läuft nach Plan. Ich freue mich auf den Besuch. «

Es klopfte an der Tür.
Ein Adjutant trat herein. Admiral Gentrin blickte ihn an.

»Was gibt es? «, fragte er.
»Flotten-Admiral Cartero ist da«, teilte er mit.»Er möchte sie sprechen. «

»Geleiten sie ihn hinein«, antwortete der Admiral.

Der Adjutant nickte und führte den wartenden Flotten-Admiral in das Büro von Gentrin.

»es ist schön sie zu sehen«, sagte Admiral Gentrin. »Sie sind der neue Held unseres Kunst-Systems. Das Volk wird ihnen zujubeln. «

»Übertreiben sie nicht, Admiral«, antwortete Cartero. »Sie wissen, dass der größte Teil der Arbeit die Einsatz-Flotte des Neuen-Imperiums erledigt hat. Ohne ihre Hilfe, wäre unser System vermutlich vernichtet worden. «

»Sie malen wieder alles schwarz«, antwortete Admiral Gentrin. »Haben sie nicht die Flotte der Daraner an dem Eindringen in unser System gehindert? «

»Doch«, antwortete Flotten-Admiral Cartero. »Das ist aber das einzige Erfreuliche. Haben sie einmal die Verluste von Schiffen unserer Heimat-Flotte gezählt. Wie viele gute Piloten mussten sterben? «

Der Führer der Admiralität schaute seinen Flotten-Befehlshaber an.

»Das Risiko eines Einsatzes ist jedem Piloten bekannt«, antwortete er. »Hierfür kann ich wirklich nicht die Verantwortung übernehmen. «

»Die Piloten der Heimat-Verteidigung waren noch niemals in einem Einsatz gegen Fremde Lebewesen«, erwiderte Admiral Cartero. »Ihnen fehlte eindeutig die Erfahrung. «

»Was haben sie für ein Problem? «, erkundigte sich Admiral Gentrin. » Wie hätten sie denn entschieden? Es standen keine anderen Schiffe mehr zur Verfügung. Danken sie dem großen Auditorium. «

»Was ist mit den Mitgliedern des großen Auditorium? «, fragte Admiral Cartero. » Ich habe vernommen, dass sie den Kriegszustand ausgerufen haben. «

Der Leiter der Admiralität lachte verschmitzt.
»Das ist richtig«, antwortete er. »Ich habe sie abgesetzt. Das Gremium war stets ein Hindernis für unsere Entwicklung. Damit ist jetzt endgültig Schluss. «

Admiral Cartero klappte der Mund auf. Er blickte seinen Vorgesetzten an.

»Sie haben einen Regierungssturz eingeleitet? «

»Nein«, antwortete Admiral Gentrin. »Ich habe lediglich eine unfähige Bevormundung abgestellt. Sie waren doch auch ein Befürworter, dass wir wieder anfangen sollten zu forschen und zu entwickeln. Sie haben es doch auf ihren Monitoren gesehen, wie weit wir mittlerweile technisch hinter anderen Rassen zurückliegen. «

»Das ist aber kein Grund, unser großes Auditorium abzuschaffen«, erwiderte Admiral Cartero. »Sie haben keine Berechtigung hierfür. Sie bewegen sich auf sehr dünnen Eis. «

»Machen sie sich keine Sorgen«, antwortete Admiral Gentrin. »Ich habe das große Auditorium unter Arrest stellen lassen. Bei dem kleinsten Ausbruchsversuch werden die Mitglieder eliminiert. «

»Die Abordnung des Neuen-Imperiums möchte mit dem großen Auditorium sprechen«, erwiderte Admiral Cartero. »Sie baten mich für sie eine Audienz zu beantragen. «

»Das Neue-Imperium kann gar nichts verlangen«, erwiderte Admiral Gentrin kalt. »Sie können froh sein, wenn sie nicht auf der Stelle getötet werden. «

»Das können sie nicht machen«, antwortete Admiral Cartero schockiert. »Das Ansehen der Admiralität wird massiv geschädigt. Was soll unser Volk denken? «

»Unsere Bevölkerung wird dankbar sein, dass wir die Gefahr abgewendet haben«, erwiderte Gentrin. »Ansonsten wären unsere Planeten zerstört worden. Das muss ich ihnen doch nicht erklären. «

»Wann soll der Festakt für unsere Retter stattfinden? «, fragte Admiral Cartero. » Sie wollen mit zwei Schiffen auf dem Platz vor unserer Verwaltung landen? «

»Alles ist vorbereitet«, entgegnete der Leiter der Admiralität. »Der Bereich des Palastes wurde zur Sicherheits-Zone erklärt. Hier darf kein Schiff landen. Sie werden einen Leitstrahl bekommen und außerhalb der Stadt auf dem Regierungs-Raumhafen aufsetzen können. Das ist ein normaler Ablauf. Wenn sie gelandet sind, wird ein Gleiter die Besucher zu unserem Palast bringen. Sie werden in den Plenarsaal geführt und festlich geehrt. Unsere Admiralität wird unseren Gästen reichlich Beifall spenden. Dann rückt unsere Spezial-Garde an und nimmt die Gäste fest. Wir werden sie zur Herausgabe der natradischen Technik zwingen, möglichst auch zur Übergabe aller ihrer Raumschiffe. Falls uns dies nicht gelingt, werden sie exekutiert. «

Admiral Cartero blickte seinen Vorgesetzten entsetzt an. »Was ist mit ihnen los?«, fragte er. »Ich bin entsetzt über ihre Worte. Geht man so mit seinen Rettern um? Wie können sie nur solche Gedanken offen aussprechen. «

»Was ist ihr Problem?«, fragte Admiral Gentrin. »Sie haben eine Technik gestohlen, die unserer Entwicklung entstammt und die möchte ich zurückhaben. Die Sachlage ist eindeutig. Alle unsere Raumschiffe, bis auf die wenigen der 250 Meter-Klasse-Schiffe, sind eindeutig natradischen Ursprungs. «

»Darf ich sie daran erinnern, dass Admiral Tarin alle verfügbaren Schiffe seiner Evakuierungs-Flotte angeschlossen hat«, bemerkte Admiral Cartero. »Zurückgeblieben sind nur beschädigte und nicht zu gebrauchende Einheiten. Wenn sich die Nachkommen von Tarid jetzt Schiffe nach alten natradischen Konstruktionsplänen gebaut haben, dann ist das ihr gutes Recht. Admiral Tarin hat die Nachfolge-Programmierung der alten Natrid-Hypertronic-KI entsprechend vorgenommen. «

»Das weiß ich alles«, knurrte Admiral Gentrin. »Sie brauchen mich nicht hieran zu erinnern. Gehen sie davon aus, dass Admiral Tarin nicht mehr der Herr seiner Sinne war. Der Krieg mit den Sauroiden und die Vernichtung unserer ehemaligen Heimatwelten muss ihm den Rest gegeben haben. Wie ist es ansonsten zu erklären, dass er wie eine Walze durchs Universum geflogen ist und sämtliche Rassen, die ihm seine Flugroute verstellten, niedergekämpft und vernichtet hat. Ihm haben wir auch unsere neuen Freunde, die Daraner zu verdanken. Das hätte uns fast Kopf und Kragen gekostet. «

»Nun bleiben sie bitte auf dem Boden der Tatsachen«, erwiderte Admiral Cartero. »Ich sehe in ihren Entscheidungen den gleichen Fehler, den auch vor vielen Jahrtausenden Admiral Tarin gemacht hat. Sie haben unser Heimat-System geschwächt, indem sie alle Flotten-Kohorten losgeschickt haben, um alte Artefakte von Fremdrassen zu akquirieren. Vermutlich in der Absicht neue Technologie zu stehlen. Nur hierdurch entstand das Problem mit den Daranern. «

»Es tut mir leid, dass sie meine Entscheidungen nicht mittragen«, antwortete der Leiter der Admiralität. »Bisher hatte ich sie immer als unseren fähigsten und loyalsten Admiral bewertet. Ich glaube, dass ich diese Bewertung revidieren muss. «

Gentrin blickte seinem Flotten-Admiral in die Augen. »Sind sie für mich, oder gegen mich? «, fragte er.

»Was ist das für eine Frage? «, entgegnete Admiral Cartero. » Ich diene weiterhin treu der Admiralität und der großen Auditorium. Aber ich werde keinen Hinterhalt auf unsere Retter unterstützen. «

»Diese Aussage genügt mir«, antwortete Admiral Gentrin. »Meine Entscheidung ist gefallen. Wir werden die Abordnung des Neuen-Imperiums für ihre Unterstützung ehren und sie hiernach als Diebe an dem alten natradischen Eigentum zum Tode verurteilen. Nur eine Preisgabe der technischen Daten kann sie noch retten. «

Er drückte auf einen Knopf, vor ihm auf dem Tisch. Die Türe öffnete sich und fünf schwerbewaffnete Elite-Gardisten der Admiralität eilten in dem Raum.

»Admiral Cartero möchte nicht mehr in unseren Diensten stehen«, sagte er. »Entwaffnen sie ihn. Den Energiestrahler und den Flotten-Kommunikator braucht er nicht mehr. «

Die Soldaten schauten ihn fragend an. Admiral Cartero hatte einen guten Ruf in der Flotte.

»Er wird wegen Hochverrat angeklagt werden«, ergänzte Cartero. »Inhaftieren sie ihn und werfen sie ihn zu den Mitgliedern des Hohen-Auditoriums. Falls er einen

Ausbruchsversuch unternimmt, eliminieren sie ihn ohne Rückfrage. «

Die Elite-Gardisten griffen nach Admiral Carteros Waffe und zogen diese vorsichtig aus seinem Holster. Die Waffen der Gardisten waren aktiviert. Sie warteten auf die kleinste Bewegung des Admirals. Dieser vermied jedoch jede kleinste Bewegung. Vorsichtig hielt er den Gardisten den Funk-Kommunikator hin. Einer der Elite-Soldaten steckte ihn ein.

Ohne eine Miene zu verziehen, ließ Admiral Cartero sich von der Palast-Garde abführen. Innerlich schmunzelte er. Die Vermutungen von Major Travis hatten sich jetzt bestätigt. Zunächst wollte er es nicht glauben, doch er war eines Besseren belehrt worden. Vorsichtshalber hatte er seine Flotte für diesen Fall entsprechend instruiert.

Die Gardisten zwangen ihn zur Eile. Jemand schlug ihm den Kolben eines Lasergewehrs in den Rücken. Er beschleunigte seinen Schritt. Mit der gehassten Spezial-Garde des Palastes war nicht zu spaßen. Sie alle waren auf Admiral Gentrin eingeschworen. Der Weg führte durch lange Korridore und Flure. Eine breite Treppe führte tief unter den Palast, wo sich die Arrestzellen der Admiralität befanden. Zwei verwegene Santaraner bewachten den Zellenbereich.

»Sie bekommen einen neuen Gast«, sagte einer der Gardisten.

Die Wärter richteten sich auf und erkannten Admiral Cartero.

»Was soll der Admiral hier? «, fragte einer.

»Er wurde inhaftiert«, antwortete der Gardist. »Admiral Gentrin hat es persönlich befohlen. Führt die Anweisung aus. «

Der Wärter schüttelte seinen Kopf und schloss die Zellen-Anlage auf. Die Gardisten drückten Cartero hinein. Der Wächter öffnete die dritte Türe in dem Trakt.

»Wir sind eigentlich ausgebucht«, bemerkte er. »Das ganze Auditorium sitzt bereits hier ein. «

Die Gardisten lachten laut auf.
»Hier gehören sie auch hin«, antwortete einer.

Die Kerkertüre öffnete sich. Admiral Cartero wurde hineingestoßen und fiel auf seine Knie. Quietschend schloss sich die Türe wieder. Der Admiral bemerkte, wie hilfreiche Hände nach ihm griffen und ihn wieder auf die Füße stellten. Er hob seinen Kopf und blickte in die Gesichter.

»Admiral Cartero, wie kommen sie zu uns? «, fragte alter Santaraner.

Cartero blickte ihm in die Augen. Jetzt erkannte er den Vorsitzenden des Hohen-Auditoriums.

»Rats-Vorsitzender Suterin«, sagte Admiral Cartero. »Es ist schön sie zu sehen. Ich hoffe, es geht ihnen gut? «

»Wir werden korrekt behandelt«, antwortete das Ratsmitglied. »Aber was machen sie hier? Sie haben doch gerade erst unser Kunst-System vor den Daranern gerettet? «

Admiral Cartero nickte.
»Das ist der Dank des Oberbefehlshabers der Admiralität«, antwortete er. »Aber ganz unschuldig sind sie alle nicht an seinem jetzigen Verhalten. «

Die Ratsmitglieder sahen in unverständlich an.
»Ich erzähle ihnen jetzt die Original-Version der Geschichte«, teilte der Admiral mit. »Vielleicht können sie

dann das Vorgehen von Admiral Gentrin verstehen und zukünftig andere Vorgehensweisen anordnen. «

Der Flotten-Admiral erzählte die Geschichte des Angriffes der Daraner. Er erklärte ihnen, dass durch den Abzug der Flotten-Kohorten eine massive Schwächung des Heimat-Systems entstanden war. Er informierte die Rats-Mitglieder über den massiven Verlust der Heimat-Verteidigung und den Tod vieler tapferer Piloten. Seine Schilderung informierte sie über den bevorstehenden Exodus des Kunst-Systems und über das unverhoffte Auftauchen der Flotte des Neuen-Imperiums. Er schilderte, wie diese Flotte die Gegner fast allein vernichtet hätten. Er teilte den Mitgliedern des Gremiums des Hohen-Auditoriums mit, dass die Königin der Daraner von Soldaten des Neuen-Imperiums gefangengenommen worden war. Sie wollten weitere Information von ihr erhalten.

»Sie teilen uns also mit, dass unser Imperium nur durch die Unterstützung des Neuen-Imperiums von Tarid & Natrid noch existiert? «, staunte Suterin.

Admiral Cartero nickte.
»Dann sind wir ihnen zu großem, Dank verpflichtet«, sagte einer der Ratsmitglieder. »Sie müssen geehrt werden und sie dürfen Wünsche äußern. «

»Sie haben keine Wünsche«, antwortete Cartero. »Ihr Wunsch ist es lediglich, erste politische Kontakte herstellen. Sie entstammen von der dritten Welt unseres ehemaligen Heimat-Systems aus der Milchstraße. «

»Entstammen sie den Zuchtversuchen des letzten Kaisers? «, fragte Suterin. » Dann werden sie nicht gut auf uns zu sprechen sein. «

Admiral Cartero schüttelte seinen Kopf.
»Nein«, antwortete er. »Sie haben sich eigenständig entwickelt. Einige von ihnen tragen das alte Natridgen noch in sich. Ich vermute, es handelt sich um Angehörige der Rasse von Barbaren, die sich damals mit Überlebenden ehemaliger natradischer Flüchtlingen vermischt haben. «

»Dann sind es unsere Brüder«, erkannte Suterin. » Schon deswegen sollten wir sie willkommen heißen. «

»Das sieht Admiral Gentrin leider anders«, antwortete Cartero. »Er hat die Führung des Neuen-Imperiums zu einem Festakt eingeladen. Der Admiral wird sie für die Unterstützung ehren und sie hiernach inhaftieren. Er will sie zur Herausgabe der alten natradischen Hinterlassenschaften zwingen und zur Übergabe aller technischen Errungenschaften. «

»Der Verbleib der alten natradischen Hinterlassenschaften wurde von Admiral Tarin klar geregelt«, erwiderte der Ratsvorsitzende. »Jetzt nach dieser langen Zeit ist es für uns unmöglich, die Programmierung umzukehren. Zumal wir auch keine Möglichkeit sahen, zu unserem alten Heimat-Planeten zu gelangen. Die Entfernung war viel zu groß. «

»Sie sehen doch, dass die Flotte aus dem Neuen-Imperium bei uns ist und unsere Welten durch ihr Eingreifen gerettet hat. Ihr technischer Wissenstand ist unserem leider weit überlegen. Die Barbaren haben uns überholt. Das will Admiral Gentrin rückgängig machen. Letztendlich durch die Gesetze des Hohen-Auditoriums geschürt. «

»Wir sehen jetzt unsere Fehler ein«, antwortete Suterin. »Vielleicht können wir eine Kooperation mit den Nachkommen von Tarid eingehen. Es wäre relativ einfach unsere Wissenschaftler zu schulen. «

Er blickte den Admiral an.
»Glauben sie, die Führung des Neuen-Imperiums würde auf unsere Wunsch eingehen? «, fragte er.

»Ich kann es mir vorstellen«, antwortete Admiral Cartero. »Sie sind gekommen, um erste politische Kontakte zu schließen. Ihr Vorschlag könnte mit in einen ersten Kontrakt eingebunden werden. Ein Bündnis auf Gegenseitigkeit. Nebenbei erwähnt, verfügen sie auch über einen Wurmloch-Antrieb. Dieser ermöglicht es ihnen innerhalb von Minuten unser System anzusteuern. Im Gegenzug könnten wir im Bedarfsfall sofortige Hilfe anfordern, falls sich nochmals ein Zwischenfall mit den Daraner ereignen sollte. Das Große-Auditorium braucht durch diese Lösung keine Aufrüstung der Flotte zu genehmigen. Ich denke, diese Lösung wäre in ihrem Sinne. Es müsste lediglich eine Wurmloch-Portal installiert werden. «

»Nichts anders wollten wir in unseren Verfügungen«, antwortete der Rats-Vorsitzende. »Die vorhandenen Ressourcen unseres Kunst-Systems, sollten nicht alle für die Raumflotte, für waffentechnische Systeme und für die Admiralität, verwendet werden. Wir müssen auch an die weitere Entwicklung unserer Planeten denken. «

»Ich kann ihre Denkweise nachvollziehen«, antwortete Admiral Cartero. »Dennoch ist ein zu geringer Schutz, sie sehen es jetzt an dem Angriff der Daraner, auch sehr sträflich. Sie sollten für eine Ausgewogenheit sorgen. «

Die Ratsmitglieder schauten sich an.

»Mit ihnen kann man vernünftig sprechen«, antwortete Suterin. »Das war mit Admiral Gentrin nie möglich. Eine logische Begründung der notwendigen Bedürfnisse hätte unsere Entscheidungen garantiert optimiert. «

Admiral Cartero lächelte.

»Verstehen sie die Zukunft als einen neuen Anfang, eventuell auch als die Geburtsstunde einer Neuorientierung«, lächelte er. »Ohne die Hilfe des Neuen-Imperiums, würden wir hier nicht mehr sitzen. Die Daraner hatten das Ziel, alles humanoide Leben auf unseren Planeten zu vernichten. Das sollte ihre Rache sein, für das seinerzeitige Vorgehen von Admiral Tarin. Lassen sie uns dem Neuen Imperium aufrichtig danken, wenn wir die Möglichkeit hierzu haben. «

»Glauben sie tatsächlich, wir erleben das noch? «, fragte ein Ratsmitglied. » Admiral Gentrin wird uns sicherlich hinrichten lassen. «

»Warten wir es einfach ab«, antwortete Cartero. »Ich glaube, dass sich die Führung des Neuen-Imperiums sich nicht so einfach inhaftieren lässt. Sie werden die Pläne von Admiral Gentrin vereiteln. «

»Was sollen die wenigen Abgesandten gegen unsere Elite-Einheiten ausrichten? «, erkundigte sich Suterin.

»Ich habe die Soldaten meiner Flotten-Kohorte entsprechend informiert«, sagte Admiral Cartero. »Sie werden bereits wissen, dass ich inhaftiert wurde. Mein 1. Offizier wird alle anderen Kohorten über das Spiel des Admirals informieren. Spätestens dann wird er allein dastehen. Die Zeit läuft für uns. «

* * *

Ras'ekin zuckte in seiner Stasis-Kammer. Ein stechender Schmerz durchfuhr vor seinen Körper. Er fühlte sich sehr schwach und schwerfällig. Mit geschlossenen Augen atmete er die abgestandene Luft ein. Noch waren nicht alle seine Sinne aktiv. Mühsam gelang es ihm seinen Kopf hin und her zu bewegen. Sein Ohr nahm einen schrillen Summton auf. Er wusste, dass es nur die Display-Kontrollanzeige der Stasis-Kammer sein konnte. Der Deckel der Kammer war noch geschlossen. Seine Augen schmerzten. Nur mühsam gelang es ihm die Augenlider zu öffnen.

Ein grelles rotes Licht strömte von der Seite auf ihn zu. Schmerzvoll schrie er auf. Schnell schloss er seine Augenlider wieder. Er versuchte alle seine Gelenke zu bewegen. Sie fühlten sich an, wie abgestorben. Trotzdem spürte er, wie neues Leben ihn durchflutete. Wieder probierte er seine Gelenke zu bewegen. Der Schmerz ließ langsam nach. Die Durchblutung seines Körpers nahm rapide zu. Vorsichtig öffnete er wieder die Augenlider. Dies gelang ihm nur sehr mühsam. Das rote Licht pulsierte intensiv, aber es tat nicht mehr so weh. Er öffnete seine Augenlider weiter und versuchte das leuchtende rote Display zu erkennen. Nur langsam kehrten die Funktionen seines Körpers zurück. Sein Blick klärte sich.

Endlich erinnerte er sich, was das rote Licht bedeutete.

»Das ist die Warnlampe der Kontroll-Steuerung meiner Kammer«, erinnerte sich Ras'ekin. »Das rote Licht bedeutet eine Fehl-Funktion der Anlage. «

Mühsam hob er seinen Arm und drückte auf den seitlich liegen den Knopf. Der schrille Warnton des Displays erlosch. Ras'ekin presste einen Finger seiner Hand auf den danebenliegenden Knopf.

»Sollten die 50 Jahre der Ruhephase bereits vorbei sein? «, fragte er sich. » Noch nie habe ich mich nach einer Ruhephase so schlecht gefühlt, wie jetzt. «

Er schob sein schlechtes Gefühl der Fehlfunktion der Stasis-Kammer zu.

» Aber bisher haben die Kammern doch immer problemlos gearbeitet? «, dachte er. » Was kann der Grund für diese Fehlfunktion sein? «

Er drückte den nächsten Knopf an dem Kontroll-Display. Erschreckt sah er, wie die Zahlen anfingen zu laufen. Dann endlich lieben sie stehen und zeigten die abgelaufene Schlafdauer an.

Sein Blick verschleierte sich, als er die Zahl sah. Schnell klärte sich sein Blick wieder.

»Die Zahl kann nicht stimmen«, dachte er. »Meine Schlafperiode war für 50 Jahre programmiert. Die Anzeige muss defekt sein. «

Schwerfällig hob er seinen Arm. Seine Hand klopfte vorsichtig gegen das Display. Doch die Zahl veränderte sich nicht mehr. Die zeigte unverändert die Zahl von 250.000 Jahren an. Panik brach in ihm aus.

»Die ganze Planung unserer Säuberungs-Aktion in dieser Dimension des Universums ist dahin«, erkannte er. » Alle Flotten-Verbände unseres Volkes haben sich aufgemacht, die Fehler unserer Herren wieder zu bereinigen. «

Seine Rasse nannte sich Ablonder. Sie fungierten seit ewigen Zeiten als ein Hilfsvolk der Aller Ersten. Doch ihre Herren waren zu wichtigen Aufgaben aufgebrochen und nicht mehr zurückgekehrt. Es gab keine Hinweise auf ihren Verbleib. Sie hatten ihnen die Aufgabe übertragen, den alten Zustand im Universum wieder herzustellen. Die Kontrolle ihrer künstlich erzeugten Wasser-Wesen war aus dem Ruder gelaufen. Die Geschöpfe hatten sich wie die Pest vermehrt und sich der Kontrolle ihrer Herren entzogen.

Ras'ekin erinnerte sich sehr genau hieran.
»Ursprünglich waren sie entwickelt und gezüchtet worden, um den großen Feind hinter der weißen Barriere anzugreifen. Unsere Herren hatten lange geforscht, analysiert, beobachtet und versucht Gespräche aufzunehmen. Jedoch ohne einen Erfolg. Die humanoide Rasse hinter der weißen Barriere, beanspruchte immer mehr Territorium für sich, ohne Rücksicht auf alle anderen Mitbewohner zu nehmen. Alle bewohnten Planeten, die in ihre Ausdehnungszone gerieten, wurden umgeformt und ihren Lebens-Bedürfnissen angepasst. Alle auf diesen Planeten lebenden Wesen, Tierarten und Pflanzen wurden im Rahmen dieser Planeten-Forming-Aktion abgetötet. Es schien diesen Wesen nichts auszumachen.

Unsere Herren teilten uns mit, dass diese Wesen sich nicht aufhalten ließen. Aus diesem Grund züchteten sie die Wasser-Wesen. Sie waren hinter der weißen Barriere und den vielen Welten der fremden Humanoiden lebensfähig. Den Zucht-Wesen wurde ein immenser Hass in ihr Gen implantiert. Dann streuten unsere Herren die Keimlinge ihrer Zucht, in den zahlreichen Wasserwelten der fremden Humanoiden aus. Sie hatten einen Weg durch die große Barriere gefunden. Unzählige Dimensions-Drohnen steuerten automatisch alle Planeten der fremden Eroberer an und setzten die winzigen Keimlinge millionenfach ab.

Das alles geschah ohne die Kenntnisse der fremden Eroberer. Doch die Zucht unserer Herren vermehrte sich derart schnell, dass sich viele winzige Keimlinge ihren Sammler-Schiffen entziehen konnten. Sie fanden einen Ausgang ins normale Universum und breiteten sich auch dort aus. Mit Schrecken sahen unsere Herren, wie die von ihnen gezüchtete Rasse unkontrollierbar wurde. Ihre Regierung beschloss einen Vernichtungs-Feldzug gegen sie zu starten, um die Ausbreitung der Wasser-Wesen im normalen Universum aufzuhalten und um ihre Brut abzutöten. «

Ras'ekin dachte nach.

»Auf allen ausgesäten Planeten wurden tödliche Chemikalien abgeregnet. Sie verteilten sich in der Luft, auf dem Land und in dem Wasser. Diese sollten für ein schnelles Ende der mutierten Wasser-Wesen sorgen. Später haben wir diese Aufgabe übernommen, weil unsere Herren nicht mehr aus der weißen Barriere zurückgekehrt waren. Sie hatten Jahre zuvor eine gigantische Flotte ausgerüstet, um die fremden Eroberer zurückzudrängen. Seit diesem Zeitpunkt konnten wir keinen Kontakt mehr zu ihnen herstellen. Die letzte Anweisung unserer Herren besagte, nach Ablauf von 50 Jahren, nochmals eine Überprüfung der behandelten Planeten durchzuführen. Speziell geschulte Einsatz-Piloten unserer Rasse, sollten sich in den Kälteschlaf begeben und nach dem Ablauf der Zeitspanne den Erfolg ihrer Aktionen überprüfen. «

Langsam bemerkte Ras'ekin wie seine Kräfte zurückkamen. Tief atmete er die stickige Luft ein. Er schaltete seine Emotionen aus. Weder ein Triumph noch eine Enttäuschung durchzogen seine Gedanken. Ein Hauch von Gleichgültigkeit machte sich breit. Ras'ekin wusste, dass er nur einer von vielen Wächtern war, der Sektoren der Aller Ersten kontrollieren sollte. Er konnte nicht erwarten, dass er mit seinen jungen Jahren schon mit außergewöhnlichen Aufgaben betraut würde. Trotzdem hatte er sich vorgenommen, all seinen Ehrgeiz einzusetzen, um sich in der Hierarchie der Ablonder nach oben zu arbeiten.

Er spannte seine Muskeln an, hob seinen Arm und drückte auf einen weiteren Knopf an dem Kontroll-Display. Servos setzten ein und öffneten den transparente Deckel der Kammer über ihm. Quietschend und mit scheppernden Geräuschen, rollten zwei Roboter an die Stasis-Kammer heran. Zwei Medi-Roboter blickten ihm ins Gesicht.

»Sind das alle? «, fragte er sich. » Früher kamen zehn Medi-Roboter, um mich nach einem Aufwach-Prozess zu versorgen. «

Er drehte seinen Kopf.
» Licht«, sagte Ras'ekin.

Einige wenige Lichtquellen erstrahlten und fluteten die Kammer in ein düsteres Licht.

Die Roboter fingen an seinem Körper zu massieren. Sie injizierten ihm ein Serum. Er merkte, wie sein Körper von weiteren Leben durchflutet wurde. Langsam fühlte er sich wesentlich besser.

Er blickt auf die Kontroll-Anzeige der Stasis-Kammer. Die blinkende rote Anzeige vermeldete weiterhin einen Defekt.

»Ich kann froh sein, dass die Aufwachfunktion noch rechtzeitig eingeleitet wurde, ansonsten wäre ich nicht mehr wach geworden«, dachte er zu sich. »Die Kammer muss manipuliert worden sein. Ich bin mir sehr sicher, eine Zeitdauer von 50 Jahren eingegeben zu haben. «

Ras'ekin kam es wie gestern vor. Er erinnerte sich, dass er seine Programmierung noch einmal überprüft hatte.

» Bringt mich in die Zentrale«, sagte Ras'ekin. » Ich brauche dringend Informationen. «

» Ihr Genesungsprozess ist noch nicht abgeschlossen«, antwortete einer der Roboter blechern. » Die Basis wartet dringend auf ihren Wartungsimpuls. «

»Alles der Reihe nach«, antwortete Ras'ekin. » Ich brauche zuerst aktuelle Informationen. Aktiviert eine Anti-Grav.-Plattform. Hiermit bringt ihr mich zur Zentrale.«

Ein Roboter drehte sich um und zog etwas aus einer Nische. Er versuchte es zu aktivieren, jedoch gab es nur dumpfe Geräusche von sich.

» Der Energie-Kristall ist verbraucht«, meldete der Roboter. » Ich suche nach frischen konservierten Kristallen. «

Ras'ekin beachtete ihn ungeduldig, wie der Roboter diverse Ablageschränke kontrollierte. Dann schien der Roboter endlich fündig geworden zu sein. Er öffnete die Steuerung der Anti-Graf-Plattform. Der Konsole entnahm er den alten schwarzen ausgebrannten Kristall und ersetzte ihn durch einen rotleuchtenden neuen Kristall. Der Roboter drückte das Aktivierungsmodul. Das Display der Anti-Graf-Plattform leuchtete auf und hob sich sanft vom Boden ab.

» Die Plattform ist bereit«, meldete der Robot. » Wir helfen ihnen aufzusteigen. «

Vorsicht erhob sich Ras'ekin von seinem Stuhl. Jeder Schritt schmerzte. Nur langsam gelang es ihm auf die Anti-Graf-Plattform zu steigen. Er hielt sich an der Befestigung fest. Langsam setzt sich die Plattform in Bewegung. Der Weg führte durch lange Flure, Korridore bis zu einem breiten Tor.

Ras'ekin stieg ab und gab einen Code in das Codeschloss ein. Quietschend und unter heftigen mechanischen Geräuschen, öffnete sich das Tor und gab den Blick in den dahinter liegenden Raum frei.

Dieser lag in völligem Dunkel.
»Wir benötigen Licht«, sagte Ras'ekin.

Sämtliche Anlagen aktivierten sich. Der Ablonder stellte mit Erleichterung fest, dass in der Zentrale helle Lichter aufflammten. Zahlreiche Monitore und Gerätschaften erwachten. Ras'ekin wusste, dass die Zentrale über eine eigenständige Energie-Versorgung verfügte.

Mühsam erreichte er seinen Kommando-Stuhl. Seufzend ließ er sich hineinfallen. Eine Staubschicht wirbelte hoch und hüllte in ein. Ras'ekin musste stark husteten.

» KI, sofort die Wartung der Station einleiten«, befahl er.

Er bemerkte, wie zusätzliche Generatoren anliefen und kraftvolle Geräusche hörbar wurden.

» Die Service- und Wartungsroboter müssen aufgeladen werden«, antwortete die KI monoton. » Der Wartungs-Prozess startet in Kürze.

» Statusbericht«, fragte Ras'ekin. » Wie ist der Zustand der Station? «

»Ich registriere den Ausfall zahlreicher Systeme«, teilte die KI mit. » Durch einen massiven Verlust an Energie-Kristallen können viele Systeme nicht mehr genutzt werden. Die Reparatur wird eingeleitet, sofern möglich. Nötige Ersatzteile fehlen. Es wurde kein Nachschub mehr registriert. «

»Wie viel Zeit ist während meiner Tiefschlafphase vergangen? «, fragte er.

» Die exakte Zeit Dauer ihrer Schlafphase beträgt 250.000 Jahre«, teilte die KI mit.

Ras'ekin schüttelte seinen Kopf.
» Das war eine Fehlfunktion«, erkannte er. »Warum wurde ich nicht geweckt? Ich habe selbst die Programmierung auf 50 Jahre eingestellt. «

»Die Einstellung wurde durch einen Fremd-Zugriff manuell geändert«, antwortete die KI.

Ras'ekin verarbeitete die Angabe der KI.
» Wer hat das veranlasst? «, erkundigte er sich.

» Die Legitimierung erfolgte durch einen ausgewiesenen Sonder-Code der Flotten-Führung. «

Ras'ekin war weiter irritiert.
» Ist ein Fremder in dieser Station eingedrungen? «, fragte er nach.

» Einlass wurde lediglich dem Sonder-Gesandten der Flotten-Führung erteilt«, antwortete die KI monoton.

» Stehen Aufzeichnungen zur Verfügung? «, fragte Ras'ekin.

» Alle Daten wurden gelöscht«, antwortete die KI.

»Führe eine Gen-Analyse des Besuchers durch«, befahl der Wächter.

»Diese Anweisung kann nur durch einen Befehl der Flotten-Führung erfolgen«, antwortete die KI.

Ras'ekin verzog sein Gesicht.
»Es ist ein Notfall«, antwortete er. »Ich hebe diese Anweisung auf. Notfall-Code X37800. Bitte sofort den Fremdzugriff auf unsere Station überprüfen. «

»Die Berechtigung ist korrekt«, antwortete die KI. » Das Notfall-Programm wird eingeleitet. Alle Daten werden analysiert. «

Es dauerte einen Augenblick, dann antwortete die KI erneut.

»Alle Analysen wurden ausgewertet«, teilte sie mit. »Die DNA-Auswertung weist auf fremdes Genmaterial hin. Bei dem Eindringling handelt es sich um ein Zuchtwesen unserer Herren. Es besitzt formwandelnde Eigenschaften und Kenntnisse über unsere Technik. Es hat die Programmierung der Stasis-Kammer auf unendlich gestellt. «

» Jetzt wird mir alles klar«, bemerkte Ras'ekin. » Unsere Vorgesetzten waren zu gutgläubig und haben nie über einen Gegenschlag der Wasser-Wesen nachgedacht. Doch sie scheinen sehr schnell gelernt zu haben. Sie haben realisiert, dass wir sie auslöschen wollten. Scheinbar ist es uns nicht gelungen. «

Er blickte auf die Monitore seiner Station.
» Das Netzwerk mit allen Ablonder Versorgungs-Systemen anzeigen«, befahl er. » Wie viele Schläfer-Planeten sind aktiv? «

Ein Monitor flammte auf. Die Anzeige baute sich auf und zeigte ein Netzwerk von unzähligen Planeten. Sie alle waren mit einem roten Punkt gekennzeichnet.

»Das Netzwerk abfragen«, befahl Ras'ekin. »Welche Stasis-Anlagen sind noch aktiv? «

»Die Verbindung wird aufgebaut«, antwortete die KI. »Alle Daten werden abgefragt. Es wird eine Weile dauern.«

Ungeduldig und zugleich voller Spannung schaute Ras'ekin auf den besagten Monitor.

Schmerzvoll verzog sich sein Gesicht. Er erkannte, dass immer mehr rote Lichter verblassten und tote Welten anzeigten. Dies bedeutete, dass sämtliche Energie der Stationen und der Stasiskammern, auf den Wächter-Planeten ausgefallen war. Diese Schläfer waren nicht mehr zu retten.

»So eine Schweinerei«, schimpfte Ras'ekin. »Die Worgass haben eine gute Arbeit geleistet. Mehr als Dreiviertel der Wächter-Garnisonen wurde eliminiert. «

Sein Gehirn arbeitet auf Hochtouren.

»Die Kunst-Geschöpfe unserer Herren haben sich verselbstständigt«, erkannte er. »Sie akzeptieren uns nicht mehr als ihre Schöpfer. Ihr Angriff galt den Ablondern, dem treuen Hilfsvolk der Aller Ersten, stellte er mit Entsetzen fest. «

Seine Blicke fuhren über die Daten der Anzeige.
»Ihre Angriffe wurden schnell und präzise durchgeführt«, flüsterte er. »Vermutlich haben sie auch bereits unsere Führung infiltriert. Woher konnten sie sonst von unserem geheimen Plan wissen. Auch die Standorte der Schläfer-Planeten mussten sie erst in Erfahrung bringen. «

Er überlegte einen Augenblick.
»Ich muss alle noch aktiven Schläfer erwecken«, dachte er.

»Steht ein Raumschiff im Hangar bereit«, fragte er seine KI.

»Hier in dieser Station befindet sich kein Raumschiff «, antwortete die KI.

» Können wir einen Aktivierung-Impuls auf allen Energieadern senden? «, erkundigte er sich.

» Die manuelle Aktivierungs-Steuerung wurde gelöscht«, antwortete die KI. » Diese Programmierung steht nicht mehr zur Verfügung. «

Ras'ekin versuchte seine Enttäuschung zu überspielen. » Die geheimen Daten XZ 3.9.1980 BSON 8079 öffnen«, befahl er. »Sonderzugriff "Angriff von außen" «.

» Die Programmierung wurde installiert und geöffnet«, antwortete die KI.

» Stelle bitte eine Verbindung zu dem Versorgungs-Planet im acht Sonnen-System her. Nehme bitte Kontakt zu dem Planeten Oraval auf. «

» Das geheime System und der Nachschub-Planet werden in mein System eingebunden«, meldete die KI. » Ich stelle einen autorisierten Kontakt her. Frage Ressourcen ab. «

Ras'ekin sah endlose Zahlenkolonnen über den Bildschirm laufen.

» Das Ergebnis liegt vor«, teilte die KI mit. » Alle Schläfer-Stationen auf Oraval sind aktiv und bereit. Sämtliche Anlagen funktionieren einwandfrei und bestätigen unseren Impuls. «

Ras'ekin atmete erleichtert aus.

» Die Aktivierung des Nachschubs kann nur manuell vorgenommen werden«, ergänzte die KI.

» Das ist mir bekannt«, antwortete Ras'ekin.

Auf dem Bildschirm und sah einen kleinen beweglichen roten Punkt, der sich zwischen den Planeten bewegte.

» Analysiere das rote Signal«, befahl Ras'ekin.

» Der Flugkörper wird analysiert und zugeordnet«, antwortete die KI. »Es handelt sich um ein Schiff unserer Flotte. Es ist getarnt und bewegt sich sehr vorsichtig. Die Daten werden verglichen. Das Schiff wird als Kommando-Einheit von Sil'drock identifiziert, Außenwächter einer Stadt der Aller Ersten. «

Ras'ekin konnte schreien vor Glück. Er war nicht mehr allein. Es gab noch eine andere Person seiner Rasse.

» Funke das Schiff codiert an und rufe es zu mir«, befahl er. »Ich möchte abgeholt werden. «

»Der Hyperfunk-Impuls wurde gesendet«, antwortete die KI. »Ich warte auf Antwort. «

Ungeduldig wippte Ras'ekin mit seinem Stuhl.

» Eingehender Hyperkomm-Funkspruch«, teilte die KI mit. »Er stammt von Sil'drock. «

»Auf den Bildschirm legen«, antwortete Ras'ekin.

Das Bild auf dem Schirm baute sich auf.

»Mein Name ist Sil'drock, Wächter der Außenstadt der Aller Ersten«, meldete sich ein Ablonder in einer Flotten-Uniform. »Ich grüße dich. «

» Ich bin erfreut dich zu sehen«, antwortete der Schläfer. »Mein Name ist Ras'ekin, Controller des Plans der Aller Ersten. Meine Station wurde von Agenten der Formwandlern manipuliert. Ich erbitte deine Hilfe. Mir steht kein Raumschiff zu Verfügung. Ich muss die anderen Wächter-Planeten warnen. Sie sind in Gefahr. Kannst du mich unterstützen? «

Sil'drock nickte.
» Ich dachte, ich wäre der Einzige unserer Rasse in dieser Dimension«, antwortet er. »Es ist schön, eine vertraute Stimme zu hören. Sende mir deine Koordinaten. Ich komme zu dir. «

» Das mache ich«, antwortet Ras'ekin. »Beeile dich, ich hoffe wir kommen nicht zu spät. «

Die Verbindung brach ab.
Ras'ekin befahl seiner KI die Koordinaten zu übersenden. Er lehnte sich in seinem Stuhl zurück. Plötzlich kamen ihm Zweifel auf.

» Kann ich Sil'drock trauen? «, fragte er sich. » Wo kommt er her. Ist er einen von uns, oder ein Formwandler? «

Er schaute die beiden Roboter an.
»Bringt mir einen sicheren Schutzanzug und meinen Waffengurt«, befahl er. » Sicher ist mir sicher. «

***

Die starke Flotte des ISD, über 100 Schiffe der neuen Prinz-Klasse stark, war unter dem Kommando von Oberst Cameron auf ihrem Jungfernflug. Sie begleitete die von General Poison zugesagte Schutz-Flotte für die Argoner zu ihrem Einsatzgebiet. Der Oberst stand auf der Brücke seines Flaggschiffes und schaute auf die Anzeigen der zahlreichen Instrumente. Die Wissenschaftler und Techniker, des Neuen-Imperiums, hatten innerhalb kürzester Zeit eine neue Schiff-Klasse konzipiert und ans Licht der Öffentlichkeit gebracht. Die zahlreichen Schiffs-

Werften hatten gute Arbeit geleistet. Keinerlei Mängel waren auf dem bisherigen Flug registriert worden. Die Prinz-Klasse war eine Schiffsgruppe, die auf Basis der Cuuda-Klasse weiterentwickelt wurde. Die exakte Länge der Schiffe betrug exakt 400-Meter. Ausgestattet mit stärkeren Triebwerken und schnelleren Beschleunigungswerten, wirkten die Schiffe dieser neuen Klasse nicht mehr so kantig, sondern waren runder an den Schnittkanten konstruiert. Der große Flottenverband aus 100 Schiffen der Prinz-Klasse und 250 Schiffen der Lord-Klasse fiel einen Klick vor dem System der Argoner, aus dem Hyperraum. Nach den letzten Aufklärungsdaten sollten die Piraten hier ihr Unwesen treiben.

Oberst Cameron stand an dem CIC.
»Empfangen wir neue Ortungsdaten? «, erkundigte er sich.

» Auf dem CIC werden derzeit nur die Schiff-ID's unserer eigenen Flotte angezeigt «, antwortete Sergeant Mitchell, der für die Ortung zuständig war. »Von den Schiffen der Piraten ist nichts zu sehen. «

Oberst Cameron achtete speziell auf den Brandbereich der gewöhnlichen Hyperfunk-Frequenzen, die kontinuierlich Informationen vermitteln.
Seine Erregung wuchs rapide an.

»Wir haben zwei codierte Funkwellen fremden Ursprungs empfangen«, meldete Funk-Offizier Niemann. » Unbekannte Schiffe haben sekundenlang auf einer nicht gebräuchlichen Frequenz gesendet. «

»Konnten wir ihre Positionen ausmachen? «, fragte der Oberst.

»Nein«, antwortete der Funk-Offizier. »Die Schiffe sind direkt wieder in den Hyperraum gesprungen. Sie scheinen uns geortet zu haben. «

Der Oberst erkannte, dass seine Flotte vermutlich bereits von fremden Schiffen entdeckt worden war.

» Ich erwarte eine sofortige Entschlüsselung der Funksprüche«, befahl Oberst Cameron. »Wir müssen wissen, was die Piraten planen. «

Der Oberst lehnte sich in seinem Kommando-Sessel zurück und überlegte.

»Wir schicken ihnen zwei getarnte Aufklärungsdrohnen hinterher«, sagte er. »Vielleicht können sie die Position ihres Heimat-Systems ermitteln. «

Der Oberst blickte den Offizier der Waffenleitstelle an.

»Schicken sie den Piratenschiffen zwei automatische, getarnter Spürdrohnen hinterher", befahl er. »Wir benötigen mehr Informationen über die Piraten-Clans. «

»Die Drohnen sind raus«, bestätigte Sergeant Stutzmann.

Oberst Cameron blickte wieder seinen Funk-Offizier an.

»Konnten wir weitere Funksprüche empfangen«, fragte er.

»Ja«, antwortete Leutnant Niemann. »Die Signale sind jedoch stark verschlüsselt. Wir haben ein Datenpaket mit undefinierbaren Zeichen erhalten «

»Können wir bereits eine Entschlüsselung durchführen? «, bohrte der Oberst nach?

»Die Hypertronic-KI unseres Schiffes bemüht sich hierum«, entgegnete die Funkstelle.

»Sind die Hyperraum-Wellen noch zu verfolgen? «, fragte der Oberst.

»Das ist möglich«, antwortete Sergeant Mitchell. »Die

Hyperraum-Spuren sind immer noch klar erkennbar. Unsere Drohnen haben sich orientieren sich an den Wellen der Piraten-Schiffe «

Oberst Cameron schaute wieder auf das CIC.

»Der Absender hatte sich sehr viel Mühe geben, die gesendeten Signale zu verschlüsseln«, dachte er. »Wir befinden uns sich in Piratengebiet. Ich bin mir sicher, dass die Clans bereits unsere Route kennen. Sie werden sich ausrechnen können, dass wir auf dem Weg ins argonische Sternen-System sind. «

»Unsre Drohnen sind gerade in den Hyperraum gesprungen und folgen den Wellen der Piraten-Aufklärer«, teilte Sergeant Stutzmann mit. »Ich habe als Rendezvous-Point das argonische Sternen-System programmiert. Falls die Drohnen etwas gefunden haben und zurückkehren, dann stoßen sie dort wieder zu uns. «

»Danke«, antwortete der Oberst.

Er drehte sich von dem CIC ab.
»Unsere Schiffe sollen sich für den nächsten Sprung bereit machen«, befahl der Oberst.

Der 1. Offizier bestätigte.

»Die Befehle an die Flotte wurden gesendet«, antwortet er. »Die Bestätigungen kommen bereits zurück herein. Unsere Hyperraum-Triebwerke laufen an. Sie können den Sprungbefehl erteilen. «

Oberst Cameron nickte dankbar. Er schaute seinen Steuermann an.

»Führen sie den Sprung jetzt durch«, befahl er.
Die KI des Schiffes synchronisierte den Impuls mit allen weiteren Schiffen der Flotte. Fast gleichzeitig entmaterialisierten die Schiffe und verschwanden in den Normalraum.

***

Reco Kuriato stand vor dem Regierungs-Tribunal, sämtlicher Piraten-Clans auf dem Verwaltungs- und Regierungsplaneten Kiras. Hier wurden die wichtigen Entscheidungen getroffen. Neben dem Regierungs- und Verwaltungs-Gremien der Piraten, befanden sie auch die Raumschiff-Werften, die Endmontage der Schiffe und die Ausbildungs-Zentren für das Personal, auf diesem Planeten. Jeder Anführer eines Clans musste sich der Überwachung durch die Organe der amtierenden Regierung unterwerfen. Nur so konnte er auf der galaktischen Bühne mitmischen. Hier auf Kira wurden von der Regierung notwendige Gelder für alle möglichen Operationen umgeschichtet.

Reco Kuriato hasste die Prüfungs-Gremien, in der alle Anführer von Clans der Regierung Antworten über die gescheiterten Operationen geben mussten.

»Es war ein Fehler, dieses Gremium zu etablieren«, dachte Reco. »Die Mitglieder spielen sich als Hüter unserer Planeten auf. Früher konnten wir Clans auf Raubzüge gehen, ohne dass wir uns andauernd rechtfertigen mussten. Leider ist das lange vorbei. «

Verächtlich blickte er zu den 15 Regierungs-Vertretern auf, die von ihrem erhoben Podest abwertend auf die Führer der Clans herunterblickten.

Der Vorsitzende war in schwarze Gewänder gehüllt. Sein eisiger Blick suchte die Augen von Reco Kuriato. Mit starrer Miene ließ Reco den Blick über sich ergehen. Respektvoll erhob sich der Vorsitzende und schlug mit dem Ende des Regierungs-Stabes dreimal auf den Boden auf. Ein dumpfer Ton erklang bei jedem Schlag. In dem Saal wurde es ruhig.

»Sie sind Reco Kuriato, der Anführer des sarofanischen Piraten-Clans, dem größten Zusammenschluss von Piraten-Familien in unserer Vereinigung. «

»Das ist richtig«, antwortete Reco. »Sie kennen mich. Eine Identifizierung meiner Person ist daher nicht nötig. «

»Das entscheiden wir«, antwortete der Vorsitzende Eron Jackoss. »Obwohl sie den größten Clans unserer Welten präsentieren, unterliegend sie trotzdem der Gesetzgebung. Ist ihnen das nicht bewusst? «

Der Piratenführer lächelte.
»Immer wieder die gleiche Phrase«, entgegnete er. »Ich frage mich langsam, ob das Regierungs-Tribunal nicht als überholt eingestuft werden sollte. Diese ewigen Diskussionen halten uns von wesentlichen Aufgaben ab. «

Lautes Gemurmel wurde hörbar.
»das ist eine große Respektlosigkeit«, erkannte ein Regierungsmitglied.

Der Rats-Vorsitzende Jackoss blieb gelassen.
»Das gleiche können wir von ihnen sagen«, antwortete er. »Sie sind seit Jahren ein Quertreiber und Intrigant. Aus den letzten Datenpaketen ihrer Schiffs-KI geht deutlich hervor, dass ihre Flotte in den letzten 60 Tagen nur

Rückschläge zu verbuchen hatte. Wenn dieses Beispiel Schule macht, dann werden unsere Anstrengungen der letzten Jahre massiv zurückgeworfen. Bisher hatten wir sie für einen fähigen Anführer ihres Clans gehalten. Wir werden unser Urteil wohl revidieren müssen. «

Ein erstauntes Gemurmel füllte den Saal.

Reco Kuriato lehnte sich lässig an den Stehtisch an, der vor ihm stand.

»Das ist eine Beleidigung meiner Person «, antwortete Reco mit kalter Stimme.

Er blickte die Regierungs-Mitglieder an, die vermutlich einen Verantwortlichen eruieren und zur Rechenschaft ziehen wollten.

»Wie konnte es zu diesem krassen Versagen kommen? «, fragte der Vorsitzende. » Ihnen war doch bekannt, dass unsere Einnahmen sich an dem Wert des Beutegutes errechnen. Da sie bereits länger keine Beute mehr deklariert haben, entstand hierdurch ein großer Einnahme-Verlust für die ganze Gemeinschaft unseres Planeten-Systems. Geben sie uns bitte eine Erklärung. Wir möchten ihre Handlungen verstehen. Unsere Raumschiffe sind bestens ausgerüstet. Die Besatzungen sind mit dem Willen von Kiras beseelt und bereit sich für das ganze Piraten-System aufzuopfern. Ihre Flotten sind dem Abschaum der Galaxis zahlenmäßig weit überlegen. Trotzdem sehen wir in der letzten Zeit nur Niederlagen bei den Flotten unter ihrer Führung. Wir sind nicht mehr bereit das hinzunehmen. «

Reco Kuriato hatte genug gehört. Sein Blut war in seinen Kopf geschossen. Er schlug mit seiner linken Hand laut auf den Stehtisch auf. Mit der anderen fegte er das digitale Eingabegerät von dem Tisch. Unter der Wucht des Aufpralls auf den Boden, zersplitterte das Gerät in unzählige keine Teile.

»Ihre unsinnigen Vorhaltungen entbehren jeder Logik«, antwortete er. »Ihre Aussagen zeigen mir die Unfähigkeit dieses Gremiums deutlich. Vielleicht können mir die hohen Ratsmitglieder einen Vorschlag unterbreiten, wie diese Misere abzustellen ist. Ich gehe davon aus, dass sie dann auch über alle Veränderungen in unserem Weltall informiert sind? «

Reco schaute sich sie.
»Ich warte«, ergänzte er. »Ich möchte gerne ihre allwissenden Vorschläge zur Kenntnis nehmen. «

Die Mitglieder des Konzils schauten sich an.

»Das ist nicht Grundlage unserer heutigen Besprechung«, antwortete Eron Jackoss. »Wir sind nicht im Außeneinsatz tätig. «

»Das wollte ich hören«, erwiderte Reco. »Trotzdem erdreistet sich dieses Gremium meine Entscheidungen zu kritisieren. Sie wissen in keiner Weise, was gerade außerhalb unseres Planeten-Systems passiert. Entsprechend dieser Tatsache weise ich ihre Kritik strikt zurück. Ich betitele dieses unsinnige Gremium als dumm und veraltet. Sie werden in der Zukunft noch zeigen müssen, ob sie in der Lage sind, sich den neuen Gegebenheiten anzupassen. Ansonsten werde ich eine Auflösung dieses Gremiums beantragen. «

»Das gelingt ihnen nicht«, spottete einer der Regierungs-Vertreter. »Diese Möglichkeit ist nicht in den Statuen vorgegeben. «

Der Vorsitzende hob seine Hand und gebot Ruhe.
»Lassen wir uns doch von Reco Kuriato informieren und auf dem neusten Stand bringen«, sagte er. «

Er blickte wieder den Anführer des größten Piraten-Clans an.

»Unsere Tätigkeit ist nicht persönlich zu nehmen«, entgegnete er. »Wir schätzen sie als Anführer des sarofanischen Clans außerordentlich. Teilen sie uns bitte mit, was wir nicht wissen. «

Reco Kuriato hatte sich beruhigt. Er blickte den Vorsitzenden des Konzils an.

»Ich bitte das Konzil für meine Worte um Entschuldigung«, sagte er.

Er verbeugte sich kurz, um seinen Respekt auszudrücken. »Auch dieser Clan-Führer steht nicht über dem Gesetz, ergänzte er. »Doch es steht mir zu, auf diese Weise meine Abscheu und Verachtung zum Ausdruck zu bringen. «

»Die Beleidigung dieses Gremiums ist eine Demütigung für unsere ganze Bevölkerung«, erwiderte der Vorsitzende Jackoss. »Wir behalten uns entsprechende Maßnahmen vor. Jetzt jedoch möchten wir Aufklärung über ihre Äußerungen. «

Reco Kuriato nickte.
»Ich weiß nicht, inwieweit dieses Gremium bereits informiert wurde«, begann er seine Erläuterungen. »Auch die anderen Clans sollten über diese Informationen verfügen. Das alte natradische Kaiserreich formiert sich

derzeit neu. Sie haben gewaltige Flotten zusammengezogen und sind dabei ihr ehemaliges Reich in den alten Grenzen neu zu ordnen. «

»Das ist nicht möglich«, antwortete der Vorsitzende des Regierungs-Rates. »Es gibt in dieser Galaxie keine Natrader mehr. Sie sind bekanntlich ausgewandert. Ob irgendwo anders noch welche existieren, das ist fraglich. «

»Das ist das, was ich meine«, entgegnete Reco. »Auch unsere Völkergruppe stammt von versprengten Natradern, Najekesio, Warrants, Morina, Atlantern und vielen ehemaligen Kolonien des natradischen Kaiser-Imperiums ab. Wir haben uns nicht als eigenständige Rasse entwickelt, sondern mussten uns aus Querdenkern, Abtrünnigen und Regime-Gegnern bilden. Das alles passierte kurz nach dem Fall des natradischen Reiches. Von dieser Sichtweise aus, stammt fast das ganze Leben in der Milchstraße von den Natradern ab. Sie haben überall ihre Handschrift überall hinterlassen.

Jetzt ist es aber den Terranern gelungen, ihre technischen Hinterlassenschaften zu akquirieren. Die ehemalige große Hypertronic-KI von Natrid ist wieder zum Leben erwacht und hat die Terraner als ihre Nachkommen protegiert. Die Terraner setzen überall Patrouillen ein und senden Schutz-Flotten zu den bewohnten Planeten. Unsere letzten beiden geflogenen Angriffe galten der Rasse der Argoner. Wir haben ihren Planeten neu entdeckt. Er ist reich an Agrarprodukten. Bevor wir ihre Welt in Besitz nehmen konnten, ist uns eine Flotte des Neuen-Imperiums dazwischengekommen.

Wenige Wochen vorher beschützten sie eine große Transport-Flotte der Argoner, die auf dem Weg zu den Morina war. Meine Flotte hatte es auf die medizinische Fracht abgesehen. Der sich hieraus entwickelnde Kampf, hat mich viele Schiffe gekostet. Ihre gigantischen Raumschiffe sind unseren weit überlegen. Ich sehe langfristig keine Möglichkeit, gegen die großen Zerstörer des Neuen-Imperiums anzukommen. Ich schlage vor, umzusiedeln und uns außerhalb der Grenzen ihres Territoriums ein bewohnbares System zu suchen. Hier sollten wir neu anfangen. «

»Das Erreichte aufgeben und kapitulieren? «, fragte Jackoss. » Das kommt für uns nicht in Frage. Es muss eine andere Lösung geben. «

Reco Kuriato sah sich in dem Saal um. Er entschied mit weiteren Zahlen und Fakten das Konzil zu überzeugen.

»Wir sind derzeit den Schiffen des Neuen-Imperiums massiv unterlegen«, erklärte er. »Wir brauchen eine massive Aufrüstung aller Flotten. Bei den letzten Angriffen musste ich die Vernichtung von 7 Prozent meiner Schiffe hinnehmen. Unsere 250 Meter Angriffsboote sind hypersprungfähig, wendig und schnell, doch an starken Waffen mangelt es uns. Wir brauchen größere Schiffe mit mehr Generatoren und stärkeren Waffen-Systemen. Ansonsten können wir es gegen das Neue-Imperium nichts ausrichten. «

»Wollen sie einen Krieg mit dem Neuen-Imperium anzetteln? «, fragte der Vorsitzende des Piraten-Konzil.

»Nein«, erwiderte der Anführer des sarofanischen Piraten-Clans. »Es genügt, wenn wir die Grenzen unserer beanspruchten Sektoren absichern. «

» Wird das wirklich genügen? «, fragte der Vorsitzende. » Uns ist bekannt geworden, dass die Nachkommen der Natrader eine große Flotte produzieren, weil sie an das Eindringen einer fremden Großmacht glauben. Es wird für uns unmöglich sein, ein solches Schwergewicht in der Milchstraße aufzuhalten. «

Reco Kuriato nickte.
»Ich sehe keine andere Möglichkeit«, antwortete er. »Die Alternative ist, dass wir uns zurückziehen und uns einen neuen Lebensraum suchen. «

»Haben sie einmal daran gedacht, dass an den Befürchtungen des Neuen-Imperiums etwas dran sein könnte. Kein Volk rüstet derart auf, wenn die Bedrohung nicht real ist. Denken sie zurück an den Krieg der Natrader gegen sie Rigo-Sauroiden. Dieser gewaltige Angriff hat die Milchstraße in ihren Grundfesten erschüttert und führte zu dem Ende des natradischen Kaiser-Imperiums. Ferner wurden viele humanoide Völker vernichtet, die heute möglicherweise potente Leistungsträger für uns gewesen wären. «

»Wo soll die Bedrohung herkommen? «, antwortete der Anführer des größten Clans. » Hätten wir nicht auch etwas hiervon bemerkt? «

»Vielleicht ist unsere jetzige Tätigkeit in Frage gestellt«, erwiderte ein Mitglied des Rates. »Wenn wieder eine Ordnungsmacht die Fäden in dem bekannten Universum zieht, wird es für uns Piraten zu Ende gehen. Wir sollten uns alternative Geldquellen sichern. «

Reco Kuriato sah das Mitglied des Rates an.
»Ich kenne das Argument, worauf ihre Aussage zielt«, entgegnete er. »Wir können es uns nicht leisten zum jetzigen Zeitpunkt massiv aufzurüsten. Ich denke aber auf über das Gegenteil nach. Es ist möglich, dass wir es uns

nicht leisten können, es nicht zu tun. Wir sollten ein Gegengewicht zu dem neuen Imperium auf die Beine stellten. Dann versuchen wir ihre Werften und Konstruktions-Basen zu vernichten. Die Nachkommen der Natrader sollten für die Zerstörung unserer Schiffe und unseres Personals bezahlen. «

»Ich höre den Hass unserer Vorfahren in ihnen sprechen«, erwiderte Eron Jackoss. »Es ist für viele Angehörige unserer Clans sehr schwierig, sich an die neuen Verhältnisse anzupassen. Sie kennen nur die Gewalt und die Unterwerfung Schwächerer. Niemand ist auf den Gedanken gekommen, dass sich jemals die Zeiten ändern würden. Doch die Geschichte lehrt uns, dass zu gegebener Zeit immer wieder große Umwälzungen stattfinden und das Bestehende verändern. Anscheinend sind wir an diesem Wendepunkt angekommen. Mir ist ein Sprichwort deiner gehassten Feinde zu Ohren gekommen. Dieses lautet folgendermaßen. Allein ist man schwach, jedoch gemeinsam ist man stark. «

»Wollen sie mir hiermit etwas sagen? «, fragte Reco Kuriato.
»Wir wollen ihnen sagen, dass die Aktivitäten unserer Piraten-Clans neu ausgerichtet werden sollten. Nennen wir die Aktivitäten zukünftig seriöse Geschäfte. Die Milchstraße ist groß. Die Nachkommen der Natrader sind

dabei das alte kaiserliche Imperium wieder aufzubauen. Unterstützen wir sie dabei. Lassen sie uns nach wichtigen Planeten suchen, die über die benötigen Ressourcen verfügen, nachdem auch das neue Imperium sucht. Die wichtigen Rohstoffe, Erze, oder auch die für ihre Schiffe benötigten Energie-Kristalle, können wir ihnen dann zu überhöhten Preisen verkaufen. Diese Geschäfte können als legal eingestuft werden und wir vermeiden eine Konfrontation mit dem neuen Imperium. Vermutlich werden sie uns noch einen Beistandspakt anbieten, falls sich ihre vermutete Bedrohung bewahrheiten sollte. Wir schlagen so zwei Fliegen mit einer Klappe. «

Reco Kuriato blickte die Ratsmitglieder entsetzt an.
»Welche Ehre und welcher Ruhm kann mit dieser Vorgehensweise für uns errungen werden? «, fragte er. » Die Götter werden sich angewidert von uns abwenden. «
Der Rats-Vorsitzende Eron Jackoss erkannte, das Reco die Ironie seines Vorschlages in keiner Weise verstanden hatte.

»Haben sie das nicht bereits? «, fragte er den Anführer des größten Clans. » Wollen sie noch mehr Verluste an Schiffen und Besatzungen erleiden. Wie teilen sie dieses Versagen den Familien der Getöteten mit? «

»Noch nie haben wir uns unterworfen«, antwortete Reco. »Alle unsere früheren Feinde wurden vernichtend besiegt. Es gab nie eine Notwendigkeit sie näher kennenzulernen. «

»Erkenne endlich, dass sie Zeiten sich geändert haben«, antwortete Eron Jackoss. »Diese Vorgehensweise ist bei dem Neuen-Imperium nicht möglich. Sie sind bereits zu mächtig geworden. Warum bist du nicht einsichtig? Ob ruhmreich, oder nicht. Ein vernichtetes Schiff, bleibt ein vernichtetes Schiff und bedeutet eine entsprechende Niederlage. «

\#

Der Vorsitzende des Regierungs-Rates blickte Reco Kuriato durchdringend an.

»Wir verzeihen dir letztmalig deine misslungenen Beuteflüge. Richte deinen Clan neu aus. Alle anderen Anführer haben es bereits begriffen. Von ihnen wurden bereits Änderungen eingeleitet und sie sind auf der Suche nach ergiebigen Planeten. Solltest du hiervon nichts mitbekommen haben? Es ist ratsam auch öfter einmal über den Tellerrand hinaus zu blicken. «

»Ist das ihr letztes Wort? «, fragte Reco irritiert.

Die Mitglieder des Konzils nickten gemeinschaftlich. Der Vorsitzende stand auf und schlug dreimal mit seinem Stock auf den Boden auf. Wieder dröhnten dumpfe Schläge durch den Saal.

»Der Rat verfügt den Beschluss und verkündet ihn«, sagte Eron Jackoss. »Er ist der Wille des Volkes. Richte dich hiernach. Die Informationen gehen dir und deinem Clan noch auf einem Speicher-Kristall zu. Die Anhörung ist beendet. Ihr dürft euch zurückziehen. «

Die Ratsversammlung löste sich schnell auf.
Reco Kuriato stand in dem leeren Saal und versuchte die Aussagen des Konzils zu verarbeiten. Er war wie vor den Kopf gestoßen. Das alles kam zu schnell und zu unerwartet für ihn. Er und sein Clan standen vor den Trümmern ihrer Arbeit. Langsam drehte er sich um und schritt dem Ausgang entgegen. Er bemerkte, wie sein innerlicher Hass gegen das neue Imperium, stetig wuchs.

Heran und Giratron hatten sich wieder auf ihre Schiffe begeben. Die Strategie war besprochen. Gelassen sahen die Lantraner dem Lauf des Zeitmessers zu.

Major Travis und sein Team standen am CIC. Die schwarzen lantranischen Taja's waren an den Schultern und an den Beinen mit phosphorzierenden Silberstreifen verziert. Diese leuchteten im Halbdunkel der rötlichen Einsatzbeleuchtung.

»Sind alle Vorkehrungen getroffen?«, fragte der Major. »Unser Einsatzschiff der Kaiser-Klasse ist bestückt und ausgerüstet«, antwortete Commander Brenzby. »Die 30.000 Kampf-Roboter sind programmiert und Sergeant Hardin und sein Team haben übergesetzt. Sie bilden auf dem Schiff bereits die Angriffs-Gruppen. «

»Perfekt«, antwortete Major Travis. »Wir werden in Kürze den Leitstrahl erhalten. Gib den Befehl, dass die Schiffe unserer Flotte näher zusammenrücken. Dann sollen sich die in der Mitte befindlichen Einsatz-Schiffe tarnen und zu einer Position außerhalb unserer Formation fliegen. Dort warten sie auf neue Anweisungen. Codiere bitte den Lichtspruch. «

»Befehl erhalten«, antwortete Commander Brenzby.

Er drehte sich um und schritt zu Sergeant Farmer. Der Funk-Offizier wurde von dem Befehl des Majors in Kenntnis gesetzt.
Major Travis erkannte, wie das Evolutions-Schiff von Heran beschleunigte und sich vor die Schiffe des Neuen-Imperiums setzte.

»Folgen sie dem Beispiel Sergeant Hausmann«, sagte der Major. »Gehen auf einen Rendezvous-Kurs, zu dem Schiff von Heran. «

Der Steuermann bestätigte den Befehl und ließ die Termar 1 gemächlich zu den Koordinaten von Herans Schiff gleiten. An der Position angekommen, stoppte er die Antriebe.

»Ein Hyperfunk-Spruch von der Admiralität«, teilte Sergeant Farmer mit. »Man ruft unser Flaggschiff. «

»Legen sie auf die Lautsprecher«, erwiderte Major Travis.

»Hier spricht die Admiralität von Santaron«, tönte es aus den Lautsprechern. »Wir rufen das Kommando-Schiff des Neuen-Imperiums. Bitte melden sie sich. «

»Die Leitung steht«, bestätigte der Funk-Offizier. »Sie können sprechen. «

»Hier spricht Major Travis«, antwortete der Oberbefehlshaber der Flotte. Was können wir für sie tun?«

»Wir senden ihnen jetzt einen Leitstrahl senden«, klang es aus den Lautsprechern. »Bitte folgen sie diesem und landen sie, wie vereinbart mit zwei Schiffen. Falls mehr als zwei Schiffe dem Leitstrahl folgen, werten wir ihr Vorgehen als einen kriegerischen Akt. «

Major Travis schaute Sirin und Barenseigs an.
»Sie trauen uns nicht«, antwortete er. » Obwohl wir sie aus einer Zwangslage befreit haben, finden sie kein Vertrauen zu uns. «

Der Gildor schüttelte den Kopf.
»Das ist enttäuschend und traurig«, bestätigte er. »So kompliziert hätte das alles gar nicht sein müssen. «

Major Travis hob den Communicator an seinen Mund.

»Wir landen mit zwei Schiffen«, bestätigte der Major »Das war unsere Absprache. Hieran halten wir uns. Bitte senden sie uns ihren Leitstrahl. «

Die Verbindung brach ab.

»Öffnen sie einen Kanal zu Heran«, bat der Major Sergeant Farmer.

Die Verbindung baute sich schnell auf. Der Lantraner war sofort in der Leitung.

»Konntest du das Gespräch mithören? «, fragte Major Travis.

»Jedes Wort «, bestätigte der Lantraner. »Die Santaraner trauen Niemanden über den Weg. «

»Ist dein Schiff bereit? «, ergänzte der Major

»Ich bin immer bereit«, antwortete Heran. »Endlich wird es wieder etwas lustig. Freuen wir uns auf einen schönen Abend. Übrigens, ich habe die Koordinaten unseres lantranischen Schutzanzuges angemessen, den Admiral Cartero unter seiner Uniform trägt. Als Position habe ich eine Stelle tief unter dem Palast, vermutlich in den Arrestzellen, ausgemacht. «

»Dann hat Admiral Gentrin ihn verhaften lassen«, vermutete Major Travis.

»Damit war zu rechnen«, stimmte Heran zu. »Wir sollten seinen 1. Offizier informieren, damit dieser die Besatzungen seiner Flotten-Kohorte informieren kann. «

»Das werden wir«, antwortete der Major. »Barenseigs ist der richtige Mann hierfür. Die Santaraner kennen ihn. Wir sehen uns gleich auf dem Boden. «

»Bis später«, antwortete Heran.

Die Leitung erstarb.

Major Travis blickte Barenseigs an.

»Sprechen sie mit dem 1. Offizier der Taurus«, sagte er. »
Wir sollten ihn über die Verhaftung von Admiral Cartero
informieren. «

Barenseigs hatte das Gespräch zwischen Heran und Major
Travis verfolgt.

»Ich kümmere mich sofort hieran«, antwortete der
Gildor.

»Sergeant Farmer, öffnen sie mir bitte eine sichere
Leitung zu dem Flagg-Schiff der dritten Flotten-Kohorte«,
bat er den Funk-Offizier.

»Die Leitung baut sich auf«, antwortete Offizier Farmer.

»Sie können sprechen Gildor. «

»Ich rufe die Taurus«, sprach er in den Communicator
»Taurus, hören sie mich? «

»Hier spricht der erste Offizier Utero«, dröhnte es aus den
Lautsprechern. »Admiral Cartero ist nicht anwesend.
Kann ich ihnen helfen? «

»Ich bin Barenseigs, Gildor der Admiralität«, antwortete er. »Hat Admiral Cartero sie eingewiesen? «

»Das hat er, Gildor«, kam die Antwort zurück. »Haben sie neue Informationen. «

»Ja«, bestätigte Barenseigs. »Wir haben Admiral Cartero mit einem Impulssender ausgestattet. Unsere Ortungsgeräte zeigen uns über die Inhaftierung ihres Vorgesetzten an. Admiral Gentrin hat ihn aus dem Weg geräumt. «

Eine kurze Pause entstand am anderen Ende der Leitung. »Ist ihre Behauptung stichhaltig?«, fragte Utero nach. »Falls diese nicht stimmt, gerate ich in Ungnade. «

»Unsere Daten sind eindeutig«, antwortete Barenseigs. »Versuchen sie ihn über ihren Flottenfunk zu erreichen. Er hat doch sicherlich seinen Funkgeber dabei. «

»Das probiere ich«, antwortete der erste Offizier. »Danke für ihre Information. Ich melde mich wieder. «

Utero hatte alle leitenden Offiziere der Brücke um sich versammelt. Mit strengen Blicken schauten sich die Offiziere an.

»Der Festakt entwickelt sich immer mehr zu einer Krisen-Situation«, bemerkte Offizier Utero. »Vermutlich führt Admiral Gentrin etwas im Schilde, dass unser Flottenführer nicht gutheißen konnte. «

»Ich stimme ihnen zu«, antwortete der Funk-Offizier Bartrin. »Die Admiralität ist unberechenbar geworden. «

»Ich kann nur nicht nachvollziehen, wie das fremde Flaggschiff ihn orten konnte«, erwiderte der Ortungs-Offizier Farnseigs. »Unsere Instrumente kommen nicht durch die Mauern der Admiralität. Die Ortungswellen werden gestört. «

»Sie werden über sensiblere Geräte verfügen«, antwortete Utero. »Das gleiche haben wir ja auch bei ihren Waffen-Systemen registriert. «

»Wir brauchen einen Plan«, bemerkte Waffen-Offizier Gorntrin. »Es ist nicht möglich zu sein, mit Waffengewalt die Admiralität anzugreifen. Die bodengebunden Abwehr-Geschütze würden das verhindern. «

»Wir brauchen als erstes die Bestätigung, dass unser Admiral wirklich inhaftiert wurde«, sagte Utero. » Bartrin funke seinen Kommunikator an. Vielleicht meldet er sich.«

»Ich stelle die Verbindung her«, antwortete der Funk-Offizier.

Seine Hände fuhren über das Kontroll-Bord und stellten die Frequenz ein.

»Die Verbindung baut sich auf, der Ruf geht raus«, meldete der Funk-Offizier.

Ein kurzes Knistern wurde hörbar.
»Roltrin, santaranische Palast-Garde«, tönte es aus der Leitung. »Wer spricht? «
»Hier ist Utero, Offizier der dritten Flotten-Kohorte. Ich möchte sofort Admiral Cartero sprechen. «

Der Soldat der Palast-Garde lachte höhnisch.
»Ihr Admiral ist für andere Aufgaben abkommandiert«, antwortete er. »Er steht nicht mehr zur Verfügung. Kümmern sie sich selbst um ihre Probleme? «

Eine kurze Pause verging. Dem 1. Offizier hatte es die Sprache verschlagen.

»Roltrin, oder immer wie sie sich nennen«, antwortete der 1. Offizier der Taurus. » Wir stehen hier mit drei Flotten-Kohorten über Santarid und zielen auf den Palast der Admiralität. Falls wir diesen nicht in Schutt und Asche legen sollen, rate ich ihnen den Admiral sofort freizulassen. Ansonsten beenden sie ihr Leben in unseren Laser-Strahlen. «

Wieder lachte der Garde-Offizier hämisch auf.
»Leere Worte«, antwortete er. »Sie als 1. Offizier wagen niemals einen Angriff auf unsere Admiralität. Ihr Admiral wird dann ebenfalls in den Strahlen umkommen. «
Die Verbindung brach ab.

Die Offiziere der Taurus schauten sich ratlos an.
»Das war ein Soldat der arroganten Palast-Garde von Admiral Gentrin«, bemerkte Utero. » Niemand anders darf sich so gegenüber Offizieren äußern. Admiral Cartero befindet sich nicht mehr im Besitz seines Flotten-Kommunikators. Wir wissen, was das bedeutet. «

Die Offiziere nickten.

»Die Aussagen der Fremden aus dem Neuen-Imperium, scheinen zu stimmen«, sagte Offizier Farnseigs.

»Wir werden die anderen Flotten-Kohorten informieren und einen Befreiungs-Plan ausarbeiten«, erwiderte Utero.

» Das wird viele Opfer kosten«, entgegnete Bartrin.

»Gibt es eine Alternative? «, fragte Gorntrin.

»Wir werden uns mit den Führern der anderen Flotten-Kohorten abstimmen«, teilte der erste Offizier Utero mit. »Vorerst informiere ich noch Gildor Barenseigs. Öffne mit bitte eine Leitung zu dem Flagg-Schiff der Fremden. «

Funk-Offizier Bartrin nickte zustimmend.
»Die Leitung baut sich auf«, teilte der Funk-Offizier mit. »Sie können sprechen. «

»Ich rufe das Flagg-Schiff der Flotte des Neuen-Imperiums«, sprach er in das Gerät. »Bitte melden sie sich. «

»Hier spricht Barenseigs«, meldete sich der Gildor. »Haben sie neue Erkenntnisse? «

»Ihre Informationen scheinen der Tatsache zu entsprechen«, teilte Utero mit. »Der Funk-Empfänger unseres Admirals ist in den Händen der Palast-Gardisten.

Die Garde stellt uns nicht zu dem Admiral durch. Sie teilt uns mit, dass Admiral Cartero für andere Aufgaben abkommandiert wurde. Angeblich steht er nicht mehr zur Verfügung. «

»Eine Verlegenheit-Aussage«, erwiderte Barenseigs. »Die Vasallen der Admiralität sprechen die Unwahrheit. Unsere Scans erfassen den Admiral im Bereich der Arrestzelle. «

»Was schlagen sie uns vor? «, fragte Utero.
»Ich gebe sie an unseren Kommandanten weiter«, antwortete Barenseigs. »Er hat sicherlich eine Idee. «

Der Gildor reichte den Communicator an Major Travis weiter.

»Hier spricht Major Travis, Oberbefehlshaber der Streifkräfte aus dem Neuen-Imperium. Sie sind der 1. Offizier unter Admiral Cartero? «

»Ja«, antwortete Utero. »Das haben sie richtig interpretiert. «

»Wir werden jetzt eine Abordnung zu dem Festakt der Admiralität entsenden«, erklärte der Major. »Ich werde auch dabei sein. «

»Das wird sicherlich ein Hinterhalt werden«, unterbrach Utero den Major.

»Das wissen wir«, antwortete Major Travis. »Doch wir wollen Admiral Gentrin nicht enttäuschen. Falls man uns verhaften sollte, werden wir dies nicht zulassen. Wir drehen das Geschehen um und werden gleichzeitig Admiral Cartero befreien. Informieren sie die restlichen Teile ihrer Flotte. Unternehmen sie bitte keinen Angriffs-Versuch. Rücken sie mit ihren Flotten-Kohorten vor und umstellen sie den Regierungs-Planeten. Ich lasse eine Funkverbindung zu ihrem Schiff aktiviert. Leiten sie diese an alle Schiffe der Flotten-Kohorten weiter. Doch ich warne sie. Greifen sie nicht mit ihren Waffen an. Wir haben Truppen am Boden. Unsere Schiffe werden eingreifen und ihren Angriff zu verhindern. Bezeugen sie lediglich ihre Unterstützung für Admiral Cartero, indem sie ihre Flotte aufmarschieren lassen. Haben sie das verstanden? «

»Ich habe verstanden«, antwortete Offizier Utero. »Wie wollen sie Admiral Cartero aus den Fängen der Palast-Garde befreien? «

»Wir haben unsere Möglichkeiten«, antwortete Major Travis. »Bitte vertrauen sie uns. «

»Wir warten ab«, entschied Utero. »Halten sie bitte Kontakt zu uns. Danke für ihre Unterstützung. Ich informiere die restlichen Flotten-Kohorten. «

»Danke«, antwortete Major Travis.

Der 1. Offizier der Taurus, blickte nachdenklich alle versammelten Offiziere der Brücke an.

»Die trauen sich etwas«, bemerkte er. »Admiral Gentrin wird noch große Augen machen. «

»Der Leitstrahl ist eingerastet«, meldete Sergeant Dantow. »Wir haben Landeerlaubnis. «

Major Travis nickte.
»Auf das Lande-Manöver vorbereiten«, befahl er. »Informieren sie Heran, dass es losgeht. «

Die Termar 1 und das Evolutions-Schiff lösten sich aus der Umlaufbahn von Santarid. Mit gemäßigter Geschwindigkeit gingen die Schiffe tiefer und durchstießen die Atmosphäre des Planeten. Steuermann Hausmann reduzierte die Geschwindigkeit weiter und aktivierte die Absorber. Die neutralisierten die Andruckkräfte des Schiffes weitgehend. Die Crew der

Termar 1 hatte den großen Panorama-Bildschirm eingeschaltet.

Major Travis blickte Barenseigs an. Dieser lächelte und schaute gespannt auf den Bildschirm. Der Major erkannte, wie glücklich der Gildor war, seine Heimat wiederzusehen.

Das Schiff durchdrang kräftige, weiße Wolkenschichten. Endlich wurde die Sicht klarer und ein Blick auf den Planeten wurde möglich.

Die Crew erkannte weite Grünflächen, die immer wieder von Flüssen und Seen unterbrochen wurden. Geordnete Waldflächen, waren zu sehen, die scheinbar alle künstlich angelegt waren. Mischwälder durchzogen das Bild. Alles wirkte perfekt organisiert. Felder mit bunten Blumen, ließen eine Vielzahl der Bodenflächen in schillernden Farben erleuchten. Dann wurden die großen kreisförmig angelegten Städte sichtbar, die architektonisch so gar nicht an die alten natradischen Bauwerke erinnerten.

Wieder verringerte sich die Geschwindigkeit der beiden Schiffe. Alle Fabriken, Werften und Produktions-Anlagen waren harmonisch in die Landschaften integriert. Die Schiffe überflogen zahlreiche Raumflug-Häfen, auf denen bereits die bekannten Schiffstypen der Santaraner standen.

Barenseigs zeigte auf den Schirm.
»Wir nähern uns der Hauptstadt«, teilte er mit.

Bereits am Horizont wurde das Ausmaß der Stadt sichtbar. Sie nahm das ganze Blickfeld ein. Die Hauptstadt schien die ganze Fläche des Horizontes einzunehmen. Hochhäuser, Türme unterschiedlicher Formen, Spitzdächer, Rund- und Flachdächer folgten in kurzen Abständen. Auf einer Anhöhe, in der Mitte dieser Stadt, wurde das Regierungs-Viertel sichtbar. Es wurde von einer bewaldeten Fläche umgeben. Auch das Regierungs-Zentrum war wieder von unterschiedlichen architektonischen Experten entwickelt. Viele Türme, Bauten mit teilweise spitzen Dächern, andere mit runden Dächern, verbanden sich mit typischen santaranischen Flachbauten. Alles schien untereinander mit Laser-Straßen verbunden zu sein. Das fremde Flair des Planeten schien alle Beobachter mitzureißen. Einige Schwärme unbekannter Vögel zogen vorbei.

»Eine schöne Welt«, bemerkte Major Travis.

Barenseigs nickte.

»Sie ist aber ganz anders als unsere alte Heimat«, erwiderte er. »Sie wurde vollständig von Architekten gezeichnet. Die Enge, die wir von Natrid her kannten, sollte es hier nicht mehr geben. Ich glaube wir haben es gut hinbekommen. «

»Wir nähern uns unserem einem Landplatz«, bemerkte Sergeant Hausmann. »Ich leite das Landemanöver ein. «

Der Raumflug-Hafen lag außerhalb der Stadt. Viele Regieruns-Schiffe standen hierauf. Er war nur für ausgewählte Besucher nutzbar. Langsam senkte sich die Termar 1 dem Boden entgegen.

»Kontakt«, meldete Sergeant Hausmann.
Kaum spürbar war das 500-Meter Schiff auf dem Boden des santaranischen Regierungs-Planten niedergegangen.

»Leutnant Bender, ihnen gehört das Schiff«, befahl Major Travis. »Wenn wir raus sind, aktivieren sie den Schutz-Schirm. Ich möchte das Schiff keinen Angriffen aussetzen.«

»Befehl verstanden«, antwortete Leutnant Bender. »Ich übernehme das Kommando. «

Major Travis nickte seiner Crew zu. Die Abordnung verließ die Brücke und begab sich zu dem Turbolift, der sie direkt in den Hangar brachte. Über die Laserbrücke gelangten sie auf den Boden des Raumflug-Hafens. Heran und Giratron warteten bereits auf sie. Das Evolutions-Schiff stand nur in 30 Meter Abstand, neben der Termar 1 auf dem Boden.

Die Lantraner blickten Gildor Barenseigs an.
»Ihre Regierung lässt uns aber warten? «, bemerkte er. » Wo bleibt der Gleiter der Regierung? «

Barenseigs schaute ihn an.
»Keine Frage, « erwiderte er. »Ich stimme ihnen zu. Das ist keine Art und Weise. Admiral Gentrin zeigt uns, was er von uns hält. «

»Sollen wir zu Fuß in die Stadt laufen? «, fragte Sirin.
»Ein Gleiter ist auf dem Weg zu uns«, flüsterte Heinze. »Ich kann die Gedanken der Insassen lesen. Es sind Gardisten der Palast-Wache. Wir sollten uns vor ihnen in Acht nehmen. «

Die Freunde aktivierten ihre modernen lantranischen Schutzanzüge. Ein leichtes, kaum sichtbares Energiefeld hüllte sie ein.

Weit hinten am Horizont wurde der schwarze Gleiter sichtbar. Er kam schnell näher und bremste ab. Große santaranische Zeichen, prangerten auf seiner Außenhülle. Langsam sank er dem Boden entgegen. Dampf stieg von seiner Unterseite auf. Der Schott öffnete sich zum Dach hin.

Fünf schwer bewaffnete Palast-Gardisten sprangen heraus. Ihre grimmigen Blicke verhießen nichts Gutes. Strammen Schrittes gingen sie auf die wartenden Gäste zu.

»Sie sind die Abordnung des Neuen-Imperiums? «, fragte der Vorderste von ihnen.

Barenseigs trat nach vorne.
»Das sind wir«, antwortete er. »Wer sind sie? Stellt man sich hier nicht mehr gebührend vor. «
Die Gardisten schauten sich irritiert an. Mit dieser Frage hatten sie nicht gerechnet. Ihre Hände schwebten drohend über ihren Holstern mit den Laser-Strahlern.

Tart 1 und Tart 2 traten vor Major Travis und Sirin. Ihre Augen waren dunkelrot glühend. Ihre Strahlen-Gewehre hatten sie auf die fünf Gardisten gerichtet.

Diese schreckten zurück, als sie die gigantischen Personen-Schutz-Roboter erkannten.

»Legen sie ihre Waffengurte ab«, sagte Major Travis in einem schroffen Ton. »Wir brauchen keine Piloten. Ihren Gleiter können wir allein fliegen. «

Heran hatte seinen Paralysator gezogen und richtete ihn auf die Gardisten.

»Befolgen sie den Befehl«, unterstrich er die Aussage von Major Travis.

Die Palast-Gardisten waren gedanklich hin und hergerissen. Sie kämpften mit der Ausführung ihres Befehles. Man konnte ihnen den gewaltigen Respekt vor den alten natradischen Personen-Schutzrobotern ansehen, die sie nur aus den Geschichtsbüchern ihrer Ahnen kannten. Immer noch schwebten ihre Hände drohend über ihren Laser-Strahlern.

Heinze trat vor und streckte seine Hände aus. Die glatten Seiten seiner Handflächen richtete er den santaranischen Soldaten entgegen. Sein Gesicht war angespannt. Das Team der Termar 1 kannte diese Situation. Der Ro beeinflusste die santaranischen Soldaten mental. Wie in Trance fielen die Hände der Soldaten kraftlos nach unten.

Ihr Gesichtsausdruck veränderte sich. Sie schienen ihre Umgebung nicht mehr wahrzunehmen.

Heran drückte seinen Paralysator ab. Der Strahl streute über alle fünf Soldaten, die Sekunden später schlafend zu Boden sackten. Hilflos lagen sie dort und rührten sich nicht mehr.

»Das wäre nicht nötig gewesen«, bemerkte Heinze. »Ich hatte sie unter meiner Kontrolle. «

»Wolltest du sie die ganze Zeit mental beeinflussen? «, fragte Heran. » Sie hätten uns nur aufgehalten. Jetzt schlafen sie die nächsten Stunden. «

Er blickte Major Travis an.
»Was machen wir mit den Soldaten? «, fragte er.

»Ich lasse sie auf der Termar 1 in eine Sicherheitszelle stecken«, antwortete der Major. »Wir werden sie nach der Beendigung unserer Mission Admiral Cartero übergeben. «

Major Travis griff nach seinem Communicator und tippte eine Nummer ein.

»Hier ist Sergeant Harmson«, tönte es aus dem Gerät.

»Major Travis spricht«, antwortete der Major. »Sergeant kommen sie bitte mit einem Sicherheits-Team nach draußen. Bringen sie Anti-Grav.-Bahren mit. Wir haben hier fünf Gäste für sie. Teilen sie ihnen bitte eine Sicherheits-Kabine zu. Halten sie die Soldaten fest, bis wir zurück sind. Falls sie Wünsche haben sollten, erfüllen sie diese. Es sind keine Gefangenen, wir möchten sie nur eine Zeitlang unter unseren Füßen entfernt haben. «

»Befehl verstanden«, antwortete der Sergeant. »Wir kommen sofort. «

»Danke«, antwortete der Major und unterbrach die Leitung.

Major Travis blickte Barenseigs an.
»Sie können den Gleiter fliegen? «, erkundigte er sich.
»Nichts leichter als das«, erwiderte der Gildor. »Er besitzt keine andere Technik als ihre natradischen Stadt-Gleiter. «
Er schritt auf den Gleiter zu und blieb vor dem Schott stehen. Mit seinem rechten Arm machte eine einladende Bewegung.

»Darf ich bitten«, sagte er. »Ich bin gerne unser Pilot. «

Das Team der Termar 1 und Heran folgten der Einladung.

Die Einrichtung des Gleiters war zweckmäßig und bequem. Die verspielten goldenen Verzierungen, die viele Gleiter des alten kaiserlichen Imperiums aufwiesen, waren verschwunden.

Barenseigs ging in die Kanzel. Sirin folgte ihm. Beide setzten sich in die bequemen Piloten-Sessel.

Barenseigs drückte mit einem Finger auf einen grünen pulsierenden Knopf. Der Antrieb sprang sofort an.
»Es geht los«, teilte er den Anderen mit.

Sanft hob der Gleiter vom Boden ab. Barenseigs drückte den Schubhebel nach vorne. Der Palast-Gleiter raste der Stadt entgegen.

»Werden wir uns nicht identifizieren müssen«, fragte Major Travis.

Der Gildor schüttelte seinen Kopf.
»Da es sich um einen speziellen Palast-Gleiter handelt, erfolgt die ID-Registrierung automatisch«, antwortete der Gildor.

Barenseigs steuerte den Gleiter über die große Hauptstadt von Santarid. Pulsierendes Treiben wurde unter ihnen sichtbar. Die große Stadt war intensiv belebt. Weit vor ihnen, sahen sie das abgeschirmte Regierungszentrum und den Palast der Admiralität liegen. Ein reger Flugverkehr wurde im Luftraum sichtbar. Im Sekundentakt überflogen Kampf-Gleiter den Palast und sicherten diesen von allen Seiten ab.

»Da ist ganz schön etwas los«, bemerkte Commander Brenzby.

Heran lachte.
»Das wird ihnen nur nichts nützen«, sagte er. »Ich habe gerade eine Nachricht erhalten, dass unsere getarnten Schiffe bereits auf der Rückseite des Palastes gelandet sind. Ihre Tarnung konnte nicht geortet werden. «

»Sehr gut«, antwortete Major Travis. »Dann wird Sergeant Hardin bereits unsere Stoß-Trupps in Stellung bringen. «

Heran nickte ihm zu.
»Giratron wird nach unserer Landung den Impuls zur Errichtung des Schutz-Schirmes senden«, erklärte er. »Der Palast ist dann erst einmal von sämtlichen Nachschub abgeschnitten. «

Langsam näherte sich der Gleiter der Sicherheits-Zone des Regierungs-Zentrums. Barenseigs verringerte merkbar die Geschwindigkeit. Der große Platz, vor dem Palast der Admiralität, tauchte auf den Schirmen auf.

Auf den Konsolen des Gleiters klickten zahlreiche Ortungstaster. Scheinbar automatisch gab der Gleiter ein Erkennungszeichen ab.

Barenseigs leitete den Landeanflug ein.
Sirin blickte auf den Monitor.

»Ich erkenne mindestens 1 Dutzend Laser-Panzer, die in Stellung gefahren wurden«, sagte sie. »Mehrere Einheiten von Kampf-Robotern sichern das Gebäude. «

»Damit war zu rechnen«, antwortete Major Travis. » Machen wir uns keine Sorgen. Unsere Shy-Ha-Nardes werden mit ihnen schon fertig. Vielleicht kommt es gar nicht zu einem Kampf.
«
»Da wäre ich mir nicht so sicher, « antwortete Sirin.
»Admiral Gentrin scheint seine Ziele durchsetzen zu wollen. «

Barenseigs setzte den Gleiter sanft auf dem großen Platz vor der Admiralität auf. Er zog den Schubhebel in die

Ausgangsstellung zurück und drückte auf den grünen Knopf. Der Antrieb setzte aus.

»Wir sind angekommen«, sagte er. »Jetzt wird es interessant.«

»Macht euch bereit«, befahl Major Travis seinen Begleitern zu. »Wir steigen aus.«

Barenseigs öffnete den Schott. Wenige Minuten später verließ die Abordnung den Gleiter über eine ausgefahrene Rampe. Die Gäste aus dem Neuen-Imperium schauten sich interessiert um. Es waren noch 150 Schritte bis zu dem Eingang der Admiralität. Jeweils ein Dutzend Elite-Soldaten, unterstützt von santaranischen Kampf-Robotern, sicherten beidseitig die Pforte. Sie bildeten eine breite Gasse. Zwischen ihnen war eine Art schwarzer Teppich verlegt, der mit goldenen Zeichen dekoriert war.

Major Travis blickte zu dem Palast der Admiralität. Das Gebäude wies eine leicht grünliche Farbe auf. Scheinbar waren spezielle Baumaterialien verwendet worden. Die Kuppel eines Turmbaues glänzte goldfarben in der Sonne. Andere Türme des Palastes waren in blauer Farbe gehalten. Alles wurde durch breite Laser-Straßen verbunden.

»Ein beeindruckendes Gebäude«, bestätigte der Major.
Barenseigs nickte.

»Es steht seit Generationen hier auf der Anhöhe, in der Mitte unserer Hauptstadt. Es wurde immer wieder erweitert und unseren neuen Bedürfnissen angepasst. «

Die Abordnung des Neuen-Imperiums setzte sich in Bewegung und überquerte den großen Platz. Langsam näherte sie sich dem Anfang des Teppichs.

Tart 1 und Tart 2 wichen nicht von Major Travis und Sirins Seite. Hinter ihnen folgten die beiden Lantraner. Barenseigs, Heinze und Commander Brenzby bildeten die Nachhut.
Vor dem Teppich blieb die Gruppe stehen.
»Wir warten hier«, sagte Major Travis. »Ich bin mir sicher, dass wir beobachtet werden. Die Admiralität wird sicherlich schnell feststellen, dass die Gardisten nicht bei uns sind. «

Die Elite-Soldaten der Admiralität beäugten die natradischen Personenschutz-Roboter argwöhnisch. Sie kannten die massive Kampf-Kraft der 2,20 Meter großen Boliden.

Der Communicator des Major summte. Er zog ihn aus der Innentasche seiner Taja und öffnete die Verbindung.
»Ja«, sprach er hinein.

»Hier spricht Sergeant Hardin«, tönte es aus dem Gerät. »Wir sind in Stellung gegangen«, meldete er. » Wir können sie sehen. Unsere Tarnung ist perfekt. Die Einsatzkräfte der Admiralität orten uns nicht. Wir haben unsere Plasma-Werfer auf die Laser-Panzer justiert. Sieben Einheiten unseres Kommandos warten seitlich der Admiralität auf ihren Einsatz-Befehl. Sie säubern den inneren Bereich des Palastes. Ein Kommando hiervon wird unter meinem Befehl in den Festsaal eindringen. Wir warten auf ihr Zeichen. «

»Perfekt«, antwortete der Major. »Sie erhalten von mir einen Funkspruch, wann der Einsatz beginnen soll. «

Major Travis beendete das Gespräch und steckte den Communicator wieder ein.

Das Team der Termar 1 sah, wie santaranische Offiziere aus dem Palast eilten und sich der Gruppe näherten.

Vor der Gruppe blieben die zwei Offiziere stehen. Sie grüßten mit dem alten natradischen Gruß. Major Travis und sein Team erwiderten diesen vorschriftsmäßig.

»Ich bin Commodore Fantrass, Mitglied der obersten Führung der Admiralität«, stellte sich der erste Offizier vor. »Admiral Gentrin schickt uns, sie zu empfangen. «

Er zeigte auf seinen Begleiter.
»Darf ich ihnen Admiral Kartan vorstellen«, ergänzte er.
»Er ist der neue Leiter unserer Flotten-Verbände. «

»Sehr erfreut«, antwortete der Oberbefehlshaber der Flotte des Neuen-Imperiums. »Mein Name ist Major Travis. Erbfolgeberechtigter Oberbefehlshaber der vereinigten Streitkräfte von Natrid & Tarid. Erhobener im Gefüge der Kaiserkaste mit Rang 1. Bestätigt und eingesetzt von Noel von Natrid im Rahmen der Nachfolgeprogrammierung von Admiral Tarin. «

Der Major stellte kurz seine Begleiter vor.
»Ich hatte erwartet, dass Admiral Cartero uns empfängt«, sagte der Major. »Warum ist er nicht hier? «

Das breite verschmitzte Grinsen in den Gesichtern der Offiziere breitete sich aus.

»Leider steht er nicht zur Verfügung«, antwortete Commodore Fantrass. »Er ist mit wichtigen Aufgaben betraut worden und musste unser Kunst-System bereits wieder verlassen. Seien sie aber versichert, dass wir ihren Aufenthalt bei uns trotzdem so angenehm wie möglich gestalten werden. Dürfen wir sie nun bitten, uns zu folgen? Die santaranische Admiralität, unter der Leitung von Admiral Gentrin, möchte sich für ihre Hilfe persönlich bedanken. «

Major Travis nickte.
»Wir freuen uns hierauf, den Admiral persönlich kennenzulernen«, antwortete er.

Die Gruppe setzte sich in Bewegung.
Langsam schritten sie an der Ehren-Garde vorbei. Die bis zu 2 Meter großen Kampf-Roboter der Admiralität ließen die Gäste nicht aus den Augen. In ihren langen metallischen Armen, lagen schwere santaranische Laser-Gewehre. Auf ihrer Brust prangerte silberfarben das Siegel der Admiralität. Es betonte deutlich die Zugehörigkeit ihrer Befehls-Hierarchie.

Major Travis atmete schwer aus. Vor ihnen lag der Palast der Admiralität. Das Ziel ihrer Reise. Der Ort, den sich der Major in seinen Träumen anders vorgestellt hatte. Nach den technischen Errungenschaften des kaiserlichen Imperiums, war er von einer extremen technischen Überlegenheit ausgegangen. Doch die Realität, konnte in keiner Weise an seine Träume anschließen.

Die Gruppe näherte sich den Stufen des Palastes. Alles war bisher gut verlaufen. Langsam schritt die Gruppe die Stufen zum Palast hinauf. Die gewaltige Eingangs-Pforte wies eine Höhe von 6 Metern und eine Breite von 15 Meter auf. Ein überwältigender Anblick. Ein weiterer Offizier erwartete sie vor dem Eingang in den Palast. An seiner Uniform prangerten viele Abzeichen und Auszeichnungen. Er sah blendend aus. Die typische Größe eines Natrader, überschritt er mit seinen 1.75 Metern, bei weitem. Leicht rötliches, krauses Haar schmückte seinen Kopf. Er wirkte etwas gedrungen, doch seine Augen blickten den Gästen interessiert entgegen. Seine vermutlich maßgeschneiderte Uniform saß perfekt. Die Auszeichnungen an seiner Uniform, glitzerten mit den Knöpfen und Litzen in der Sonne.

»Mein Name ist Admiral Gentrin«, stellte er sich vor. »Endlich lerne ich unsere Retter persönlich kennen. Sie kamen in letzter Minute. Die Admiralität weiß gar nicht, wie sie ihnen danken soll. «

Major Travis stellte sich und seine Begleiter vor. Als er Heinze, als ein Mitglied des Neuen-Imperiums benannte, verfinsterte sich die Miene von Admiral Gentrin.

»Tiere haben normalerweise keinen Zugang in die Admiralität«, sagte er leise. »Doch in ihrem Fall wird eine Ausnahme gemacht. Ich hoffe, dass ihr Gefährte keinen großen Schmutz verursacht. «

Heinze antwortete nicht hierauf. Doch sein Ärger auf den Admiral wurde sichtbar größer.
Major Travis blickte ihn an.

»Beruhige dich«, sandte er ihm einen Gedanken zu. »Wir wussten doch vorher, dass tierische Lebensformen von den Natradern nur schwer akzeptiert wurden. Diese Einstellung scheint sich in den vielen Jahren nicht geändert zu haben. «
»Barenseigs ist doch auch nicht so«, esperte Heinze verärgert.

»Er ist aufgeschlossener und hat bereits mehr Kontakt zu fremden Rassen gehabt«, antwortete der Major. »Beruhige dich wieder.
«
Heinze nickte Major Travis schwermütig zu.
»Folgen sie mir bitte«, sagte der Admiral. »Die Führung der Admiralität erwartet sie. «

Langsam setzte sich die Gruppe in Bewegung und schritt hinter Admiral Gentrin her.

Die große Halle hinter der Pforte war gewaltig. Die Rückseite war wegen der dezenten Beleuchtung nicht zu erkennen.

»Das ist die Halle des Empfanges«, teilte Admiral Gentrin mit. »Die Herrscher viele unterschiedlicher Rassen standen schon einmal hier. «

Wieder lag ein schwarzer Teppich auf dem Boden. Er grenzte den Schrittbereich deutlich ein. Rechts und links hiervon waren große Statuen aufgebaut, die santaranische Admiräle zeigten. Aufgelockert wurde die Halle durch eine Anzahl von Bäumen, Büschen und Gewächsen, die farbenprächtig blühten. An den Wänden prangerten große Gemälde, die Kampf-Szenen der santaranischen Flotte darstellten.

»Wenn zeigen die Statuen? «, erkundigte sich der Major.

Admiral Gentrin drehte sich zu ihm um.
»Die insgesamt 399 Abbilder zeigen alle ehemaligen leitenden Admiräle unserer Admiralität, seit der Systemgründung vor 100.000 Jahren«, erklärte Admiral Gentrin mit. »Wir sind sehr stolz hierauf. «

Major Travis erkannte Elite-Soldaten, die sich an den Wänden der Halle positioniert hatten.

»Wofür benötigen sie die vielen Einsatz-Kräfte«, fragte er den Admiral.

Dieser lachte laut auf.
»Sie haben doch den Angriff der Daraner erlebt«, antwortete diese. »Ihre Sicherheit ist uns sehr wichtig. Diese Truppen dienen ausschließlich ihrem Schutz. «

Major Travis erkannte ein ironisches Flackern in den Augen des Admirals.

»So viel Aufwand für unsere kleine Gruppe«, erwiderte er. »Das wird sicherlich ein Vermögen kosten? «

»Das ist es uns wert«, antwortete der Admiral. »Wir erhoffen uns durch ihren Besuch neue wertvolle Informationen, die uns weiter nach vorne bringen können. Aber bitte folgen sie mir weiter, es ist nicht mehr weit. «

Major Travis blickte Sirin und Barenseigs an. Diese lächelten verheißungsvoll.

Endlich war die weitläufige Halle durchquert. Admiral Gentrin bog nach rechts ab. Eine große verzierte Tür wurde am Ende des Ganges sichtbar. Zwei Elite-Soldaten in Parade-Uniform standen hiervor Spalier. Sie salutierten, als die Admiral Gentrin erkannten. Schnell öffneten sie die Türe.

Der Admiral blieb stehen und drehte sich zu seinen Gästen um.
»Das ist der Saal der Entscheidungen«, erklärte er. »Treten sie ein. Die Gäste erwarten sie bereits. «

Die Abordnung des Neuen-Imperiums trat durch die Türe. Der Raum war gefüllt mit hochrangigen Militärs. Die laute Geräuschkulisse erlosch, als die Gäste in den Raum traten. Sie wurden intensiv begutachtet. Admiral Gentrin führte die Gruppe, durch die Stuhlreihen der zahlreichen Gäste, zur Mitte des Raumes. Hier war ein Podest aufgebaut. Admiral Gentrin schritt drei Stufen hinauf und hielt inne.

»Ruhe bitte«, sprach er in ein Mikrofon. » Offiziere der Admiralität, hohe Anwesenden, ehrenvolle Familien, ich darf ihnen unsere Retter vorstellen. Die Personen kommen von weit her. Aus der alten Heimat unserer Vorfahren. Ihre Zerstörer haben uns vor dem Angriff der Daraner beschützt. «

Dröhnender Beifall hallte durch den Saal.

Admiral Gentrin hob seine Hände.
»Ruhe bitte«, sagte er erneut.

Die Menge beruhigte sich.
»Das Neue-Imperium von Natrid und Tarid, konnte durch alte natradische Technik unsere Feinde besiegen«, fuhr er fort. »Wir sind hier zusammengekommen, um unsere Gäste zu ehren und ihnen zu danken. «

Er winke einigen Bediensteten zu. Diese eilten mit Schatullen herbei und hielten sie Admiral Gentrin hin.

Vorsichtig öffnete der Oberbefehlshaber sie.
Er hielt einen Orden hoch.
»Ich erlaube mir, unsere Gäste mit dem kaiserlichen, natradischen Verdienst-Orden erster Güte auszuzeichnen«, fuhr er fort. »Diese Ehre wurde vorher noch keiner fremden Rasse zuteil. «

Wieder tönte lauter Beifall durch den Saal. Admiral Gentrin trat vor und legte jedem der Besucher einen Orden, getragen von einer Schärpe, um den Hals.

Als jeder der Gäste ausgezeichnet war, blickte er in die Menge.

»Jetzt können sie applaudieren und unsere Gäste ehren«, sagte er freudig.

Tosender Beifall schallte durch den Raum. Nur langsam klang ab.

Major Travis schritt an das Mikrofon.
»Darf ich? «, fragte er den Admiral.

Der nickte freundlich.
»Mein Name ist Major Travis", stellte sich der Kommandeur der Flotte des Neuen-Imperiums vor. Ich bin der Erbfolgeberechtigter Oberbefehlshaber der vereinigten Natrid & Tarid Streitkräfte und Erhobener im Gefüge der Kaiserkaste mit Rang 1. Bestätigt und eingesetzt von Noel von Natrid im Rahmen der Nachfolgeprogrammierung von Admiral Tarin. Das wird ihnen sicherlich ein Begriff sein. Das Neue-Imperium hat sich zum Ziel gesetzt, zu helfen und für ein friedliches Miteinander von Völkern bewohnter Welten in der Milchstraße einzustehen. Unsere Möglichkeiten sind gewaltig. Daher war es für uns auch möglich, den Angriff der Daraner rechtzeitig zu bemerken.

Wir konnten vor unserem Besuch bei ihnen, mit Admiral Cartero sprechen. Er bestätigte uns, dass ohne unser Eingreifen die Flotte der Daraner nicht hätte zurückgedrängt werden können. Ihr schönes Kunst-System wäre vernichtet worden. Sie als humanoide Rasse ausgelöscht worden. Umso erleichterter sehen sie uns, dass wir rechtzeitig zu ihnen gelangen konnten. Danken sie Gildor Barenseigs, der uns rechtzeitig zu ihnen geleiten konnte. «

Der Gildor trat an die Seite des Majors.
»Ich war immer ein treuer Gildor der Admiralität«, teilte er mit. »Mein Spezialgebiet ist die Suche nach außergewöhnlichen Artefakten fremder Rassen. Durch ein solches Artefakt gelang es mir, den Angriff der Daraner vorherzusehen. «

Wieder dröhnte tosender Beifall auf. Die Zuhörer trampelten mit den Füßen und klatschten.

Admiral Gentrin hatte sein Gesicht verzerrt.

»Ich hatte gehofft, untern ihnen unser großes Auditorium anzutreffen und meinen Vorgesetzten Admiral Cartero?«, ergänzte Barenseigs. » Doch ich sehe sie nicht. Darf ich nach ihrem Verbleib fragen? «

»Sie sind verhaftet worden, klagte einer der Zuhörer. »Vermutlich werden sie alle hingerichtet. «

Admiral Gentrin verdrehte seine Augen. Der Störenfried war ihm sichtlich peinlich.

Er winkte seinen Elite-Soldaten zu.
Diese verschafften sich durch die Menge der anwesenden Santaraner gewaltsam Platz und liefen auf den Querulant zu. Einer der Soldaten stieß dem Unruhestifter einen Energiestab in den Rücken. Major Travis erkannte, wie sich Energie-Strahlen über den Rücken des besagten Zwischenrufers ausbreiteten. Dann sackte er in sich zusammen. Zwei Soldaten nahmen ihn unter den Armen und schleppten ihn aus dem Saal.

Lächelnd schaute Admiral Gentrin seine Gäste an.
»Ich bitte für den Zwischenfall um Entschuldigung«, sagte er tonlos. »Es gibt immer wieder einige Personen, die mit unserer Führung nicht einverstanden sind.
«
Der Anführer der Admiralität blickte Barenseigs an.
»Sie wissen, was auf die Preisgabe der Koordinaten unseres Kunst-Systems steht? «

Barenseigs schaute ihn fragend an.
»Ich werte die Preisgabe der Koordinaten als Unterstützung und Hilfe für unser Kunst-System«, antwortete er. »Seien sie froh, dass wir rechtzeitig

eingetroffen sind. Ansonsten wäre es für unsere Heimat schlimm ausgegangen. «

»Obwohl sie zu der Kohorte von Admiral Cartero gehören, stehen sie nicht über unseren Gesetzen«, erwiderte der Admiral. »Ich werde sie zu meinem Bedauern anklagen müssen. «

»Darf ich sie auf etwas hinweisen«, bemerkte Major Travis. »Gildor Barenseigs ist schon lange kein Angehöriger ihres Kunst-Systems mehr. Seit wir ihm Asyl gewährt haben, gehört er zu unserem Lebensbereich. Er ist ein angesehenes Mitglied des Neuen-Imperiums von Tarid & Natrid. Entsprechend unterliegt er nicht mehr ihrer Gesetzgebung. Falls sie ihn festnehmen sollten, werten wir das als einen Angriff auf unser Imperium. «

Die Zuschauer bemerkten, wie es in Admiral Gentrin arbeitete. Vermutlich war er von dem Verlauf des Festaktes hin und her gerissen.

Admirals Gentrin's Gesichtsausdruck veränderte sich massiv. Hass spiegelte sich hierin.

»Sie befinden sich auf santaranischen Boden«, erwiderte er.

»Wie können sie es wagen, solche Forderungen zu stellen? «

»Bleiben sie ruhig«, sagte Major Travis gelassen. »Unsere Schiffe und drei ihrer Flotten-Kohorten haben ihren Regierungs-Planeten umstellt. Falls sie Barenseigs festnehmen sollten, bleibt hier kein Stein mehr auf dem anderen. Dies nur zu ihrer Information. «

Der Admiral geriet aus Kontrolle. Vor allen Zuhörern beschimpfte er die Gäste aus dem Neuen-Imperium. Schweiß stand auf seiner Stirn. Viele der geladenen Gäste blickten ihn irritiert an.

Heinze war aktiv geworden und versuchte den Admiral mental zu beruhigen. Er hielt ihn gegen seinen Willen fest. »Gib das Zeichen«, sagte er zu Major. »Ich habe Admiral Gentrin in meinem mentalen Griff. Er wollte der Palast-Garde gerade den Befehl geben, Barenseigs verhaften lassen. «

Major Travis griff nach seinem Communicator. Schnell meldete sich Sergeant Hardin.

»Zugriff auf den Palast«, befahl der Major. »Säubern sie ihn und befreien sie Admiral Cartero und das große Auditorium. «

Sergeant Hardin bestätigte und unterbrach das Gespräch. Er wusste was jetzt zu tun war. Bereits seit geraumer Zeit stand er mit seinem Kommando, in der ersten großen Halle der Admiralität bereit, um auf seinen Einsatzbefehl zu warten. Er und sein Kommando hatten sich getarnt an den Soldaten der Pforte vorbeigeschlichen. Sie hatten nichts bemerkt.

Sergeant Hardin positionierte 12 Kampf-Roboter, die seinem Einsatz-Kommando den Rücken freihalten sollten. Er gab den Befehl, weiter in die Admiralität vorzurücken. Vorsichtig und getarnt drangen die Truppen in die verwinkelten Gänge des Palastes vor. Immer wieder trafen sie auf einzelne Palastwachen. Diese wurden paralysiert und weggeschafft. Ohne große Geräusche zu verursachen, drang der Kampf-Verband weiter vor und säuberte jeden Gang, jeden Korridor und jeden Flur, der von Garde-Soldaten der Admiralität gesichert wurde. Sergeant Hardin wunderte sich, dass der innere Bereich des Palastes nur von so wenigen Elite-Soldaten abgesichert wurde. Die Marines strömten in Gruppen aus, um die Arrest-Zellen zu suchen. Zahlreiche Gruppen von Kampf-Robotern sicherten zwischenzeitlich alle Verbindungswege in der Admiralität. Immer wieder wurde das Zischen von Paralysatoren hörbar. Nach kurzer

Zeit war der innere Palast der Admiralität in den Händen der Truppen aus dem Neuen-Imperium.

Sergeant Hardin durchkämmte das Untergeschoß der Admiralität. Schnell hatte der Kampf-Trupp den Zellen-Arrest-Bereich gefunden. Die gänzlich überraschten Wachen, ergaben sich kampflos der Überzahl der eindringenden Kampf-Truppen des Neuen-Imperiums. Sergeant Hardin ließ die Soldaten abführen. Einen der Wächter sprach er an.

»Öffnen sie die Zelle von Admiral Cartero«, sagte er in natradischer Sprache.

Der Wächter rührte sich nicht. Zwei Kampf-Roboter rückten vor und hoben ihre Laser-Gewehre. Die tiefroten Augen durchdrangen den Wächter. Entsetzt wich er einige Schritte zurück.

»Ich sage es nicht noch einmal«, ergänzte Sergeant Hardin. »Öffnen sie die Zelle von Admiral Cartero. «

»Ich führe sie hin«, antwortete der Wächter in einem leisen Tonfall.

Einer der Kampf-Roboter stieß ihn vorwärts. Das Grauen stand dem Wächter in seinem Gesicht. Fluchs eilte er zu der dritten Zellentüre und öffnete sie.

»Zurücktreten«, befahl Sergeant Hardin.
Er blickte in die große Zelle. Zahlreiche Personen standen an einer Wand. Vermutlich durch die Kampfgeräusche verunsichert, erwarteten sie eine Erklärung.

»Admiral Cartero«, sagte Sergeant Hardin in den Raum.

Er bemerkte rechts eine Bewegung. Der Admiral trat vor. »Sergeant Hardin«, sagte er. »Was machen sie hier in dem Zellenbereich. Sind sie verhaftet worden? «

Sergeant Hardin lachte.
»Nicht ganz«, antwortete er. »Wir haben ihre Wächter verhaftet. Folgen sie mir bitte alle in den Festsaal der Admiralität. Major Travis bittet um ihr Erscheinen. Admiral Gentrin ist nicht mehr Herr seiner Sinne. Betrachten sie sich wieder als legitimiert und in ihrem Amt eingesetzt. Folgen sie mir bitte. «

Mit kräftigen Schritten folgte Admiral Cartero Sergeant Hardin. Die Mitglieder des Hohen-Auditoriums beäugten die natradischen Kampf-Roboter argwöhnisch. Auch ihnen waren die schweren Kampf-Roboter nicht geheuer.

Vorsichtig schritten sie aus der Zelle und folgten den Soldaten. Die Marines salutierten, als die Mitglieder des Hohen-Auditorium vorbeischritten. Respektvoll und dankbar verneigten sich die Politiker des hohen Rates.

Sergeant Rylar leitete das Außen-Kommando der Kampf-Verbände des Neuen-Imperiums. Er stand in einem stetigen Funkkontakt zu seinem Vorgesetzten Sergeant Hardin. Als dieser den Einsatzbefehl erhielt, informierte er sofort Sergeant Rylar. Der Sergeant befahl mit dem Außen-Einsatz zu beginnen.

Der Einsatzbefehl für die Marines und die Kampf-Verbände der wartenden Roboter kam zielt und erwartet. Sergeant Rylar leitete den Start der Operation. Alle Verbände enttarnten sich schlagartig und griffen an. Gezielt wurden als erstes die lantranischen Plasma-Werfer eingesetzt. Die santaranischen Laser-Panzer wurden von den energetischen Energie-Kugeln erfasst, die sich einen Weg ins das Innere der Panzer suchten. Loderndes Energiefeuer hüllte sie ein und deaktivierte sie.

Die Elite-Soldaten wurden völlig überrascht. Wichtige Minuten vergingen, bis sich die santaranischen Palast-Garden formierten und vorrückten. Unzählige Paralyse-Strahlen schossen ihnen entgegen. Wie bei einem Blitz-Gewitter lichteten sich die Reihen der Elite-Soldaten.

Immer mehr Gardisten fielen um und bleiben am Boden reglos liegen. Die von ihnen verwendeten Schutz-Schirme, konnten die natradischen Strahlen nicht abwehren. Die kampferfahrenen Shy-Ha-Narde verstärkten das Feuer auf ihre gegnerischen Kollegen. Der Ansturm der santaranischen Roboter wurde gestoppt. An der vordersten Linie explodierten zahlreiche Modelle in grellen Stichflammen.

Es schien so, als ob sie irritiert neue Befehle abfragen wollten. Doch sie erhielten keine Antwort. Die anschließenden Explosionen vernichteten die Roboter-Körper in viele kleine Metallstücke. Die Elite-Soldaten der Admiralität waren schnell ausgeschaltet. Lediglich der Ansturm ihrer metallenen Kollegen verstärkte sich. Über 30.000 Laser-Salven schlugen in sie ein. Die zahlreichen Explosionen rissen die Roboter von den Beinen. Andere trudelten und versperrten nachfolgenden Einheiten den Weg. Abgerissene Metallteile segelten durch die Luft. Die Shy-Ha-Narde registrierten, dass die auf ihren Schutz-Schirm einschlagenden santaranischen Laser-Strahlen problemlos absorbiert wurden.

Ab diesem Zeitpunkt feuerten sie beidhändig im Sekunden-Rhythmus. Den santaranischen Robot-Einheiten gelang es nicht, die Mitte des großen Platzes, vor der Admiralität, zu erreichen. Noch im Ansturm wurden die getroffen, von den Füßen gehoben und weggeschleudert. Rechts und links lagen viele getroffene, nicht mehr einsatzfähige Modelle und qualmten vor sich hin. Andere vergingen in heißen Explosionen. Der Metall-Schrott türmte sich weiter auf und hinderte nachfolgende Einheiten an dem Vorrücken.

Die Einheiten des Neuen-Imperiums kreisten die verbliebenen Roboter des Kunst-Systems immer weiter ein. Keiner entkam den gezielten, präzisen Schüssen der natradischen Kampf-Einheiten. Mit großer Überlegenheit verrichteten sie ihre Arbeit. Die Zahl der santaranischen Roboter nahm zusehends ab. Endlich war der letzte Roboter unschädlich gemacht.

Außerhalb des Palastes blieb war die Situation bereinigt. Die lantranischen Plasma-Werfer hatten die Laser-Panzer der Admiralität außer Funktion gesetzt. Das massive Aufgebot der Marines und der Kampf-Roboter, konnten die zahlreichen santaranischen Gegenstücke außer Funktion setzen. Die wenigen Soldaten der Führungsriege, die den Paralyse-Strahlen ausweichen konnten, wurden zusammengedrängt und ich Schach gehalten. Alle anderen lagen verstreut auf dem großen Platz herum. Diese genossen einen tiefen Schlaf. Die santaranischen Offiziere hatten die überlegene Kampf-Kraft der Verbände des Neuen-Imperiums mit eigenen

Augen erkannt. Sie hüteten sich weitere Angriffe zu planen.

Sergeant Rylar gab den Befehl, die wie leblos am Boden liegenden Soldaten, geordnet in den Schatten zu legen. Die Schutz-Schirme der Shy-Ha-Narde und der Marines hielten allen Schüssen aus santaranischen Strahlen-Waffen stand. Niemand war zu Schaden gekommen. Über dem Palast waren 12 Schiffe der Kaiser-Klasse materialisiert. Sie wiesen die Kampfjets der santaranischen Flugabwehr per Hyperfunk an, einen Abstand zu halten. Die gigantischen Kampf-Station flößten den santaranischen Schiffen einen gewaltigen Respekt ein. Sie hatten diese im All, vor ihrem Kunst-System, im Einsatz erlebt. Keinem Kampf-Jet kam es bislang in den Sinn, einen Angriff auf die gigantischen Raumschiffe zu fliegen. Die santaranischen Verbände waren noch nicht über die Geschehnisse innerhalb des Palastes informiert worden.

Sergeant Rylar Blick schweifte über den Platz.
»Hier droht keine Gefahr mehr«, dachte er.

Er teilte zusätzliche Einheiten ein, die zur Unterstützung in den Palast eindrangen. Per Funkimpuls informierte er seinen Vorgesetzten, Sergeant Hardin, über den erfolgreichen Abschluss seines Außenkommandos.

Major Travis wusste, dass der Zugriff auf die Admiralität in vollem Umfang begonnen hatte. Er trat an das Mikrofon.

»Sehr geehrte Offiziere der Admiralität, liebe Gäste«, sprach er in das Gerät. »Wir sind als Freunde gekommen, um ihnen zu helfen. Unsere Flotte hat den Angriff der Daraner auf ihre Welten verhindert. Leider plant Admiral Gentrin uns zu hintergehen. Sein Ziel ist es, unsere Mannschaft inhaftieren, um so an die Geheimnisse unserer Technik zu gelangen. Diese Vorgehensweise ist der falsche Weg. Wir sind zu ihnen gekommen, um erste politische Kontakte zu schließen. Entsprechend dieser Tatsache, könnte sich später hieraus eine Freundschaft und ein Beistandspakt entwickeln. Das war leider nicht im Sinne von Admiral Gentrin. Er wollte an unsere Technik gelangen, um die Schiffe aller Rassen, die ihr Kunstsystem angreifen sollten, vollständig zu vernichten. Keine Zivilisation in dieser Region des Weltalls sollte mächtiger sein als die Santaraner. Das werden wir nicht zulassen.«

Major Travis trat zurück und winkte Sirin an das Mikrofon.

»Sehr geehrte Zuhörer«, sagte sie. »Ich bin Prinzessin San Sirin, die letzte gebürtige lebende Prinzessin unseres alten Kaisers. «

Ein Raunen ging durch den Raum.

»Ich hatte mich gefreut, die evakuierten Natrader an einem neuen Standort wiederzufinden«, fuhr sie fort. »Doch meine großen Erwartungen wurden enttäuscht. Die Undankbarkeit von Admiral Gentrin ist nicht zu ertragen. Der ehemalige Kaiser würde sich in seinem Grab umdrehen. Was ist aus der stolzen Rasse der Natrader geworden. Soll ich in meine alte Heimat zurückfliegen und sagen, ich habe die evakuierten Nachkommen. Doch es sind nur noch Diebe und Betrüger? Admiral Gentrin hat ihre Großes Auditorium abgesetzt und unter Arrest gestellt. Ebenfalls den von ihnen so geschätzten Admiral Cartero verhaftet. Ist das in ihrem Sinne? Sind sie jetzt noch stolz auf die Führung ihrer Admiralität. «

Sie spuckte auf den Boden.

»Ich bin es nicht«, sagte sie. »In der alten Heimat musste ich eine solche Enttäuschung nie erleben. «

Die große Pforte zum Festsaal schlug plötzlich auf. Viele drehten ihren Kopf und suchten einen einem neuen Gast. Doch es war nichts zu sehen. Die Gardisten vor der Pforte waren verschwunden. Nichts deutete auf einen neuen Ankömmling hin.

Barenseigs trat vor das Mikrofon.

»Hochgeschätzte Gäste«, begann er. »Admiral Gentrin stößt die Personen vor den Kopf, die ihnen geholfen und ihre Heimat vor der Zerstörung bewahrt haben. Früher wurden diese Retter bei uns als Helden gefeiert, heute werden sie unter Arrest gestellt. Ist das die hochgelobte Gerechtigkeit, von der wir immer gesprochen haben? Hier in dem Kunst-System, läuft seit der Übernahme der Führung der Admiralität durch Admiral Gentrin etwas falsch. Ich appelliere an sie, den alten Zustand wieder herzustellen. Das Kunst-System braucht eine übergeordnete Institution, welche die Admiralität in ihre Schranken verweist. Ich spreche gezielt die Adelshäuser von Santaron an, die hohe Offiziere und die gut angesehen Familien unseres Planeten. Der Zustand unserer Admiralität und der Drang von Admiral Gentrin zur Alleinherrschaft, kann auch ihnen nicht verborgen geblieben sein. «

Zustimmende Rufe wurden laut.
»Setzt das große Auditorium wieder ein«, stimmte ein Offizier zu.

Barenseigs nickte.
Er zeigte mit dem Finger auf den Zwischenrufer.
»Dieser Mann hat Recht«, ergänzte er. »Unser großes Auditorium hat für eine Ausgewogenheit gesorgt und die Gerechtigkeit aufrechterhalten. Admiral Gentrin hat es

abgesetzt und das Kriegsrecht ausgerufen. Nur hierdurch konnte er die Alleinherrschaft an sich reißen. Jetzt ist die Gefahr durch unsere Freunde aus der Milchstraße gebahnt. Es spricht nichts dagegen, das große Auditorium wieder einzusetzen und das Kriegsrecht aufzuheben. «

Major Travis blickte Admiral Gentrin an, der völlig unter dem Bann von Heinze stand. Die Augen des Admirals waren verdreht. Er schien von alle dem nichts mitzubekommen.

Viele bunte Wolken zogen durch sein Gehirn. Angst griff nach seinem Gemüt. Ein Schmerz ließe ihn aufstöhnen. Er stemmte sich mit aller Macht gegen die mentale Beeinflussung, doch es half nichts. Wieder rasten Lichtblitze durch sein Gehirn und hinderten ihn an eigenen freien Gedanken.
»Lass ihn frei«, sagte der Major zu Heinze zu. »Ich bin gespannt, wie er reagiert? «

Schlagartig löste Heinze die Beeinflussung des Admirals und zog sich aus seinem Kopf zurück. Gentrin merkte, wie der Druck in seinem Kopf langsam nachließ und verschwand. Seine Augen wurden wieder klar.

Er drehte seinen Kopf und blickte die Zuhörer an. An die Zeit seiner Beeinflussung hatte er keine Erinnerung mehr.

Er schritt an das Mikrofon.

»Sehr geehrte Zuhörer«, wandte er sich an die Gäste des Festaktes. »Eine Abordnung von Offizieren des Neuen-Imperiums ist zu uns gekommen, um uns vorzuschreiben, was wir machen sollen. Sie haben unser Eigentum gestohlen. Die alten Hinterlassenschaften von Natrid sind Entwicklungen unseres Volkes. Jetzt erdreisten sich die Sklaven, des ehemaligen dritten Planeten des Sol-Systems, diese für sich zu beanspruchen. Ich sage allen hier Anwesenden, das geht nicht. Es sind Diebe und Heuchler. Die Admiralität wird das nicht hinnehmen. Viel zu lange haben wir eine Möglichkeit gesucht, diese Hinterlassenschaften von Admiral Tarin in unser Kunst-System zu überführen. Leider ist uns das bisher nicht gelungen. Die Entfernung war eindeutig zu groß. Jetzt aber können wir der Diebe unseres Eigentums habhaft werden. Wir werden ihnen die technischen Informationen entreißen und diese unseren fähigsten Wissenschaftlern übergeben. Falls sie uns ihr Wissen nicht freiwillig geben, dann werden wir mit Gewalt hierauf Zugriff nehmen. «

Der Admiral blickte die Gäste des Festaktes an.

Entsetzt erkannte er, wie erste Gruppen anfingen laut an zu buhen. Die negativen Rufe wurden immer lauter. Weitere Zwischenrufe drangen von den vielen gegenüberliegenden Plätzen zu den Gästen des Neuen-Imperiums hinüber.

»Admiral Gentrin muss abdanken«, riefen die Mitglieder eine Gruppe. »Wir wollen das große Auditorium zurück. So kann man nicht mit unseren Rettern umgehen. Die Admiralität bereitet uns Schmach und Schande. «

»Nieder mit der Admiralität«, brüllten die Personen einer weitere Gruppe. »So etwas brauchen wir hier nicht. «

»Kriegstreiber, sie führen ins in einen neuen Krieg«, tönte es von einer weiteren Gruppe Zuhörer. »Hören sie sofort auf hiermit. Sie sind nicht mehr haltbar.«

Die treuen Offiziere der Admiralität schauten mit großen Augen ihren Vorgesetzten an.
Der wiederum blickte entsetzt auf die Querulanten.

»Niemand hat es sich bisher gewagt, sich uns entgegenzustellen«, dachte Admiral Gentrin. »Eine politische Gruppe, die als Gegner der Admiralität bezeichnet werden kann, gibt es nicht. «

Er hob seinen Kopf und blickte die Sprecher an.
»Die Mitgliedschaft in einer Vereinigung, die den Sturz des Oberbefehlshabers der Admiralität laut verkündete,

bedeutete Hochverrat und wird entsprechend verfolgt«, sagte er. »Ich warne sie alle, weiter diese Zwischenrufe auszusprechen. Sie werden ihre Strafe erhalten. Dafür sorge ich.
«

»Ihre Zeit ist abgelaufen«, erklärte jemand. »Wir möchten sofort einen neuen Kommandeur der Admiralität. Sie sprechen nicht in unserem Namen. «

Admiral Gentrin war außer sich.
Er winkte seinen Elite-Soldaten zu.

»Ergreift die Sprecher«, befahl er. »Einige Soldaten zu mir. Der Gildor ist festzunehmen. «

Major Travis schüttelte seinen Kopf.
»Sie sind nicht belehrbar«, sprach er Admiral Gentrin an. Major Travis gab seinen getarnten Eingreif-Kommandos ein Zeichen.

Sergeant Hardin, seine Marines und 150 Kampf-Robotern natradischer Bauart enttarnten sich. Die Einheiten hatten sich an den Wänden des Saals positioniert.

Schrille Schreie tönten auf, als die Truppen von den Gästen erkannt wurden. Sie wichen schreckhaft zur Seite. Die Sicht auf die vorrückenden Elite-Soldaten der

Admiralität wurde frei. Die Marines und die Kampf-Roboter schossen ihre Paralyse-Strahlen auf die Einheiten der Admiralität ab. Das alles erfolgte in wenigen Sekunden.

Für die Einsatz-Kräfte des Admirals blieb keine Zeit zu handeln. Die Paralyse-Strahlen hüllten sie ein und ließen sie in einen tiefen Schlaf sinken. Wie leblos fielen sie dem Boden entgegen. Schnell teilten sie sich die Kampf-Roboter auf und hielten die weiteren Elite-Soldaten der Admiralität in Schach. Der Anblick, der 2.20 Meter großen Kampf-Boliden, ließen sie in eine Starre verharren.

Admiral Gentrin zog seinen Kommunikator aus der Seitentasche seine Uniform. Er erkannte, dass er sich verkalkuliert hatte. Fremde Kräfte waren in die Admiralität eingedrungen.
»Ich muss Verstärkung anfordern«, dachte er. »Die Tarntechnik des Neuen-Imperiums konnte von uns nicht angemessen werden. «

Heran richtete seinen Strahler auf ihn.
»Das würde ich nicht versuchen«, sagte er.

Der Admiral blickte ihn mit großen Augen an.

»Wie konnte der Fremde Waffen in die Admiralität schmuggeln«, fragte er sich. »Alle Besucher wurden von uns gescannt? «

Heran nahm ihm den Kommunikator aus der Hand.
»Wir wollen doch nicht noch mehr Unruhe hier im Festsaal veranstalten«, lachte er.

Admiral Gentrin stand kurz vor dem Explodieren. Eine kurze Zeit sah es so aus, als wollte er sich auf Heran stürzen und ihm die Waffe entwenden.

»Versuchen sie das nicht«, sprach Heinze ihn an. »Den Griff nach ihrer Waffe werde ich nicht dulden. «

Erstaunt blickte Admiral Gentrin den Ro an.
»Ich werde mir nicht von einem Tier vorschreiben lassen, was ich darf, oder nicht darf«, zischte er.

Barenseigs lachte den Admiral an.
»Unser Freund verfügt über einige Kräfte, die in ihren Vorstellungen keinen Platz haben«, sagte er. »Für sie ist es ja nur ein Tier. Hüten sie sich, hiergegen anzukämpfen. Das bereitet ihnen nur zusätzlich Schmerzen. «

Heinze steckte seine Hand aus und zeigte mit einem Finger auf die Waffe des Admirals. Dann zog er die Hand schnell zurück. Die Waffe des Admirals sprang aus ihrem Holster, direkt in die Hand von Heinze.

Die Augen von Admiral Gentrin wurden größer und größer. Fast wie in einem Reflex griff seine Hand nach dem leeren Holster, seines verzierten Waffengurtes.

Von den Gängen drang lautes Kampf-Getöse nach innen. Das Zischen von Paralysatoren erreichte den Saal. Nur vereinzelt konnten santaranische Laser-Strahlen zugeordnet werden. Dann wurden schwere Schritte von Kampf-Robotern hörbar.

»Bleiben sie ruhig«, sprach Major Travis in das Mikrofon. »Die Soldaten des Admirals werden verhaftet. Es besteht keine Gefahr für sie. «

Entsetzt schauten viele Gäste auf die offenstehende Pforte. Doch die konnten, außer dem Zischen von unterschiedlichen Strahlen-Waffen nichts entdecken.

Innerhalb des Festsaales standen die Offiziere von Admiral Gentrin, wie erstarrt auf ihren Plätzen und warteten auf einen Befehl ihres Vorgesetzten.

Major Travis griff nach seinem Communicator.

»Bringt Admiral Cartero und das hohe Auditorium herein«, sprach er in das Gerät.

Der Befehl wurde von einem Marines bestätigt.
»Zurücktreten«, rief jemand an der Türe. »Macht Platz für das große Auditorium. «

Respektvoll schritten die befreiten Gefangenen, eskortiert von 30 Shy-Ha-Narde, in den Saal. Ihnen folgte Admiral Cartero. Schnell hatten sie die Mitte des Raumes erreicht.

»Sie sind der Oberbefehlshaber der Streitkräfte des Neuen-Imperiums, unser Retter vor den Daranern? «, fragte der Vorsitzende Suterin.

Major Travis nickte und stellte sich und seine Begleiter vor.
»Admiral Cartero konnte uns bereits einiges von ihnen berichten«, sagte der Ratsvorsitzende. »Wir danken ihnen für unsere Befreiung. «

Er zeigte auf das Mikrofon.
»Darf ich? «, entgegnete er.

»Selbstverständlich«, antwortete der Major. »Wir sind bei ihnen nur Gäste. «

Suterin trat vor das Mikrofon.

Er hob seine Hände in die Luft.

»Ruhe bitte«, sagte er. »Ruhe bitte. «

Er blickte auf die wartenden Zuhörer. Die Menge beruhigte sich.

»Ihr kennt mich«, sprach er die Gästen an. »Ich bin der Vorsitzende des Hohen-Auditoriums. Die Gäste des Neuen-Imperiums, ich bezeichne sie als Freunde, haben uns aus der Gefangenschaft von Admiral Gentrin befreit. Ebenso unseren geschätzten Admiral Cartero. Wir sollten hingerichtet werden, um nicht weiter Admiral Gentrin im Weg zu stehen. Über diese Verfehlung des Anführers der Admiralität wird später verhandelt. Gemäß unserer Verfassung wird der Kriegszustand beendet und das große Auditorium wieder eingesetzt. Wir haben beschlossen Admiral Gentrin seines Amtes zu entheben und an seiner Stelle Admiral Cartero die Führung der Admiralität zu übergeben. Diese Maßnahme tritt mit sofortiger Wirkung in Kraft. Ich bitte alle Anwesenden um ihre Gegenstimme. «

Der Vorsitzende schaute auf die wartenden Gäste. Nur wenige bedeutungslose Handzeichen wurden registriert.

»Damit ist unser Antrag angenommen und beschlossen«, ergänzte Suterin.

»Wachen«, befahl der Vorsitzende. »Wollen sie weiterhin der Admiralität dienen, dann verhaften sie Admiral Gentrin. Er wird seiner gerechten Strafe zugeführt. «

Es verging keine Sekunde, dann rückten einige Soldaten der Admiralität vor, die Gentrin in ihre Mitte nahmen. Ihre Energie-Strahler waren gezogen und auf den Admiral gerichtet.

Der Führer der Admiralität war nicht mehr Herr seiner Sinne. Er konnte es nicht glauben. Seine ganzen getreuen Gefolgsleute, die Offiziere und alle Angehörigen der Admiralität, wandten sich gegen ihn. Er blickte sie enttäuscht an. Diese vermieden seinen Blick und drehten ihre Köpfe ab. Sie wagten es nicht, dem großen Auditorium zu widersprechen.

Admiral Cartero schritt auf das Mikrofon zu. Die Klang-Kulisse in dem Festsaal war hörbar lauter geworden.

Eine Zeitlang blickte er die Zuhörer an. Dann klopfte er an das Mikrofon. Schrille Töne durchzogen den Saal. Der Geräuschpegel ließ merkbar nach.

»Sie alle kennen mich«, sprach er in das Mikrofon. »Ich bin seit langem ein treuer Diener der Admiralität. Mein Name steht für Gerechtigkeit und für Ordnung und die Einhaltung unserer Gesetze. Ich bin sehr geehrt, dass mich das große Auditorium als Kommandeur der Admiralität einsetzen will. Doch diese Position wollte ich nie innehaben. Jetzt aber, in dieser durch Admiral Gentrin versursachten Krisensituation, nehme ich das Amt an. Ich werde unsere Admiralität erneuern und sie auf wichtige Aufgaben vorbereiten. Erst wenn diese Aufgaben abgeschlossen sind, gebe ich das Amt an eine Vertrauensperson weiter. Hierauf haben sie mein Wort. «

Lauter Beifall füllte den Saal.

Admiral Cartero hob seine Arme in die Luft.
»Fehler wurden nicht nur von der Admiralität gemacht«, ergänzte er seine Ansprache. »Auch bei dem großen Auditorium müssen wir Fehleinschätzungen erkennen. Dank der Hilfe aus dem Neuen-Imperiums von Natrid & Tarid, konnten wir unser Kunst-System retten. Ich war an dem Kampf beteiligt und kann ihnen offen mitteilen, dass es für uns, ohne diese Hilfe nicht möglich gewesen wäre, die Gefahr abzuwenden. Danken sie unseren Freunden, die hier neben mir stehen und ehren sie diese gebührend, wie es bei unseren Vorfahren üblich war. «

Laute Jubelrufe drangen durch den Saal. Ein nicht endender Beifall ertönte.

Admiral Cartero ließ die Besucher des Neuen-Imperiums den Beifall auskosten. Erst nach 10 Minuten verebbte dieser langsam.

»Es wird eine neue Ära für unser Volk eingeleitet«, sprach Cartero in das Mikrofon. »Die völlige Abgeschiedenheit unserer Rasse muss aufhören. Die ersten Freunde haben wir gefunden. Wir werden politische Kontakte aufnehmen und einen kontinuierlichen Handels- und Warenaustausch vertraglich vereinbaren. Hierzu gehört auch die Unterstützung bei technischen Fragen durch das Neue-Imperium. Später wird ein Wurmloch-Portal eingerichtet, die unsere Sternen-Systeme für immer miteinander verbindet. Wir öffnen uns für den Reiseverkehr aus dem Sol-System, wie auch wir auf schnellem Wege unsere alte Heimat Natrid, Tarid und das ganze Sol-System besuchen werden.

Ein gegenseitiger Beistandspakt sichert unsere gemeinsamen Systeme vor einem Angriff unbekannter Rassen ab. Dies alles sind nur wenige Punkte zukünftiger Möglichkeiten. Ein Austausch von Wissenschaftlern und Militärs, die an den Schulen des befreundeten Systems ausgebildet werden, ist ebenfalls geplant. Wir alle stehen vor neuen interessanten Aufgaben. Nehmen wir sie in Angriff und beenden die lange Abgeschiedenheit unserer Rasse im Universum. Diese hat uns über die vielen Jahre nicht weitergebracht. « Der Kommunikator von Admiral Cartero piepste.

»Ich höre gerade, dass einige Köstlichkeiten unserer Planeten von der Admiralität angerichtet wurden. Genießen den Festakt. Ich bitte für die Aufregung und ihre Unannehmlichkeiten für Entschuldigung. «

Er zeigte mit einer Hand an die Wand.
»Das Buffet ist eröffnet«, ergänzte er.
Die langen Vorhänge an der rückseitigen Wand des Saals wurden zurückgezogen. Ganze 35 Tische wären mit Köstlichkeiten gefüllt. Zahlreiches Personal stand bereit und servierte Getränke und Speisen. Die Zuhörer ließen Admiral Cartero die Aufforderung nicht ein zweites Mal aussprechen. Langsam und bedächtig schritten sie auf das angerichtet Festmahl zu.

Admiral Cartero drehte seinen Kopf Major Travis zu und lächelte.

»Ich hoffe, sie haben nicht zu viel Mühe gehabt, mit der Abwehr der Elite-Soldaten von Admiral Gentrin? «

Der Major schüttelte seinen Kopf.

»Alles ist gut verlaufen«, antwortete er. »Wir haben nur Paralyse-Strahlen eingesetzt. Die Soldaten werden den heutigen Tag mit Schlaf verbringen. Sie sollten sämtliche Medi-Kräfte aktivieren, dass sie sich um die schlafenden Soldaten kümmert. Lediglich einige ihrer Kampf-Roboter wurden zerstört. Diese liegen auf dem großen Platz vor der Admiralität. «

»Die Medi-Kräfte weise ich ein«, sagte der Vorsitzende des Hohen-Auditoriums. »Wir sind ihnen zu großem Dank verpflichtet. «

»Wir haben gerne geholfen«, erwiderte der Major. »Wichtig ist es für uns, dass sie ihren Weg finden und später vielleicht auch ein Mitglied des Neuen-Imperiums werden. «

»Hierüber denken wir gerne nach«, erwiderte Suterin. »In der Zwischenzeit dürfen wir uns verabschieden. Es ist viel Arbeit liegen geblieben.
«
Alle Ratsmitglieder traten auf ihre Retter zu und verabschiedeten sich persönlich bei der Abordnung des Neuen-Imperiums. Selbst Heinze wurde als ein aktives Mitglied anerkannt und ihm den Dank ausgesprochen.

Hiernach schritt das große Auditorium gemeinschaftlich aus dem Festsaal.

Admiral Cartero hatte in der Zwischenzeit angeordnet, außerhalb des Palastes für Ordnung zu schaffen und die Metallreste der Kampfroboter und der Laserpanzer zu entfernen.

»Darf ich sie zu einem Getränk einladen? «, fragte er.
Die Gäste des Neuen-Imperiums nickten.

»Haben sie auch Bier«, fragte Giratron.

Admiral Cartero schaute irritiert in seine Richtung.
»Was ist das? «, erkundigte er sich.

Giratron lachte.
»Das ist eine außergewöhnliche Spezialität, die auf Tarid gebraut wird. Ich kann das Getränk nur empfehlen. «

»Dann werde ich sie in Kürze wohl einmal besuchen müssen«, antwortete Admiral Cartero lächelnd. »Hierauf freue ich mich besonders. «

Auf neuen Spuren

Wie ein Blitzschlag, materialisierte die Flotte von 350 Schiffen des Neuen-Imperiums von Natrid & Tarid, in dem Heimat-System der Argoner. Oberst Cameron persönlich, hatte es sich als Leiter der neuen ISD-Behörde nicht nehmen lassen, die von General Poison zugesagte Schutz-Flotte zu überbringen. Die Schiffe der Lord-Klasse wurden von vielen Personen des Neuen-Imperiums unterschätzt. Obwohl es nur Schiffe einer 1.000 Meter-Klasse waren, konnten sie doch leicht mit vielen anderen Schiffen aufnehmen. Die modifizierte Baureihe, konnte durch massiv verstärkte Waffen-Systeme und dem neuen Super-Schutz-Schirm, vielen fremden Flotten-Verbänden das Leben schwer machen. Ganze 250 Schiffe dieses Typs, hatte General Poison für den Schutz des neuen Mitglieds Argon abgestellt.

Oberst Cameron stand am CIC seines Flaggschiffes der Prinz Klasse und schaute auf die Anzeige. Sein erster Offizier trat an seine Seite.

»Unsere Ortungsdaten synchronisieren sich gerade neu«, teilte First Leutnant Olsen mit. »Gleich bekommen wir die aktuellen Daten des Systems angezeigt. «

Der Oberst nickte ihm zu.
Nach und nach baute sich die Anzeige des Combat-Information-Center neu auf. Das kleine Sternen-System

der Argoner, nahe dem Sternenfeld Wolf 359 gelegen, erschien auf der Anzeige.

Oberst Cameron zeigte mit seinem Finger auf das System. »Ein unauffälliges kleines Sternen-System«, nahe dem Sternenfeld Wolf 359 gelegen, sagte er. »Es ist sehr schwierig zu finden, von daher ist es uns auch bisher nicht aufgefallen. Aufgrund der starken Radiowellen, die das Sternenfeld Wolf 359 aussendet, blieb das argonische System im großen Krieg unbehelligt. Vermutlich wurde es einfach übersehen.

Die sich hier entwickelte Rasse, wurde bereits zu den Zeiten des kaiserlichen Imperiums als galaktische Mediziner betitelt. Wir sind froh, dass sie sich bereit erklärt haben, dem neuen Imperium beizutreten. Ihre Sonne reicht aus, um die vier Planeten des Systems, die alle in einer habitablen Zone angesiedelt sind, zu erwärmen und zu lebensfähigen Planeten zu machen. Ihr dritter Planet ist der Regierungsplanet Argon. Gleichzeitig finden wir dort die zentrale Kontrollstelle und ihre End-Produktion, der von ihnen produzierten medizinischen Produkte.

Das CIC zeigte mittlerweile alle Daten an.
»Da ist auch die Cuuda-Flotte von Captain Hunter«, ergänzte Oberst Cameron. »Er wird sicherlich über seine

Ablösung erfreut sein. Dreißig seiner Schiffe haben sich um den Regierungs-Planeten positioniert, die anderen 20 Schiffe patrouillieren zwischen den weiteren Planeten des Systems. «

»Auch die Argoner haben gelernt«, bemerkte First Leutnant Olsen. »Ich erkenne viele ihrer Kampf-Jets, die ebenfalls im System patrouillieren. «

***

»Wir bekommen Besuch«, meldete Leutnant Groß. »Ich orte eine starke Erschütterung des Hyperraums. «

»Entfernung? «, fragte Captain Hunter.
»Die Erschütterung liegt in dem System der Argoner«, erwiderte der Ortungs-Offizier.

»Rufen sie unsere Schiffe zurück«, befahl Captain Hunter. »Sie sollen sich in die Angriffs-Formation einreihen. Wir wissen noch nicht, wer zu Besuch kommt.«

Er suchte mit seinen Augen den 1. Offizier des Schiffes. »Leutnant Graves, informieren sie die argonische Raumüberwachung«, befahl der Captain.

Der First Leutnant der Cuuda 001 nickte und eilte zur Kommunikations-Zentrale.

»Ich rufe die argonische Raumüberwachung«, sprach er in den Communicator. »Hier spricht die Flotte von Captain Hunter. «

Ein kurzes Knistern entstand in der Leitung, dann antwortete die Gegenseite.

»Hier ist die Raumüberwachung von Agon«, tönte es aus den Lautsprechern. »Mein Name ist Garn Okabaan. Was kann ich für sie tun? «

»Hier ist Leutnant Graves, von dem Flaggschiff von Captain Hunter. Unsere Sensoren konnten eine starke Erschütterung des Hyperraum-Gefüges registrieren. Wir rechnen mit dem Einfall einer starken Flotte. Konnten ihre Geräte ebenfalls etwas aufzeichnen? «

»Leider nein«, antwortete Garn Okabaan. »Wir haben nichts. Es wird dringend notwendig, dass unsere Technik updatet wird. Was schlagen sie vor? «

»Starten sie ihre Kampf-Jets«, antwortete Leutnant Graves. »Sie sollen einen Verteidigungs-Ring um ihre

Planeten aufbauen. Wir werden der einfliegenden Flotte abfangen und sie um ihre Identifizierung bitten. «

»Danke für ihre Info«, erwiderte Garn Okabaan. »Ich informiere unsere Flotte und das Verteidigungs-Ministerium. Die Verbindung brach ab. «

Captain Hunter nickte seinem ersten Offizier zu.
»Danke«, antwortete er.

»Leutnant Tannreich, öffnen sie einen Kanal zu unseren Schiffen. «

»Der Flottenfunk ist stabil«, antwortete dieser nach wenigen Sekunden. »Sie können sprechen, Captain. «

»Hier ist Captain Hunter«, sprach der Befehlshaber der Flotte in die Funkanlage. »Roter Alarm für alle Einheiten. Wir haben eine Verzerrung des Hyperraumes geortet. Der Endpunkt liegt hier bei uns im argonischen System. Fahren sie ihre Waffen-Systeme hoch und aktivieren sie ihren Schutz-Schirm. Nehmen sie eine Keil-Formation ein und folgen sie uns. Wir schauen uns die fremden Schiffe einmal an. Synchronisieren sie ihre Geschwindigkeit mit der KI des Flaggschiffes. Captain Hunter Ende. «

Er brach die Verbindung an.

»Die Bestätigungen kommen herein«, teilte Leutnant Tannreich mit.

»Steuermann, gehen sie auf UL1«, befahl der Captain. »Wir nähern uns den Koordinaten an. «

Die 50 Schiffe des Cuuda-Verbandes beschleunigten und flogen auf die georteten Koordinaten zu.

***

»Sie haben uns auf ihren Ordnungs-Schirmen«, meldete Sergeant Mitchell. »Uns treffen zahlreiche Ortungs-Strahlen. Sie scannen uns, mit allem, was sie haben. Vermutlich werden wir gleich gerufen. Eine Flotte von 50 Schiffen nähert sich uns. «

»Identifizierung? «, fragte Oberst Cameron.

»Es ist eine Flotte von Cuuda-Schiffen«, antwortete Ortungs-Offizier Mitchell.

»Das kann nur die Flotte von Captain Hunter sein«, lächelte Oberst Cameron. »Sie werden uns noch nicht zuordnen können. Die Baugruppe der Prinz-Klasse ist bei ihnen noch nicht zertifiziert. Geben sie unsere Schiffs-IDs durch. Wir wollen doch nicht den ganzen argonischen Verteilungsapparat anlaufen lassen. «

»Eingehender Funkspruch«, meldete Funk-Offizier Niemann. »Ihr Flagg-Schiff ruft uns. «

»Legen sie auf die Lautsprecher«, antwortete Oberst Cameron.

»Die Verbindung steht«, bestätigte Sergeant Niemann.

»Hier spricht Captain Hunter, ich rufe die fremde Flotte«, tönte es aus den Lautsprechern. »Bitte identifizieren sie sich. Sie befinden sich in dem argonischen Hoheitsgebiet. Stoppen sie ihre Schiffe und identifizieren sie sich. Diese Aufforderung wird nicht mehr wiederholt. «

»Sie aktiveren ihr Bug-Geschütz«, meldete Sergeant Stutzmann.

»Die Schutzschirme auf Maximum schalten«, antwortete der Oberst.

Aus dem Bug-Geschütz der Cuuda 001 löste sich ein massiver Laserstrahl, der knapp an der Vorderseite des Schiffes von Oberst Cameron vorbei zischte.

»Befehl an alle Schiffe, die Geschwindigkeit stoppen und auf Stand-by gehen«, befahl der Oberst. »Öffnen sie den Kanal, Captain Hunter fackelt nicht lange. «

»Die Leitung baut sich auf«, bestätigte der Funk-Offizier. »Sie können sprechen, Oberst. «

»Hier ist Oberst Cameron vom ISD«, sprach er in den Communicator. »Unterlassen sie ihre übereilten Angriffe. Wollen sie ihre eigenen Schiffe vernichten? «

»Hier spricht Captain Hunter, Sonderbeauftragter der EWK«, tönte es humorlos aus den Lautsprechern. »Sie scheinen sich mit den Statuten des Neuen-Imperiums noch nicht auszukennen. Melden sie sich zukünftig sofort nach ihrer Materialisierung an. Was soll der Nonsens. Warum bekommen wir keine IDs von ihren Schiffen? Antworten sie bitte. «

Der Oberst verzog sein Gesicht.
Der Tonfall des Captains schmeckte ihm nicht.

»Wir waren mit Ortungsaufgaben beschäftigt«, antwortete der Oberst. »Ich befehle ihnen, sich zu mäßigen. Wir überbringen den Argonern die zugesagte Schutz-Flotte und bitten um Einflug-Genehmigung. «

»Sie haben mir gar nichts zu befehlen«, antwortete Captain Hunter. »Ihre Einflugs-Genehmigungen werden erst erteilt, wenn wir ihre Schiffs-IDs verarbeitet und diese durch unsere Hypertronic-KI bestätigt worden sind. Ich empfehle ihnen die Position zu halten, ansonsten eröffnen wir das Feuer. Lassen sie den Kanal offen und warten sie unsere weiteren Befehle ab. Ich gebe ihnen, zu ihrem besseren Verständnis, meine persönliche Rangeinstufung. Dieser lautet EWK-ID-JHC001-347xv359001. Ich hoffe sehr, dass sie nicht weiter unnütz mit ihren Befehlen um sich werfen. «

Die Leitung brach ab. «

Oberst Cameron blickte seinen ersten Offizier an.
»Haben sie so etwas schon einmal erlebt? «, fragte er. » Wer ist dieser Captain Hunter? Lassen sie seine ID von unserer Hypertronic-KI überprüfen. «

»Wird sofort erledigt«, antwortete Leutnant Olsen.

Geduldig wartete die Flotte unter der Führung von Oberst Cameron auf neue Anweisungen. Er blickte auf das CIC. Die Flotte der Cuuda-Schiffe hatte sich in breiter Formation von ihnen aufgebaut und verhinderte ein weiteres Vorrücken. Immer mehr Kampf-Jets der Argoner reihten sich in die Blockade-Linie ein.

»Die galaktischen Mediziner hat er bereits auf seine Seite gebracht«, schmunzelte der Oberst. »Respekt, Respekt. Der Captain scheint sein Handwerk zu verstehen. «

Der 1. Offizier kam zurück.
»Seine ID-bestätigt und anerkannt«, teilte er mit. »Er ist ein hohes Tier bei der EWK. Sein Befehls-Code steht weit über ihrem Code. Er ist ein Sonder-Agent der obersten EWK-Führung und nur General Poison direkt unterstellt. Wir werden seinen Befehlen folgen müssen. «

Oberst Cameron fiel der Kiefer herunter.
»Dieser windige General Poison«, flüsterte er. »Über die Rangeinstufung des Captains hat er mich nicht informiert.«

»Mit dem Captain ist auch nicht gut Kirschen essen«, ergänzte der erste Offizier. »Aus seinen Unterlagen geht hervor, dass er, ohne mit den Augen zu zwinkern, vor geraumer Zeit das Schiff von Commodore Von Häussen beschossen und zum Absturz gebracht hat. «

Oberst Cameron pfiff durch seine Zähne.
»Abgesehen davon, dass ich diesen Commodore auch nicht mag, ist das bereits eine starke Leistung«, antwortete er. »Ich weiß jetzt Bescheid, Danke für die Informationen. «

Geduldig wartete der Oberst auf den Funkspruch von Captain Hunter. Nach wenigen Minuten meldete sich der Funk-Offizier des Prinz-Klasse-Schiffes.

»Eingehender Lichtspruch von dem Flack-Schiff des Cuuda-Verbandes. Captain Hunter ist in der Leitung. «

Er griff nach dem Communicator.
»Hier spricht Oberst Cameron", meldete sich der Befehlshaber des ISD.«

»Captain Hunter spricht«, tönte es aus der Leitung. »Ich danke ihnen, dass sie die Antriebe ihrer Schiffchen ausgestellt haben«, teilte Captain Hunter mit. »Wir haben ihre IDs eingescannt und unsere Datenbank updatet. Bitte entschuldigen sie die Verzögerung. Wir haben hier einen Schutz-Auftrag und nehmen diesen ernst. «

»Das verstehe ich, Captain«, antwortete Oberst Cameron. »Ich bin meinerseits jetzt auch über ihren Rang im Bilde. Entschuldigen sie bitte, dass ich keine Informationen von General Poison erhalten habe. «

Captain Hunter lachte laut auf.
»Dem General müssen sie alles aus der Nase ziehen«, erwiderte er. »Das kenne ich. Warum sind sie hier? «

»Ich überbringe die Schutz-Flotte von 250 Schiffen der modifizierten Lord-Klasse«, antwortete der Oberst. »Diese Einheiten werden ab sofort den argonischen Raum sichern. «

»Ich verstehe«, antwortete Captain Hunter. »Dann sind sie meine Ablösung. Ich erteile ihnen Einflug-Genehmigung ins System. Wir treffen uns auf dem dritten Planeten. Die Argoner erwarten sie bereits. Nehmen sie eine Position, vor dem dritten Planeten mit ihrer Flotte ein. Captain Hunter, Ende der Übertragung. «

Die Leitung brach ab.
Der Oberst legte das Kommunikations-Gerät ab und blickte zu seinem Steuermann.

»Sergeant Riggens, gehen sie auf UL1«, befahl er. »Wir steuern den 3. Planeten des Systems an und gehen auf eine Umlaufbahn. Leutnant Olsen, bitte informieren sie unsere Flotte. «

Die Offiziere bestätigten den Befehl. Die große Flotte beschleunigte und flog geordnet an den wartenden Schiffe der Cuuda-Klasse vorbei.

Der Captain Hunter verfolgte das Schauspiel auf dem großen Panorama-Bildschirm der Brücke der Cuuda-001.

»Rufen sie die argonische Raumüberwachung«, befahl Captain Hunter.

»Die Leitung steht«, antwortete Leutnant Tannreich. »Hier spricht Captain Hunter, ich rufe die argonische Raumüberwachung «, sprach er in den Communicator.

»Hier ist Admiral Siro Dakabaan«, meldete sich die argonische Gegenstelle. »Ich höre sie Captain Hunter.

»Das war ein Fehlalarm«, teilte der Captain mit. »Ihre Schutz-Flotte ist eingetroffen. Leider haben sie nicht rechtzeitig den ID-Code gesendet. Ich habe den Flotten-Führer bereits hierfür getadelt. Bitte entschuldigen sie den ganzen Aufwand, für ihre Raumüberwachung und die aktivierten Abfang-Jets. «

»Entschuldigen sie sich nicht«, antwortete Admiral Siro Dakabaan. »Uns ist es sehr wichtig frühzeitig informiert zu werden, als zu spät. «

»Danke für Verständnis«, antwortete Captain Hunter. »Dürfen wir noch einmal um eine Landeerlaubnis auf ihren Planeten bitten. Ich würde ihnen gerne den Ansprechpartner für ihre Schutztruppe vorstellen. «

»Selbstverständlich«, erwiderte der Admiral. »Ich sende ihnen einen Leitstrahl. Sie landen auf dem gleichen Raumflug-Hafen, wie bei ihrem letzten Besuch. «

»Das ist sehr großzügig von ihnen«, antwortete der Captain. »Darf ich sie noch kurz um Hilfe bitten? «

»Jederzeit«, entgegnete der Admiral.

»Informieren sie bitte die Wissenschaftlerin Fest Bakadin", sagte Captain Hunter. Ihr Kanzler, Mitro Ganbaraan hatte zugestimmt, dass sie bei uns im Sol-System eine erweiterte wissenschaftliche Ausbildung absolvieren darf. Sie möchte sich bitte bereitmachen und das Nötigste einpacken. Wir nehmen sie mit, wenn wir abfliegen. «

»Ich werde sie suchen und sie über ihre bevorstehende Abreise informieren «, bestätigte der Admiral.

»Danke«, antwortete Captain Hunter. »Wir sehen uns auf ihrem Regierungs-Planeten. «

Captain Hunter blickte seinen ersten Offizier an.
»Leutnant Graves, lassen sie alle Schiffe informieren, wir ziehen uns zurück. Unsere Ablösung ist eingetroffen. «

»Ich kümmere mich sofort hierum«, antwortete der 1. Offizier.

»Leutnant Tannreich, rufen sie das Schiff von Oberst Cameron«, sagte der Captain. »Ich möchte gerne mit ihm sprechen. «

»Die Leitung verbindet sich, Captain«, antwortete der Funkoffizier. »Das Schiff des Oberst wird gerufen. «

Der Captain griff nach dem Communicator.
»Hier spricht Oberst Cameron«, hallte es an seinem Ohr.
»Was haben sie auf dem Herzen? «

»Meinem Herz geht es gut«, erwiderte der Captain. »Ich wollte sie kurz informieren, dass wir einen Leitstrahl vom Regierungs-Planeten der Argoner erhalten. Landen sie mit ihrem Raumschiff möglichst vorschriftsmäßig. Der ganze Planet der Mediziner wirkt fast wie ein Paradies. Sie werden recht komisch, wenn sie auf ihren künstlich angelegten Pflanzen- und Blumen-Anlagen niedergehen.«

»Das hatte ich nicht vor«, entgegnete der Oberst. » Wir halten uns für gewöhnlich an das korrekte Landemanöver. «

»Rufen sie den Flottenführer der Lord-Schiffe dazu«, ergänzte Captain Hunter. »Die argonische Regierung möchte ihn kennenlernen. Er wird zukünftig ihr Ansprechpartner sein. «

»Ich habe verstanden«, entgegnete Oberst Cameron. »Danke für ihre Information. Wir sehen uns auf dem Planeten. «

»Bis später«, antwortete Captain Hunter und kappte die Verbindung.

***

Das Raumschiff des Ablonders Sil'drock hatte angedockt. Alles lief nach Plan. Ras'ekin war zu zuversichtlich. Die KI seiner Station konnte das Schiff zweifelsfrei, als ein Schiff seiner Rasse identifizieren. Er zog seinen Laser-Strahler und richtete ihn auf den Schott. Ein metallisches Geräusch bestätigte ihm, dass jemand den Eingang von außen öffnete. Sekunden später zog sich das Tor nach beiden Seiten in die Wände der Station zurück. Eine große Gestalt in einem Raumanzug trat ein. Irritiert blickte der Besucher auf die Laser-Pistole und blieb stehen.

»Ich bitte um Entschuldigung«, sagte Ras'ekin. »Wir müssen zuerst eine ID-Prüfung durchführen. Bitte nehmen sie den Helm ab und legen sie ihre Hand in den Tür-Scanner. «

»Ich verstehe«, antwortete Sil'drock. »Mein Name ist Sil'drock, Ablonder der ersten Hierarchie und Stadt-Wächter. «

Ras'ekin nickte.
Gehorsam nahm der Besucher seinen Helm ab, zog seinen Handschuh aus und drückte die Hand mit den vier Fingergliedern, in den passgerechten Hand-Scanner. Das Display fing an zu pulsieren.

»Die ID-Prüfung war erfolgreich«, meldete die Hypertronic-KI der Station. »Sil'drock, Wächter der Außenstadt der 2. Dimension der ersten Hierarchie. Es wurde keine DNA eines Formwandlers nachgewiesen. «

Ras'ekin senkte seinen Laser-Strahler und steckte ihn in seinen Waffengurt.

»Herzlich Willkommen, Sil'drock«, sagte Ras'ekin. »Ich musste so vorgehen, weil ich unangemeldeten Besuch auf meiner Station hatte. Folge mir in die Zentrale, da können wir uns unterhalten. «

»Danke«, antwortete der Außen-Wächter.

Er folgte Ras'ekin durch die Station. Es dauerte eine Weile, bis die Zentrale der Station erreicht war.

Ras'ekin bot Sil'drock einen Platz an.
»Was ist passiert? «, fragte er den Stations-Wächter.

Ras'ekin blickte ihn an.
»Mein Befehl lautete, für 50 Jahre in die Stasis-Kammer zu gehen und nach dieser Zeit den Erfolg unserer Meister zu überprüfen«, erklärte der Ablonder. »Ich programmierte die Stasis-Kammer entsprechend und legte mich hinein. Jetzt nach 250.000 Jahren bin ich durch eine Fehlfunktion der Stasis-Kammer glücklicherweise geweckt worden. Das Sicherheits-Modul funktionierte noch. Hierdurch wurde der Aufweck-Modus aktiviert. Ich habe meiner KI befohlen, eine Analyse möglicher Besucher durchzuführen. Sie konnte eindeutig DNA von einem Formwandler nachweisen. Während meiner Schlafphase hatte die Station Besuch erhalten. Die Legitimierung erfolgte durch einen ausgewiesenen Sonder-Code unserer Flotten-Führung. «

Sil'drock pfiff durch seine Zähne.
»Weißt du, was das bedeutet? «, fragte er. » Die Worgass werden unsere Flottenführung infiltriert haben. Vermutlich wurde unsere ganze Angriffs-Flotte in einen

Hinterhalt geschickt. Deswegen ist sie nicht mehr zurückgekommen. «

»Das ist möglich, aber nicht bewiesen«, antwortete Ras'ekin. »Tatbestand ist, dass dieser ausgewiesene Besucher meine Stasis-Kammer umprogrammiert und die Schlafdauer auf unendlich eingestellt haben muss. Nur durch das funktionierende, überwachende Sicherheits-Modul bin ich geweckt worden. «

»Warum hat der Besucher nicht direkt die Stasis-Kammer zerstört? «, fragte Sil'drock.

»Weil es hier auf der Station ein Sicherheits-Protokoll gibt«, erwiderte Ras'ekin. »Alle Besucher werden während der Schlafphase des Kommandanten, nur in Begleitung einer Einheit Kampf-Roboter, durch die Station geführt. Falls der Formwandler die Stasis-Kammer zerstört hätte, wären die Kampf-Roboter sofort eingeschritten. «

Sil'drock nickte.
»Ich verstehe«, antwortete er. »Gehst du davon aus, dass alle anderen Wächter-Planeten auch manipuliert wurden? «

»Ja«, erwiderte Ras'ekin mit fast tonloser Stimme.

»Meine Station ist an einem Netzwerk angeschlossen. Ich konnte einen Impuls auf einer Energieader aussenden, die den Zustand aller Stasis-Kammer abruft. Der Impuls wurde von allen Wächter-Stationen akzeptiert und beantwortet. «

Ras'ekin stand auf und schaltete das Display ein. Der große Monitor flammte auf und zeigte die Wächter-Stationen an.

»Das sind alles Ablonder-Stützpunkte in unserem Wirkungskreis«, teilte er mit.

Eine unzählige Anzahl roter Lichter wurde in der 2. Dimension angezeigt. Ras'ekin drückte einen zweiten Knopf. Fast dreiviertel der roten Lichtpunkte erloschen.

»Das ist die Anzahl, die von unseren Wächtern-Stationen noch übriggeblieben sind«, ergänzte er.

Zahlreiche Lichter erloschen auf der Anzeige.

Sil'drock schüttelte seinen Kopf.
»Auf fast 75 Prozent unserer Stationen sind die Stasis-Kammern ausgefallen«, bemerkte Sil'drock irritiert.

Ras'ekin nickte traurig.

»Da die Kammern ausgefallen sind, werden unsere Wächter nicht mehr aus ihrem Schlaf erwacht sein«, antwortete er resignierend.

»Unsere Welt ist während unserer Abwesenheit sehr klein geworden«, entgegnete Sil'drock leise. »Scheinbar konnten sich unsere Zuchtwesen, in der langen Zeit unseres Schlafes unvorhersehbar schnell vermehren. Sie konnten in aller Ruhe einen Gegenangriff starten, um uns auszuschalten. Die Hypertronic-KI meiner Stadt ist vermutlich auch manipuliert worden. Sie konnte keine klaren Analysen mehr treffen. Ich wurde von ihr nach 136.000 Jahren erweckt, weil sie einen Angriff von Natradern interpretierte. «

»Von Natradern? «, fragte Ras'ekin erstaunt. » Dieser Rasse wurde doch eine freie Landemöglichkeit, auf allen unseren Planeten, von unserer Flotten-Führung eingeräumt. «

»Ja«, antwortete Sil'drock. »Trotzdem hat die KI meiner Stadt einen massiven Angriff gegen sie befohlen. Die Hypertronic-KI meiner Stadt hat sogar eine unserer Robot-Flotten aus dem Zwischenraum aktiviert. «

»Da hatten die natradischen Schiffe nichts zu lachen«, schmunzelte Ras'ekin.

Sil'drock schaute ihn an.

»Ganz im Gegenteil«, antwortete er. »Die natradischen Schiffe und Kampf-Einheiten konnten unsere ganzen Kampf-Verbände problemlos vernichten. Unsere Schiffe hatten nicht die geringste Chance. Selbst unsere Zerstörer-Schiffe waren ihnen unterlegen. «

Ras'ekin wirkte irritiert.

»Wie ist das möglich? «, fragte und versuchte vergeblich seine Verunsicherung zu überspielen.

»Das ist eine lange Geschichte«, antwortete Sil'drock. » Die Natrader haben sie mir erzählt. Dabei muss ich dir erklären, dass die heutigen Natrader eigentlich Terraner sind. «

»Jetzt komme ich nicht mehr mit«, antwortete Ras'ekin. »Wer sind Terraner? Dieser Name sagt mir nichts. «

Sil'drock schaute ihn lächelnd an.

Das wird durch deine lange Schlafphase erklärt«, antwortete er. » Es ist eine neue humanoide Species. Sie scheinen neugierig und sehr motiviert zu sein. Ihr Ursprung liegt auf Tarid, der dritten Welt des natradischen Heimat-Systems. «

»Dort haben wir doch auch einen Wächter stationiert«, erinnerte sich Ras'ekin.

Er schritt zu der Anzeige und suchte das Sol-System. Endlich hatte er es gefunden.

»Die Stasis-Kammer ist leider auch hier ausgefallen«, bemerkte er. »Der Stations-Kommandant wird ebenfalls tot sein. «

Sil'drock nickte.
»Er ist tot«, ergänzte er seine Ausführungen. »Die Terraner haben unsere Station gefunden und die Stasis-Kammer geöffnet. Sie haben unseren Kollegen beerdigt, wie es bei ihnen üblich ist. «

Sil'drock blickte den Außen-Wächter an.
»Die Besucher erzählten mir ihre Geschichte«, fuhr er fort. »Es sind Humanoiden der besten Sorte. Ich versuche sie dir in Kurzform mitzuteilen. Das uns bekannte natradische Kaiser-Imperium, wurde vor 100.000 Jahren von einer sauroiden Rasse attackiert. Zuerst wusste keiner der Natrader, wer die Angriffe auf die Planeten ihres Imperiums durchführte. Es wurden mehr und mehr Planeten ihres Imperiums angegriffen und verwüstet. Viele gute Zivilisationen wurden vernichtet und gingen verloren. Das kaiserliche Imperium verstärkte ihre Schutz-

Flotten und verdreifachte die Patrouillen. Irgendwann stießen sie dann auf die Angreifer und konnten Flotten-Verbände von ihnen vernichten.

Die geborgenen Leichen dieser Rasse wurden später als Rigo-Sauroiden bezeichnet. Der imperiale Nachrichtendienst fand heraus, dass es sich um eine von den Worgass gezüchtete Rasse handelte, die sämtliches humanoide Leben in der Galaxie ausrotten sollte. Sie waren speziell hierfür gezüchtet und per Reagenzglas ins Leben geboren worden. Sie vernichteten immer mehr Welten des natradischen Kaiserreiches und töteten die Bewohner. Sie kannten kein Erbarmen. Die Natrader fanden kein Gegenmittel gegen die Angreifer. Sie schienen über ein unendliches Potenzial an Nachschub zu verfügen. Irgendwann entschied die natradische Führung einen Gegenangriff zu starten.

Sie zogen fast alle starken Schiffe ihres Imperiums zusammen und flogen zu dem mittlerweile bekannten Heimat-Planeten der Rigo-Sauroiden. Erst durch einen Scan ihrer Heimat-Welten, erfuhren die Natrader von den gewaltigen Duplikations-Anlagen, über welche die Rigo-Sauroiden verfügten. Schnell erkannten sie, dass diese Technik nicht von ihnen entwickelt und produziert sein konnte. Eine noch mächtigere Rasse, die scheinbar im Hintergrund agierte, schien die Rigos mit dieser Technik zu versorgen. Alle technischen Daten dieser Anlagen wurden gescannt und archiviert. Der intensive Kampf der natradischen Flotte vernichtete im Anschluss alle 15 Planeten der Sauroiden, ihre zahlreichen Brutstätten und ihre komplette Heimat-Flotte. Nichts mehr blieb von dem Heimat-System der Sauroiden übrig.«

»Das hatten die Rigo-Sauroiden dann selbst zu verantworten«, bemerkte Ras'ekin.

Sil'drock nickte.
»Leider kam die natradische Flotte zu spät«, antwortete Sil'drock. »Eine Angriffs-Flotte, von über 2 Millionen Schiffe der sauroiden Wesen war bereits zur Milchstraße unterwegs, um weitere humanoide Planeten des natradischen Kaiser-Imperiums anzugreifen. Die zurückgebliebenen imperialen Schutz-Flotten der Natrader vernichteten weitere Flotten-Einheiten der Rigo-Sauroiden, bis sie aufgerieben wurden. Einer großen Armada von ihnen gelang es ins Sol-System vorzustoßen, um das Heimat-System der Natrader überraschend anzugreifen. Die ausgedünnte imperiale Heimat-Flotte war völlig überfordert.

Alle Planeten, Stationen und Basen wurden angegriffen und zurück in die Steinzeit gebombt. Der kaiserliche Planet Natrid musste sich einem schweren

Bombardement stellen. Die immer weiter ausgedünnte natradische Heimat-Verteidigung konnte seinen Schutz nicht mehr sichern. Der Planet wurde verbrannt und verwüstet. Die Vegetation förmlich ausgelöscht und die Erdkruste glutflüssig geschossen. Selbst die Atmosphäre hatte sich verflüchtigt.

Das Herz des kaiserlichen Imperiums war zerstört worden. Der später eintreffenden Angriffs-Flotte des natradischen Imperiums gelang es zwar, unter schweren Verlusten, die Flotte-Verbände der Rigo-Sauroiden gänzlich zu vernichten, doch sie kamen zu spät. Die wenigen Überlebenden des Kaiser-Imperiums wurden von einer Evakuierungs-Flotte aufgesammelt und in Sicherheit gebracht. Sie machte sich auf, um nach einer neuen lebensfähigen Welt zu suchen. Derzeit weiß man nicht, ob es ihnen gelungen ist. «

Ras'ekin hatte gespannt zugehört.
»Die Natrader wurden von uns als eines der wichtigsten humanoiden Völker eingestuft«, bemerkte er. » Wie konnten sie so einen Fehler begehen. «

»Sie waren sich zu sicher, den Rigo-Sauroiden das Handwerk zu legen«, antwortete Sil'drock. » Sie hatten ihre Heimat-Abwehr vernachlässigt. Jedenfalls ist seit kurzer Zeit die große Hypertronic-KI von Natrid wieder erwacht. Sie wurde mit einer Nachfolge-Programmierung, von dem letzten Admiral ihrer Rasse versehen. Sie sollte nach einem Ablauf von 100.000 Jahren alle Nachkommen der natradischen Rasse aufspüren, die noch über das spezielle Natrid-Gen verfügten. Sie konnte diese Nachkommen auf der dritten Welt ihres Heimat-Systems lokalisieren. «

»Die Atlanter haben überlebt? «, fragte Ras'ekin.

Sil'drock schüttelte seinen Kopf.
»Die Atlanter wurden ja bereits von den Natradern als Hilfsvolk eingesetzt«, erklärte er. »Es handelt sich um eine eigenständig entwickelte Rasse, die sich scheinbar mit geflüchteten Natradern vermischt hat. «

»Die Evolution findet einen Weg«, freute sich Ras'ekin. »Das ist das einzige Erfreuliche an dieser Geschichte. «

»Das sehe ich auch so«, antwortete Sil'drock. »Jedenfalls haben wurden diese Terraner als Nachkommen der natradischen Hinterlassenschaften, von der großen Hypertronic-KI von Natrid akzeptiert. Sie verfügen jetzt über die entsprechenden technischen Möglichkeiten und wollen das alte Imperium neu erstehen lassen. Sie entwickeln die natradische Technik weiter und sind bereits auf einem immensen technischen Standard angekommen. Das hat die Vernichtung der Kampf-Truppen meiner Stadt gezeigt. Die Schiffe und die Roboter hatten nicht die geringste Chance. «

»Sie wären natürlich auch ein Partner für uns, um die Pest der Worgass ein für alle Mal auszurotten«, sagte Ras'ekin. »Unsere Flotte ist damals aufgebrochen, um alle Wasser-Planeten der Worgass zu verseuchen. Alle Keimlinge ihrer Brut-Planeten sollten absterben. Unsere Herren, die Aller Ersten, sind nicht mehr zu erreichen. Sie wollten die Bedrohung, hinter der weißen Barriere ausschalten. Von dieser Mission sind sie nicht mehr zurückgekehrt. «

»Das wusste ich bisher nicht«, antwortete Sil'drock. »Mir war zwar mitgeteilt worden, dass eine solche Mission geplant war, doch dass sie tatsächlich durchgeführt wurde, das entzieht sich meiner Kenntnis. Besteht die Möglichkeit, dass sie noch leben könnten? «

»Nach dieser langen Zeit? «, fragte Ras'ekin. » Das bezweifle ich stark. Wo sollten sie sein? «

»Ist bekannt, was sich hinter der weißen Barriere befindet? «, fragte Sil'drock.

»Nicht direkt«, antwortete Ras'ekin. »Ich konnte Meldungen unserer Flotten-Führung dechiffrieren. Diese besagten, dass eine fremde, mächtige Rasse hinter der weißen Barriere existiert. Diese züchtet anscheinend auch eigene Lebensformen, die dann in unsere Galaxie entsandt werden, um sämtliche Lebensformen zu vernichten. Die Namen wurden mit Belfangas, Daraner, Orvid-Insektoiden und Zierrakies angegeben.

Wer die führende Species ist, konnte nicht geklärt werden. Unsere Herren hatten Hinweise gefunden, dass hinter der weißen Barriere auch die Worgass für Forschungen und DNA-Veränderungen herangezogen wurden. Es ist davon auszugehen, dass die von unseren Herren gezüchteten Wasser-Wesen immer mehr zu einem Problem der ganzen Galaxie werden. Ich gehe jetzt fast davon aus, dass sich dieses Problem nicht mehr revidieren lässt. «

»Zumal unsere Herren nicht mehr eingreifen können«, antwortete Sil'drock. »Wir sollten versuchen sie zu finden. Verfügen wir noch über Ressourcen? Leider konnte ich meine KI für entsprechende Abfragen nicht mehr nutzen. «

Ras'ekin nickte.
»Ich habe eine Abfrage gestartet«, erwiderte er. »Es befindet sich ein von Robotern gesteuerter Werft- und Schläfer-Planet in unserer Nähe. Es ist ein geheimer

Versorgungs-Mond unserer Flotten-Führung, der sich in einem acht Sonnen-System befindet. Er ist der zweite Trabant des Planeten Oraval. Er ist nicht in dem offiziellen Archiv unserer Kommandantur verzeichnet. Vermutlich konnte er daher nicht von den Worgass gefunden werden. Ich habe einen Impuls zu ihm gesendet und seine Ressourcen abgefragt. Alle Schläfer-Stationen auf dem Mond des Planeten Oraval sind aktiv und bereit. Sämtliche Anlagen funktionieren einwandfrei und bestätigen meinen Impuls. «

Ras'ekin atmete erregt aus.

» Die Aktivierung des Nachschubs kann jedoch nur manuell vorgenommen werden«, ergänzte er.

»Das ist eine Sicherung der Flotten-Führung«, entgegnete Sil'drock. »Wie lange brauchen wir dorthin? «»Ich denke, wir haben mit einer Flugzeit von 3 Tagen zu rechnen«, erwiderte Ras'ekin. » Es sind über 500.000 Stasis-Türme vorhanden. Ich rechne mit 150.000 Schläfern und die gleiche Anzahl von Schiffen.

»Lässt sich die genaue Anzahl nicht bestimmen? «, fragte Sil'drock.

»Nein«, erwiderte Ras'ekin. »Das ist auch wieder einer Sicherung unserer Flotten-Führung. Wir können die exakten Daten nur vor Ort abfragen. «

»Ist von deiner Hyperkomm-Funkanlage die Flottenführung zu erreichen? «, fragte Sil'drock.

Ras'ekin schüttelte seinen Kopf.
»Ich habe es bereits probiert«, erwiderte er. »Sie meldet sich nicht. Eben einmal hinfliegen, das geht aufgrund der Entfernung nicht. Die Flugdauer würde fast ein Jahr betragen. «

»Stehen dir genügend Energie-Kristalle zur Verfügung«, erkundigte sich Sil'drock. »Wir sollten mein Raumschiff auffüllen, nur für alle Fälle. «

»Energie-Kristalle sollten genügend vorhanden sein«, entgegnete Ras'ekin. »Lediglich mein Raumschiff ist mir abhandengekommen. Vermutlich wurde es von den Worgass entwendet. Ich leite alles in die Wege. Die wichtigen Exponate dieser Station werden in dein Raumschiff verladen. Die Lade-Roboter kümmern sich hierum. «

»Kannst du eine Relais-Station, mit deiner Hyperkomm-Funkanlage erreichen? «, fragte Sil'drock.

Ras'ekin blickte auf die Anzeige.

»Die Hyperfunk-Weiterleitungs-Stationen sind aktiv«, antwortete er. »Das sollte gehen. Was hast du vor? «

»Ich möchte einen Funkspruch an Major Travis senden«, antwortete Sil'drock. »Vielleicht befindet er sich noch in der Nähe. Ich bin mir fast sicher, dass er uns unterstützen wird. «

»Ich habe auch die Möglichkeit, einen Funkspruch über die Energieadern der Galaxis in den Normalraum zu leiten. Wenn der Funkspruch von der Energieader getragen wird, kann er überall im Universum empfangen werden. Es besteht jedoch die Möglichkeit, dass die Worgass ihn abhören können. Sie wissen dann sofort, dass wir noch leben und wieder aktiv geworden sind. «

Sil'drock überlegte kurz.

»Werden wir das langfristig vermeiden können? «, fragte er. » Wir brauchen lediglich genügend Zeit, um unseren Nachschub zu erwecken. Senden wir den Hyperfunkspruch auf der Energieader und möglichst in natradischer Sprache. Sollten die Worgass ihn empfangen, werden sie davon ausgehen, dass es sich bei den Absendern um Nachkommen der natradischen Rasse handelt. Zusätzlich sollten wir bei unserem Abflug deine

Station zerstören. Falls sie Worgass hier auftauchen, werden sie als Ursprung des Hyperkomm-Funkspruches nur noch die zerstörten Reste einer alten Station finden.«

Ras'ekin lächelte Sil'drock an.
»Das könnte funktionieren«, erwiderte er.

Ras'ekin führte Sil'drock zu der Funk-Station seiner Basis. Er nahm kurz einige Schaltungen vor.

»Die Transponder sind aufgeschaltet«, sagte er. »Dein Hyperkomm-Funkspruch kann in der 2. Dimension und im Normal-Raum empfangen werden. Gib ihn jetzt durch. Ich kümmere mich noch um die Sicherung der sensiblen Daten meiner KI. «

Ras'ekin drehte sich um und nahm einige Schaltungen an der Steuer-Konsole der Station vor. Er fragte den Bestand an Energie-Kristallen ab und wies seine Roboter an, diese auf das Schiff von Sil'drock zu bringen.

»Wie ich vermutet habe«, flüsterte Ras'ekin. »Das Lager an Kristallen ist noch reichlich gefüllt. «

Er hörte, wie Sil'drock einen Funkspruch in natradischer Sprache durchgab.

»Ich rufe Major Travis, Oberbefehlshaber der natradischen Streitkräfte«, sprach er in den Kommunikator. »Sil'drock bittet um ihre Unterstützung. Es ist von dringlicher Wichtigkeit. Wir haben wichtige, neue Informationen für sie. Bitte gewähren sie uns die Unterstützung ihrer Flotte. Unsere Koordinaten erhalten sie, wenn sie uns in der 2. Dimension kontaktieren. Wir bitten dringend um ihre Unterstützung. «

Er drückte auf einen Knopf uns sandte den komprimierten Hyperfunk-Spruch ab.

Sil'drock blickte Ras'ekin an.
Dieser überlegte einen Augenblick.

»Haben die Natrader denn kontinuierlich Zugang zu der 2. Dimension? «, fragte er.

»In ihrem Besitz befindet sich ein Dreiecks-Amulett unserer Herren«, antwortete Sil'drock. »Ein Steuergerät für die Aktivierung und den Aufbau eines rahmenlosen Dreieck-Transmitters. Ich habe ihnen die Funktion erklärt. Vermutlich ist es noch eines der ersten Geräte, die unsere Herren überall in der Galaxie versteckt haben, um intelligenten Rassen den Zugang in diese Dimension zu ermöglichen. «

»Wie den Worgass vermutlich auch? «, sagte Ras'ekin. »Wie sollten sie sonst in die 2. Dimension gelangen? «

»Wir können nicht mehr so weitermachen, wie vor 250.000 Jahren«, erwiderte Sil'drock. » Die Macht-Verhältnisse haben sich gewaltig verändert. Es war ein Fehler unserer Herren, diese Rasse überhaupt ins Leben zu rufen. «

»Zwei unterschiedliche Rassen, aus verschiedenen Ebenen des Universums, arbeiten Hand in Hand, um den Frieden aufrechtzuerhalten? «, fragte Ras'ekin. » Ist das deine Vision? «

Sil'drock schmunzelte ihn an.
»So ungefähr«, antwortete er. »Vielleicht können wir ja bei ihnen noch etwas lernen. Ich habe mitbekommen, dass sie bereits einige neue Rassen in ihrem Imperium aufgenommen haben. Das ist etwas, dass wir nie versucht haben. Gemeinsam mit anderen Rassen die Probleme zu lösen. «

»Wie sollten wir es auch«, antwortete Ras'ekin. »Wir waren in erster Linie das wichtigste Hilfsvolk der Aller Ersten. Leider wurde von unserer Flotten-Führung die übertragenen Aufgaben nie hinterfragt. Wir haben alles ausgeführt, worum sie uns gebeten haben. «

»Schlecht sind wir trotzdem hiermit nicht gefahren«, antwortete Sil'drock. »Die Aller Ersten haben uns als Rasse geschätzt und weiterentwickelt. Wer weiß, was wir ohne ihre Unterstützung gemacht hätten. «

»Unsere Entwicklung wäre langsamer vorangeschritten«, entgegnete Ras'ekin. »Doch vielleicht wäre es besser für uns gewesen, nicht überall unsere Nase hineinzustecken.«

»Der Ladevorgang ist abgeschlossen«, meldete die Hypertronic-KI der Station. »Ich deaktiviere die Roboter. Der Speicherkristall der geheimen Daten wurde fertiggestellt. «

»Danke«, antwortete Ras'ekin. »Wenn wir abgereist sind, deaktiviere die Station und verriegele sie. Der Zugang erfolgt nur durch meine Sprach-Identifizierung. Sonder-Code Ras'ekin Code X37850. Bitte bestätige meinen Befehl. «

»Der Befehl wurde verstanden und programmiert«, antwortete die KI. »Sämtliche Zugangsberechtigungen wurden durch diesen Befehl gelöscht. Falls sie nicht mehr zurückkehren, ist diese Station unbrauchbar. «

»Das ist mir bewusst«, antwortete Ras'ekin.
Er entnahm den Speicherkristall und steckte ihn ein.

Er blickte Sil'drock an.
»Wenn es dir recht ist, dann können wir los«, sagte Ras'ekin. »Suchen wir den Versorgungs-Planeten Oraval, in dem geheimen acht Sonnen-System. «

»Ich bin bereit«, erwiderte Sil'drock.

»Gut«, erwiderte Ras'ekin. »Die Selbst-Zerstörung der Station wird in 12 Stunden ausgelöst. «

Ras'ekin nahm die entsprechenden Schaltungen an seiner zentralen Eingabekonsole vor.

»Fertig«, entgegnete er. »Es wird Zeit. «

Beider erhoben sich und schritten aus der Zentrale, der Hangar-Schleuse entgegen.

***

Reco Kuriato war wieder in seiner Piraten Festung eingetroffen. Das Gespräch mit dem hohen Konzil hatte ihm zu denken gegeben.

Der Anführer des größten Piraten-Clans auf Kira, hatte nicht lange gezögert und eine außerordentliche Sitzung einberufen. Es brannte ihm auf der Seele, seine Untergebenen Clan-Führer zu informieren. Der große Hangar war bis den letzten Platz gefüllt. Erwartungsvoll blicken die Unterführer zu ihrem Anführer auf, der mitten in dem Hangar bereits auf einem Podest stand. Zwei Adjutanten unterstützen ihn von seiner rechten und linken Seite. Einer von ihnen justierte das Mikrofon, auf die optimale Empfangshöhe. Reco Kuriato stand bewegungslos und blickte mit starrem Blick auf die Menge der Zuhörer. Der linke Adjutant nickte und reichte ihm einige Unterlagen.

Der Anführer des Piraten-Clans zog ein Gerät aus seiner Jackentasche und hielt es vor das Mikrofon. Er drückte auf einen kleinen Knopf. Ein schriller Ton drang durch die große Halle. Schlagartig verstummten die Einzelgespräche. Reco hob seine Hand und ließ die Menge verstummen.

»Wie ihr wisst, musste ich heute vor das Konzil treten«, begann er seine Rede. »Sie scheinen immer noch nicht zu verstehen, welche Arbeit und welche Mühen wir investieren, um an unser Beutegut zu gelangen. «

Seine Stimme wurde energischer.

»Jetzt aber, ist etwas Unerhörtes geschehen«, fuhr er fort »Das Konzil fordert uns zu einem Umdenken auf. Aufgrund der immer stärker werden Präsenz des Neuen-Imperiums von Tarid & Natrid, empfiehlt das Konzil von den Beutezügen, wie wir sie bisher durchgeführt haben, abzusehen. Sie fordern uns auf, nicht zuletzt aufgrund der technischen Überlegenheit des Neuen-Imperiums, mit ihnen zu kooperieren. «

Lautes Gelächter hallte durch den Saal.
Reco hob beide Arme in die Luft.

»So ist es liebe Freunde«, ergänzte er. »Das Konzil empfiehlt uns Händler zu werden. Wir als größter Clan auf Kira haben eine Vorreiter-Position inne. Sie empfehlen uns, von unseren Raubzügen abzulassen und seriöse Kaufleute zu werden. «

Wieder lachten die ganzen Zuhörer laut auf. Reco Kuriato ließ einen Augenblick vergehen.

»Das große Konzil empfiehlt Rohstoff-Planeten zu annektieren, dessen Rohstoffe und Mineralien von dem Neuen-Imperium dringend benötigt werden«, fuhr er fort. »Diese sollten von uns gefördert und dem Imperium zu überhöhten Preisen angeboten werden. Nach der Aussage des Konzils, hat das neue Imperium scheinbar einen enormen Bedarf an diesen Rohstoffen. Ihr alle wisst alle, was das für uns bedeutet«, sagte er. » Das ist das Ende unseres bekannten Lebens. Das, was unsere Vorfahren und Väter aufgebaut haben, endet hier schlagartig. «

Wieder setzte eine laute Stimmen-Kulisse ein.

Rico Kurator suchte den Blickkontakt zu einem Gefährten, der längst schon zu einem seiner engsten Freunde geworden war. Der nickte ihm aufmunternd zu.

» Das Konzil teilte mir mit, dass alle anderen Clan-Anführer bereits mit der Suche nach geeigneten Planeten begonnen haben«, ergänzte er. » Keiner der anderen Clans hatte den Mut gehabt, uns über ihren Schritt zu informieren. Können wir sie als Verräter bezeichnen, oder wollten sie sich nur einen Vorteil sichern? «

»Liebe Freunde, Kollegen und Mitstreiter, ich weiß nicht mehr, an was und wen ich glauben soll«, ergänzte Reco seine Ausführungen.
»Leider haben wir es selbst erleben müssen. Viele unserer Schiffe, Freunde und Angehörige gingen verloren. Die Flotte des Neuen-Imperiums ist uns weit überlegen. Es darf uns nicht als Schwäche ausgelegt werden, wenn wir uns dem Konzil beugen. Wenn wir dem Wunsch des

Konzils zustimmen, dann passiert es nach meiner Ansicht lediglich zum Schutz unserer Freunde und Angehörige. «

Die Menge schrie auf und bestätigte seine Aussage.
Reco hob wieder seine Hände in die Luft und gebot Ruhe.

» Wir sind stolze Piraten«, sagte Reco Kuriato. » Es wird für uns nicht leicht werden, von dem Weg des Piratendaseins abzuweichen. Es liegt in unserem Blut, nicht aufzuhören und die Ziele unserer Ahnen weiter in die Tat umsetzen. Doch ein Weitermachen bedeutet ständig neue Verluste an Material und Personal. Das sollten wir bedenken. Es wird eine Zeit kommen, dass dieses neue Imperium unsere Hilfe benötigt. Dann werden wir ihnen unsere Rechnung präsentieren. «

Tosender Beifall schallte durch den großen Hangar.

»Weiter so«, dachte der Anführer des Clans.
Er merkte, wie die Zerrissenheit seine Getreuen immer größer wurde.

»Du musst ihre Wut weiter anheizen«, erkannte er.
Er ließ seine Worte wirken.

»Das Neue-Imperium von Tarid & Natrid beeinflusst unseren Lebensraum«, heizte er seinen Zuhörern ein. »

Sie maßen sich an, die Polizeimacht in der Milchstraße zu spielen. Das gleiche Szenarium kennen wir noch von dem kaiserlichen Imperium her. Das werden wir nicht noch einmal über uns ergehen lassen. Unser Stolz verbietet uns die Akzeptanz. Eine Tatsache ist jedoch, dass ihre Schiffs-Verbände, Flotten und Patrouillen immer mehr zunehmen. Der Wunsch, den viele ungeschützte Planeten immer wieder gefordert haben, wird jetzt umgesetzt. Eine immer stärker werdende Präsenz des Neuen-Imperiums steht uns gegenüber. Gehen wir auf den Vorschlag des Konzils ein und arbeiten mit den anderen Clans zusammen. Mein Vorschlag ist es, auf einen günstigsten Moment zu warten. Wenn wir diesen erkannt haben, haben wir die Möglichkeit dem Neuen-Imperium einen schweren Schlag zu versetzen, von dem es sich nicht mehr erholt. «

Die Masse grölte unverhohlen auf.
»Nieder mit dem Imperium«, brüllten einige Piraten lautstark.

»Wir müssen ihre Flotten ausschalten, dann sind sie wehrlos«, schlug eine andere Gruppe vor.

»Das ist alles richtig«, antwortete Reco Kuriato. »Doch dafür brauchen wir schlagfertige Waffen-Systeme. Ohne eine Unterstützung möglicher Feinde des Neuen-

Imperiums, gelingt uns das nicht. Derzeit sind wir mit unseren Schiffen unterlegen. Der richtige Moment wird kommen. Wir brauchen nur abzuwarten. «

Wieder unterbrach lauter Beifall die Rede des Anführers des größten Clans des Planeten.

Reco lächelte seinen Zuhörern zu.
»Danke, Danke, liebe Freunde«, sagte er. »Lasst mich bitte zu Ende reden. «

Die Menge beruhigte sich wieder.

»Das gewählte Konzil unseres Planeten hat mir seine Ablehnung und Verachtung mitgeteilt«, erklärte er »Die Regierungs-Mitglieder scheinen uns den Erfolg zu missgönnen. Vielleicht wurden sie auch von den anderen Clans unseres Planeten beeinflusst. Das Konzil teilte mir mit, dass alle anderen Clans auf der Seite des Konzils stehen und sich im Vorteil sehen. Sie haben bereits heimlich mit der Annektierung neuer Planeten begonnen. Vermutlich versuchen sie sich so einen Vorteil zu verschaffen. Es ist uns seit langem bekannt, dass die Clans uns den Erfolg neiden, den wir bislang gehabt haben. Für mich war es sichtbar, wie der große Neid sie langsam zerfrisst.

Das Konzil und die Clans wollen uns am Boden liegen sehen und dann auf uns herum trampeln. Diese Schmach werden wir ihnen jedoch nicht geben. Unser Clan ist der stolzeste, aller Clans auf Kira. Wir haben die Ressourcen und die Möglichkeiten, auch bei dieser neuen Aufgabe, die Besten zu sein. Sichern wir uns die wichtigen Rohstoff-Planeten, die von unseren Vorfahren bereits in unseren Navigations-Computern markiert wurden. Machen wir unseren Anspruch hierauf geltend. «

Wieder schlug dem Anführer tosender Beifall entgegen. Er schien die gleiche Sprache, wie die Mitglieder seines Clans, zu sprechen.

Reco wartete ab, bis sich die Masse wieder beruhigt hatte.

» Zeigen wir dem Konzil, wer von allen Clans die beste Arbeit abliefert«, brüllte er hinaus. » Wir alle zusammen werden einen Plan ausarbeiten, wie wir schnell und effizient viele Rohstoff-Planeten für uns sichern können. Lasst uns Geschwader von Spür-Schiffen zusammenstellen, die alle Koordinaten unserer Vorfahren prüfen und die Planeten auf geeignete Rohstoffe hin überprüfen. Der Wettlauf hat begonnen. «

Reco Kuriato riss seine Arme in die Luft.

»Seid ihr hiermit einverstanden? «, heizte er die Menge an.

Laut antworteten die Zuhörer.
»Ja, Ja, Ja«, tönte es aus dem Saal. »Zeigen wir es ihnen.«

* * *

Captain Hunter, Oberst Cameron und Commander Genero Satterlee, standen in dem Konferenzsaal des Regierungs-Gebäudes auf Argon. Der Kanzler des argonischen Systems hatte es sich nicht nehmen lassen, die Gäste persönlich zu begrüßen.

Er gab Commander Satterlee die Hand.
»Sie sind ab jetzt für unseren Schutz zuständig? «, fragte er.

Der Commander lächelte verlegen.
»So ist es Herr Kanzler«, erwiderte er. »Das Imperium hat erst einmal eine Flotte von 250 Schiffen zu ihrem Schutz abgestellt. Das heißt aber nicht, dass in einem möglichen Krisenfall keine weiteren Verbände kurzfristig hier eintreffen können. Machen sie sich keine Sorgen, wir werden das argonische System, oder auch andere Mitglieder des Neuen-Imperiums, nicht sich selbst überlassen. «

»Das hören wir gerne«, antwortete der Kanzler. »Unsere Raum-Aufklärung hat mich informiert, dass es Schiffe einer 1.000 Meter-Klasse sind. Diese Schiffe sind um ein wesentliches größer als unsere Kampf-Jets. Sie wirken auf uns jetzt bereits sehr beruhigend. «

Captain Hunter lächelte ihn an.
»Das ist nur ein Vorteil dieser Schiffe«, antwortete er. »Diese kleinen Kampf-Stationen erfüllen ihren Zweck. Sie sind mit der neusten Technik ausgestattet, schnell und wendig. Falls es notwendig werden sollte, nehmen sie es mit einer ganzen Angreifer-Armada auf. Sie sind jetzt in den hoffentlich sicheren Händen unseres Neuen-Imperiums. «

»Dafür danken wir ihnen«, erwiderte der Kanzler.

Er wandte sich Commander Satterlee zu.
»Da sie jetzt vermutlich eine längere Zeit bei uns stationiert sind, stellen wir ihnen direkt am Raumflug-Hafen einen Gebäudetrakt zu Verfügung «, erklärte er. »Hier können sie ihre Boden-Station beziehen. Es stehen genügend Schlafplätze für ihr Personal zu Verfügung. So besteht die Möglichkeit für ihr Personal, auch einmal aus ihrem Raumschiff herauszukommen und die Besonderheiten unseres Planeten kennenzulernen. «

»Das ist mehr als wir erwarten konnten«, antwortete der Commander. »Unsere Flotten-Führung teilte uns bereits mit, dass sie eine sehr umgängliche Rasse sind. Danke für ihre Mühe. «

»Nicht dafür«, antwortete der Kanzler. »Wir haben nur gute Erinnerungen an das alte natradische Kaiserreich. Hieran hoffen wir anzuknüpfen. Unsere Hoffnungen liegen auf der Zukunft, dass wir auch mit ihrem neuen Imperium wieder die gleichen guten Märkte für unsere Produkte finden werden, wie es früher einmal war. «

Die Türe des Konferenzsaals klappte auf und Fest Bakadin trat herein. Sie lächelte, als sie die Anwesenden sah.

»Sie wollen abreisen? «, fragte der Kanzler. » Nur schweren Herzens können wir auf so eine gute Wissenschaftlerin verzichten. Wir hoffen sehr, dass sie auf Wissenschafts-Akademie des Imperiums noch einiges Nützliches lernen kann. «
»Das wird sie garantiert«, antwortete Captain Hunter. Er begrüßte Fest und gab ihr die Hand.

»Sie sie schon etwas aufgeregt? «, fragte er.
Sie blickte ihn verlegen an.

»Das ist das erste Mal, dass ich unseren Planeten verlasse«, erwiderte sie. »Ich kann mir nicht vorstellen, wie es im All und auf anderen Welten aussieht. Dieses Privileg war bisher nur unseren medizinischen Forschungs-Abteilungen vorbehalten. Ich bin erstaunt, dass ich die Genehmigung vom Kanzler erhalten habe. «

Kanzler Ganbaraan lachte.
»Einer so fähigen Wissenschaftlerin konnte ich den Wunsch nicht ablehnen«, antwortete er. »Ihre Weiterbildung dient uns allen. Unabhängig hiervon wurde aber nie ein Antrag für eine Ausreise gestellt. Wir von der Regierung lehnen nicht grundlos Wünsche ab. Nach dem Niedergang, des natradischen Kaiserreiches, bestand auch keine Möglichkeit mehr, große Entfernungen zu überbrücken. Dies sollten sie bei ihren Überlegungen berücksichtigen. «

»Das weiß ich alles«, antwortete Fest. »Sehen sie meine Aussage nicht als Kritik an, lediglich als irritierte Frage. «

»Eine neue Umgebung, oder eine andere Tätigkeit kann eine Öffnung des Geistes bewirken«, antwortete Captain Hunter. »Ich sehe das positiv. Sie werden etwas Neues kennenlernen, das nicht vergleichbar ist mit ihrer bisherigen Lebenssphäre. Ihr Planet ist auf Agra-Bewirtschaftung ausgelegt. Die Planeten, die sie jetzt kennenlernen sind Mischplaneten. Sie werden Bereiche hochmoderne Industrie kennenlernen, aber auch Bezirke, in denen noch die ursprüngliche Agra-Wirtschaft gepflegt wird. Ich denke, das wird sehr interessant für sie werden. «

»Ich freue mich hierauf«, antwortete Fest.

»Ich werde mich auf die Spuren von den Piraten begeben«, bemerkte Oberst Cameron. »Wir haben einen Kontakt gehabt, vermutlich waren es Spür-Schiffe dieser Gruppe. Sie sind nach der Ortung direkt wieder in den Hyperraum gesprungen. Wir haben ihnen Such- und Spürdrohnen hinterhergeschickt. Derzeit warten wir auf ihre Rückkehr. «

»Wollen sie die Piraten bestrafen? «, fragte der Kanzler.

»Nein«, antwortete der Oberst. »Das liegt nicht in unserer Absicht. Trotzdem möchten wir mit den Piraten sprechen. Ihre Zeit ist abgelaufen. Das neue Imperium wird es nicht zulassen, dass Planeten ihres beanspruchten Imperiums von Piraten angegriffen, oder bedroht werden. Es ist Zeit, dass den Piraten eine neue Aufgabe zu Teil wird. «

»Das haben sie sich aber etwas vorgenommen«, sagte Captain Hunter. »Wir haben schon öfter einmal Kontakt zu dem Anführer Reco Kuriato gehabt. Aus den Archiven ist ersichtlich, dass er sehr uneinsichtig ist. Seien sie auf der Hut. Ich vermute, die Piraten verfügen über ganze Flotten von kleineren Kampf-Schiffen. Es wird keine leichte Aufgabe für sie werden. «

»Das ist mir durchaus bewusst«, erwiderte Oberst Cameron. » Aber der ISD hat die Aufgabe übertragen bekommen, sich um solche Problemfälle zu kümmern. «

»Was bedeutet ISD? «, fragte der Kanzler.

Oberst Cameron schaute ihn an.
»Es ist die Abkürzung für meine Behörde«, antwortete er. Sie steht für die Bezeichnung "Imperialer Sicherheits-Dienst". Uns werden in der Zukunft immer mehr Schiffe zugeteilt, die für Ordnung und Sicherheit in unserem neuen Imperium sorgen sollen. «

»Das ist beruhigend zu hören«, erwiderte der Kanzler. »Dann kann Commander Satterlee im Bedarfsfall auch bei ihnen Unterstützung anfordern? «
»So ist es geplant, falls es sich um innere Angelegenheiten handelt«, antwortete Oberst Cameron. »Eine Bedrohung von außen, wird jedoch von der imperialen Raumflotte beantwortet. «

»Ich sehe, wir werden uns mit der Struktur des Neuen-Imperiums noch beschäftigen müssen«, lächelte Kanzler Ganbaraan.

»Wir ziehen uns zurück«, entgegnete Captain Hunter. »Ich danken ihnen im Namen unseres Imperiums für die Gastfreundschaft, die sie uns gewährt haben. Es war eine wirkliche Bereicherung für uns, ihren Planeten kennenzulernen und erste Kontakte zu ihrer Rassen aufzunehmen. Passen sie auf sich auf und melden sie sich, wenn sie Fragen haben sollten. «

»Das machen wir«, antwortete der Kanzler.
Die Teams des Neuen-Imperiums verabschiedeten sich und wandten sich dem Ausgang entgegen. Fest Bakadin schritt schweren Herzens hinter Captain Hunter her. Sie verließ für längere Zeit ihre geliebte Heimat. Doch sie freute sich auf neue Eindrücke und ihre wissenschaftliche Weiterbildung.

Oberst Cameron beobachte den Abflug der Cuuda-Flotte unter Captain Hunter. Er wusste, dass der Sonderbevollmächtigte von General Poison wieder froh war, ins heimische System fliegen zu können. Er beneidete ihn nicht. Der Oberst selbst war wissbegierig neue Welten und Rassen kennenzulernen. Er dachte an seine Zeit zurück, als er bei den amerikanischen Streitkräften diente.

»Auch das war eine gute Zeit gewesen«, erinnerte er sich. »Doch die Möglichkeiten der EWK, kann mir die amerikanische Luftwaffe nicht bieten. Es ist gut, dass ich den Wechsel vollzogen habe. «

Er lehnte sich in seinem Kommando-Sessel zurück und blickte auf den großen Panorama-Schirm des Schiffes. Commander Satterlee hatte die 250 Schiffe seiner Lord-Klasse aufgeteilt und einen Teil um die Planeten des argonischen Systems stationiert. Kleinere Verbände seiner Flotte patrouillierten zwischen den Planeten und waren in ständiger Bewegung.

Eine Meldung seines Ortungs-Offiziers riss ihn aus seinen Gedanken.

»Unsere zwei Drohnen sind zurück haben im argonischen Raum materialisiert«, meldete Sergeant Mitchell.

Oberst Cameron blickte ihn an.
»Sind es unsere Drohnen? «, fragte er.

»Die Erkennungs-ID's bestätigen es«, antwortete der Ortungs-Offizier.

Sergeant Niemann blickte den Oberst bereits fragend an.

»Erteilen sie Einflugerlaubnis und steuern sie die Drohnen in unseren Hangar«, befahl der Oberst. »Schauen wir uns einmal an, was sie für uns mitgebracht haben.

»Ich gehe in den Hangar und hole den Datenspeicher der Drohnen«, sagte First Leutnant Olsen.

Oberst Cameron nickte ihm zu.

Geduldig wartete der Oberst, bis der Hangar die sichere Landung der Drohnen meldete. Es dauerte nur noch wenige Minuten, bis der 1. Offizier mit den Datenspeichern zurückkehrte.

»Ich werte die Daten noch kurz aus«, teilte er dem Oberst mit. »Das dauert eine Weile. «

Oberst Cameron kannte die Vorgehensweise.
»Sergeant Niemann«, sagte er. »Teilen sie bitte unserer Flotte mit, dass wir in Kürze abfliegen. Sie möchten sich vorbereiten. Die Koordinaten folgen«.

»Befehl erhalten«, antwortete der Funk-Offizier. »Ich informiere die Flotte. «

»Danke«, antwortete der Oberst.

Geduldig wartete er auf die Analyse seines ersten Offiziers, der in Zusammenarbeit mit der Hypertronic-KI seines Schiffes die Auswertung der Datenspeicher vornahm.

»Wir haben verwertbare Daten«, meldete Leutnant Olsen. »Die Spuren führen tatsächlich in ein noch nicht registriertes System. «

»Wo befindet es sich? «, fragte der Oberst.

»Raten sie einmal«, antwortete der Leutnant.

»Machen sie es nicht so spannend«, erwiderte der Oberst. »Ist es weit entfernt? «

Der 1. Offizier schüttelte seinen Kopf.
»Es liegt ganz in unserer Nähe«, erwiderte er. »Von daher musste in diesem Sektor mit einer starken Präsenz der Piraten gerechnet werden. Es liegt in einem Asteroidenfeld im Gebiet Wolf 359. Es ist eine unscheinbare Asteroiden-Staubwolke, von außen betrachtet. Wenn man jedoch hindurch fliegt, findet man in seinem Inneren ein großes staubfreies Auge. Die Daten

besagen, dass sich dort eine Sonne und 1 Planet befindet. Eine Laune des Universums. Die Staubwolke wird vermutlich von den Gravitations-Kräften der Sonne stabil gehalten. «

»Haben wir Bilder vorliegen? «, fragte Oberst Cameron. »Ja«, antwortete der erste Offizier. »Sie werden gleich auf den Panorama-Schirm gespielt. Sie werden von unserer Hypertronic-KI noch aufbereitet. «

»Es waren eindeutig Spuren von den Piraten-Schiffen? «, fragte der Oberst nach.

»Hiervon gehe ich aus«, erwiderte der erste Offizier.

»Die Bilder liegen vor«, teilte die Hypertronic-KI des Schiffes monoton mit.

»Die Daten abspielen «, befahl der Oberst.

»Die Daten werden auf dem Panorama-Schirm gesendet«, bestätigte die KI.

Gespannt schaute die Crew auf den Bildschirm. Eine voraus fliegende Drohne wurde sichtbar, sie immer wieder ihren Kurs änderte und durch ein dichtes Asteroidenfeld manövrierte. Ein großer Felsbrocken kam in Sichtweite. Die Drohne dreht ab und änderte ihren Kurs. In ausreichendem Abstand passierte sie den Asteroiden. Weite kleine Felsbrocken versperrten die Sicht. Wieder zog die Drohne auf einen anderen Kurs. Die Sicht wurde erheblich durch die neblige Staubansammlung behindert.

Die nachfolgende Drohne nahm alle Bilder auf. Geduldig verfolgte die Crew den Flug der Drohne. Dann endlich löste sich der Staub auf, keine Asteroiden standen mehr im Weg. Die Sicht auf das kleine Sonnen-System wurde freigegeben. Die Drohnen bremsten ab und verschwanden von dem Bild.

»Sie haben wieder ihre Tarnung eingeschaltet«, erkannte Leutnant Olsen.

Oben am Bildschirmrand wies ein kleiner Text auf den aktivierten Tarnmodus hin.
Rechts am Bildrand stand die Sonne und bestrahlte einen Planeten, der in einer habitablen Umlaufbahn um sie kreiste. Unzählige Flotten-Verbände lagen in der Umlaufbahn des Planeten. Weitere Schiffe befanden sich im Landeanflug. Andere Geschwader stiegen vom Planeten auf.

»Heran zoomen«, befahl Oberst Cameron.

Das Bild vergrößerte sich. Jetzt konnten die Schiffe identifiziert werden.

»Es handelt sich überwiegend um Schiffe der 250-Meter-Klasse«, teilte Sergeant Mitchell mit. »Das ist die bevorzugte Schiffs-Klasse der Piraten. «

Oberst Cameron nickte.
»Wir haben ihren Standort gefunden«, erwiderte er. »Leider wird es nicht einfach werden, durch das Asteroiden- und Staubfeld zu kommen. Wir werden uns den Weg erst säubern müssen. «

»Die weitere Frage ist, ob die Piraten erfreut sind, wenn sie Besuch bekommen«, bemerkte Sergeant Stutzmann. »Sie werden sich nicht ohne Grund dieses Versteck gesucht haben. «
»Jedes Versteck wird einmal gefunden«, antwortete Oberst Cameron. » Jetzt ist die Zeit des Versteckspielens für die Piraten vorbei. «

»Unsere KI hat eine Zählung, der sich in der Umlaufbahn befindlichen Schiffe, durchgeführt«, meldete der Ortungs-Offizier.

Fragend blickte Oberst Cameron seinen Sergeant an.

»Es sind exakt 50.169 Schiffe«, entgegnete Sergeant Mitchell.

»Eine ganz nette Flotte«, lächelte der Oberst. »Die Piraten werden vermutlich über unsere 100 Schiffe lachen. Aber wir werden dafür sorgen, dass ihnen das Lachen vergehen wird. «

Er drehte seinen Kopf und blickte Funk-Offizier Niemann an.

»Hyperkomm-Funkspruch an unsere Zentrale«, befahl der Oberst. » Alpha-Order, Alarmstart für weitere 900 Schiffe unserer ISD-Flotte. Die Schiffe unserer Raumhäfen auf Natrid, auf Tarel 7 und auf der Konstalarosa, sollen sofort die Koordinaten der Staubwolke ansteuern. Weisen sie die Schiffe an, getarnt vor der Wolke auf uns zu warten. Captain Tory Cantu soll sie leiten. Unterzeichnen sie mit dem Hinweis, dringende Ausführung, gez. Oberst Cameron. «

»Befehl verstanden«, antwortete Sergeant Niemann. »Ich programmiere den Befehl und sende ihn. «

»Wir werden unsere Flotte auf 1.000 Schiffs-Einheiten erhöhen«, bemerkte der Oberst. »Das sollte ihnen etwas mehr Respekt abverlangen. So wie ich die Piraten einschätze, sind es alte Haudegen, sich nicht so schnell einschüchtern lassen. «

Der Oberst blickte auf seinen Steuermann.
»Sergeant Riggens, setzen sie einen Kurs zu der Staubwolke der Piraten. Synchronisieren sie diese Flugroute mit unseren Begleitschiffen. Wir warten an der Staubwolke auf unsere Verstärkung. «

»Die Schiffe haben den Impuls erhalten«, antwortete Sergeant Riggens. »Ich starte die Antriebe. «

Oberst Cameron war zufrieden. Die Abstimmung in seiner Flotte funktionierte bestens. Er beobachtete das Manöver der Flotte und sah, wie die Schiffe geordnet in den Hyperraum sprangen.

***

Der Tag war schnell in gemütlicher Runde vergangen. Admiral Cartero und die Abordnung des Neuen-Imperiums hatten sich schätzen gelernt. Man war sich nähergekommen. Einiges an Informationen wurde ausgetauscht und über die unterschiedlichen Kulturen mitgeteilt. Selbst die Lantraner beteiligten sich redselig an dem Gespräch. Auch sie fühlten sich wohl. Sie hatten an dem santaranischen Büfett einige interessante Getränke entdeckt, die auf alkoholischer Basis hergestellt wurden.

»Es war sehr interessant von ihnen die Geschichte von Tarid zu hören«, sagte Admiral Cartero. »Ich freue mich bereits auf einen Besuch bei ihnen. Wann kann das Wurmloch entstehen? «

Major Travis dachte nach.
»Wenn wir unsere lantranischen Freunde nicht immer bemühen wollen, geben sie uns sechs Monate Zeit «, antwortete er. »Unsere Techniker arbeiten an dieser Technik. Ich bin mir sicher, dass es nicht lange dauern wird, bis sie alles verstanden haben. «

Heran und Giratron schauten sich skeptisch an.
»Ich habe mich nie besonders für Politik interessiert«, bemerkte Admiral Cartero. »Bisher konnte ich immer auf die Weisheit unseres Hohen-Auditoriums hoffen. Aber es zeigt sich, dass ein gutes Maß an Skepsis bei jeder Entscheidung vorhanden sein sollte. Wir werden das alles in der Zukunft, bei der Neuordnung unserer Gesetzgebung, beachten. «

»Die Größe eines Imperiums hat nichts mit der Anzahl seiner Kolonien zu tun«, antwortete der Major. »Wer großes vollbringen möchte, der muss sein Volk mit einbeziehen. Man sollte nach Respekt und Zufriedenheit in der Bevölkerung streben. Nur hierdurch ist ein Rückhalt in dem eigenen Volk zu finden. «

»In ihren ist ja ein Philosoph verloren gegangen«, sagte Admiral Cartero. »Ich stelle immer wieder neue Eigenschaften an ihnen fest. «

Major Travis lachte ihn an.
»Der terranische Name stand immer schon für Stolz und Selbstbewusstsein«, antwortete er. » Hieran hat sich auch heute nicht geändert. Die Stärke eines Volkes sind seine Tugenden und sein Wille gegen jeder Art der Unterdrückung zu kämpfen. «

»Das ist wahr«, antwortete Admiral Cartero. »Auch wir werden unsere alten Tugenden wiederfinden. Es ist nicht in unserem Interesse, wieder dem alten Expansionsdrang nachzugeben. Wir werden aber trotzdem versuchen, die verlorengegangene technische Entwicklung so schnell wie möglich wieder aufzuholen. Es zeigt sich an ihrem Beispiel, dass nur eine kontinuierliche Weiterentwicklung den Fortbestand einer Rasse sichern kann. «

»Wir helfen ihnen gerne hierbei«, bemerkte Sirin. »Die Menschen von Tarid sind anders, als wir es einmal waren. Wenn man ihnen freundlich begegnet, kann man alles von ihnen bekommen. Ihnen ist die Freundschaft zwischen den unterschiedlichen Rassen im Universum sehr wichtig. «

Admiral Cartero blickte sie.
»Sie, als ein tatsächlicher Nachkomme unseres untergegangenen Kaiserreiches, irritieren mich«, sagte er. »Sie müssten doch auch noch die Erziehung der Kaiser-Kaste genossen haben. Wir wissen beide, dass die kaiserliche Schule keine anderen intelligenten Species im All akzeptierte? «

Sirin lachte ihn an.
»Ich war immer das schwarze Schaf im Hofstaat des Kaisers«, antwortete sie. »Alle Anordnungen habe ich hinterfragt und bei Missfallen meine eigenen Entscheidungen getroffen. Das war nicht immer einfach. Deshalb hat der Kaiser mich auch von seiner Residenz entfernt und mir eine Flotte zugeteilt. Mit dieser hatte er mich sprichwörtlich vom Hals. «

»Das kann ich mir gut vorstellen«, antwortete Admiral Cartero. »Er hielt sie für das unmittelbare Machtzentrum für ungeeignet. Sie sollten nicht in seinem Umfeld die natradische Elite mit ihren Gedanken vergiften. Also hat er sie vermutlich am Ende des kaiserlichen Imperiums auf Patrouille geschickt. «

»So kann man es nennen«, erwiderte Sirin. »Später war er dann froh, dass ich entsprechende Erfolge mit meiner Flotte erzielen konnte. «

Der Flottenfunk von Major Travis summte.
»Entschuldigen sie«, sagte der Major.

Er stand auf und zog sich eine ruhige Ecke des Saales zurück. Er aktivierte seinen Communicator.

»Hier ist Major Travis«, sprach er hinein.
»Sergeant Farmer spricht«, tönte es aus dem Gerät. »Wir haben einen Hilferuf erhalten«, teilte er mit. »Der Ablonder Sil'drock bittet uns um Hilfe und um eine Unterstützung-Flotte. Der Funkspruch kommt aus der zweiten Dimension. «
Major Travis überlegt kurz. Er kannte Sil'drock als Wächter der alten Ablonder Stadt, in der zweiten Dimension.

»Hat er Koordinaten mitgeteilt? «, fragte Major Travis.
»Sind eingegangen«, bestätigte Sergeant Farmer.

»Wir kommen in Kürze auf das Schiff zurück«, erwiderte der Major. »Dort besprechen wir das weitere Vorgehen. Danke für die Info. «

Major Travis schaltete den Communicator aus. Er drehte sich um und schritt an den großen Tisch zurück, an dem die Lantraner laut lachten.

Commander Brenzby sah direkt das ernste Gesicht seines Vorgesetzten.

»Gibt es Probleme? «, fragte er.
»Das weiß ich noch nicht«, antwortete der Major. »Der Ablonder Sil'drock hat uns einen Funkspruch übermittelt. Er bittet um unsere Hilfe und eine Unterstützungs-Flotte.«

Admiral Cartero blickte ihn fragend an.
»Sie müssen weiter? «, entgegnete er enttäuscht.

»Es sieht fast so aus«, antwortete der Major.

»Die Ablonder sind doch ein Hilfsvolk der „Aller Ersten"«, bemerkte Heran. » Warum bitten sie nicht ihre Herren um Hilfe? Diese Rasse ist fast noch älter als wir Lantraner. «

Major Travis blickte Heran und Giratron an.

»Was wisst ihr über die Ablonder? «, fragte er.

Heran und Giratron lachten auf.

»Was gibt es schon Wichtiges über die Ablonder zu berichten«, antworteten sie. »Die Ablonder waren ein protegiertes Volk der „Aller Ersten". Sie haben sie aufgebaut, geschult und als ihre wichtigstes Hilfsvolk erzogen. Die Ablonder waren ihren Herren hörig. Im Gegenzug wurden sie von den „Aller Ersten" mit neuster Technik, Schiffen und Nachschub ausgerüstet. Wir vermuten sehr stark, dass die „Aller Ersten" für die Seuche Worgass verantwortlich sind. Uns vorliegende Informationen besagen, dass sie dieser Rasse Intelligenz eingehaucht haben. Dann plötzlich waren die „Aller Ersten" verschwunden und nicht mehr auffindbar. Auch die Ablonder wurden seit dieser Zeit kaum noch gesehen. Wir haben dann ihre Aktivitäten nicht weiterverfolgt. «

»Der Name Worgass ist bereits öfter aufgetaucht«, sagte Admiral Cartero. »Kann die Species auch eine Bedrohung für uns werden? «

»Die Worgass sind die Ratten des Universums«, antwortete Heran. » Vermutlich haben sie bereits einmal mit ihnen Kontakt gehabt. Diese Rasse wurde künstlich erschaffen. Wir vermuten durch die „Aller Ersten". Sie haben sie so schnell vermehrt, dass man ihnen nicht mehr habhaft werden kann. Sie haben sich über das komplette Universum ausgedehnt. Alle Versuche der Aller Ersten scheiterten, ihre erschaffene Hilfsrasse wieder auszurotten. Selbst die Daraner manipulieren die Worgass und setzen sie für ihre eigenen Zwecke ein. Wir konnten ihren Einfluss in der kleinen Magellanschen Wolke zerschlagen und haben vor kurzem ihre Werft- und mehrere ihrer Garnison-Planeten vernichtet. Rassen in der Kleinen Magellanschen Wolke jagend seitdem die restlichen Angehörigen der Species.«

»Respekt«, sagte Admiral Cartero. »Wir haben bisher nur wenig von dieser Rasse bemerkt. «

»Lachen sie nicht zu früh«, erwiderte Giratron. »Es sind Formwandler. Vielleicht sind bereits einige von ihnen unter ihrer Bevölkerung. «

Das Gesicht von Admiral Cartero wurde weiß.
»Kann man das irgendwie überprüfen? «, fragte er.

»Wir haben einige Worgass-Scanner dabei«, sagte Major Travis. » Vor unserem Abflug übergebe ich ihnen 10 Geräte. Fangen sie mit ihrem großen Auditorium an. Überprüfen sie alle hochrangigen Personen ihres Kunst-Systems. Der Scanner zeigt ihnen die Formwandler DNA eindeutig an. Isolieren sie diese Personen. Bei unserer Rückkehr haben wir die Möglichkeit mehr Informationen aus ihnen herauszubekommen. «

Major Travis blickte Heran an.

»Fliegst du mit deiner Flotte zurück, oder begleitest du uns? «, fragte er.

Heran überlegte kurz.

»Es ist auch für uns interessant zu wissen, was die Ablonder für Probleme haben«, antwortete er. »Vielleicht entwickelt sich hieraus wieder ein Krisenfall für die ganze Milchstraße. Ich fliege mit euch. «

Heran blickte Giratron an.

»Bringst du unsere Flotte nach Hause? «, fragte er seinen Kollegen. » Teile Aritron mit, dass ich Spuren der Ablonder nachgehen möchte, die vermutlich in Schwierigkeiten stecken. «

»Das mache ich«, antwortete der Lantraner.

Die Gäste standen auf.

»Wir wollen nicht länger ihre Gastfreundschaft in Anspruch nehmen«, lächelte Major Travis. »Sie haben selbst genug zu tun. Ein neuer Auftrag wartet bereits auf uns. Sie haben es ja mitbekommen. «

Admiral Cartero verabschiedete die Gäste.

»Nochmals vielen Dank, dass sie den Weg zu uns gefunden haben und uns rechtzeitig vor dem Angriff der Daraner bewahrt haben Wir werden ewig in ihrer Schuld stehen. Ich bringe sie noch zu ihrem Schiff. «

Die Gruppe machte sich auf, den Palast der Admiralität zu verlassen. Sergeant Hardin und seine Marines sicherten die Nachhut. Als sie die Stufen des Palastes hinunter schritten, waren die Aufräumarbeiten bereits im vollen Gange. Schweres Gerät und etliche Arbeits-Roboter sammelten die zahlreichen Metall-Reste der santaranischen Roboter ein und säuberten den großen Platz. Die Laser-Panzer der Elite-Soldaten waren bereits entfernt worden.

Die Termar 1 stand majestätisch auf dem Platz vor der Admiralität.
»Dein Schiff ist bereits da? «, sagte Heran. » Meines steht noch auf dem externen Raumhafen. «

Heran griff nach seinem Kommunikator und gab seiner KI den Befehl das Schiff zu starten und seine Position anzusteuern. Er wollte abgeholt werden.

Leutnant Bender stand am Fuße des Naada-Kreuzers. Vor ihm stand eine Transport-Kiste.

»Sind das die Worgass-DNA-Scanner?«, erkundigte sich der Major

.

»Ja«, antwortete Leutnant Bender. »Die wollten sie ja den Santaranern übergeben. «

Major Travis entnahm ein Gerät aus der Kiste und erklärte es Admiral Cartero. Es war einfach zu bedienen. Der Admiral nickte erleichtert.

»Ich möchte hoffen, dass ihre Vermutung nicht bestätigt wird«, sagte er. » Trotzdem werden wir sofort eine Prüfung unserer Regierung vornehmen. Danach werden alle Angehörige unseres Volkes folgen. «

Landegeräusche wurden lauter.
Die Gruppe blickte zum Himmel. Das lantranische Evolutions-Schiff senkte sich dem Boden entgegen.

»Mein Schiff ist da«, bemerkte Heran. »Wir sprechen uns später im Orbit. «

»Bis später«, antwortete Major Travis. » Danke, dass du uns begleitest. «

»Diesen Spaß will ich nicht verpassen«, antwortete Heran.

»Alles Gute«, sagte Admiral Cartero. »Vielen Dank für ihre Unterstützung.

»Das haben wir gerne gemacht«, entgegnete Heran. »Bringen sie ihre Technik wieder voran«.

Die Gruppe aus dem Neuen-Imperium verabschiedete sich mit dem alten natradischen Gruß.

Admiral Cartero blickte ihnen nach, als sie über die ausgefahrene Laserbrücke in der Termar 1 verschwanden. Kurze Zeit später hoben die beiden Schiffe sanft vom Boden ab und schwebten den oberen Luftschichten der Atmosphäre entgegen. Dann beschleunigten die Schiffe und entschwanden dem Sichtfeld von Admiral Cartero.

Die Flotte des Neuen-Imperiums hatte den Schutz-Schirm des santaranischen Kunst-Systems durchquert. Major Travis ließ die Flotte in Wartestellung gehen. Er griff nach dem Communicator.

»Hier spricht Major Travis«, sprach er in das Gerät. »Oberbefehlshaber der Streitkräfte des Neuen-Imperiums. Unser Einsatz im santaranischen System ist erfolgreich beendet worden. Es scheint so, dass wir neue

Freunde gefunden haben. Solange Admiral Cartero die Führung der Admiralität übernimmt, sehe ich keine Probleme mit den Nachkommen der evakuierten Natrader auf uns zukommen. Sie alle haben exzellent gearbeitet. Das Zusammenspiel der unterschiedlichen Schiffe und Verbände hat perfekt funktioniert. Wir haben keine Verluste zu beklagen. Das gleiche gilt für die lantranische Flotte. Wir verabschieden jetzt unsere Freunde und wünschen ihnen einen guten Heimflug.

Ihre Regierung, die hohe Empore hat den Einsatz der Flotte nur für das santaranische System genehmigt. Wir wollen daher den Bogen nicht überspannen. Es ist gut möglich, dass wir die Hilfe der lantranischen Flotte zu einem späteren Zeitpunkt noch einmal benötigen. Sie alle freuen sich auf das Sol-System. Leider muss unser Rückflug noch etwas warten. Wir haben einen Hilferuf empfangen, der von einer Rasse ausgesendet wurde, die sich Ablonder nennen. Ich hatte vor geraumer Zeit einen Angehörigen dieser Rasse kennengelernt und ihm unsere Unterstützung angeboten. Wir werden in die zweite Dimension fliegen. Es ist ein Parallel-Universum, wie es noch viele weitere gibt. Ich stehe bei dieser Rasse im Wort und möchte nach der Ursache des Hilferufes forschen. Bitte haben sie daher Verständnis, dass sich unsere Mission verlängert. Wir öffnen in Kürze einen Dreiecks-Transmitter. Fliegen sie alle geordnet durch. Auf der anderen Seite erhalten sie neue Koordinaten. Major Travis, Ende der Übermittelung. «

»Ihre Befehle werden bestätigt«, antwortete Sergeant Farmer.

Major Travis blickte Barenseigs an.
»Sind sie froh, wieder bei uns zu sein? «, fragte er.

Der Gildor lächelte über sein Gesicht.
»Ich liebe Abenteuer«, antwortete er. »Mein erster Versuch die 2. Dimension zu erforschen, ist ja kläglich gescheitert. Vielleicht haben wir dieses Mal mehr Glück. «
»Haben sie ihr Amulett dabei? «, fragte der Major.
Barenseigs nickte und zog es unter seinem Uniformhemd hervor.

Major Travis blickte Sergeant Farmer an.
»Öffnen sie mir bitte einen Kanal zu dem Evolutions-Schiff von Heran. «

»Sie können sprechen Herr Major«, bestätigte der Funk-Offizier. »Die Verbindung baut sich auf. «

»Hallo Heran, hier spricht Travis«, meldete sich der Major. Empfängst du mich? «

»Klar«, antwortete der Lantraner.

»Bist du bereit, können wir los? «, erkundigte er sich.

»Ich möchte noch kurz den Abflug meiner Flotte beobachten«, antwortete Heran. »Ich habe sie verabschiedet. Sie werden in wenigen Minuten aufbrechen. «

»Gut«, antwortete der Major. »Ich öffne danach den Dreiecks-Transmitter. Fliege einfach hindurch. Wir sehen uns auf der anderen Seite. «

»Kein Problem«, erwiderte Heran. » Ich schließe mich deiner Flotte an. «

» Bildschein einschalten«, befahl der Major.

Die Crew der Termar 1 sah, wie die lantranischen Schiffe ein Wurmloch öffneten und hierin verschwanden. Die Schiffe flogen nach Centros zurück.

Major Travis blickte Barenseigs an.

»Nehmen sie bitte die Aktivierung vor«, entgegnete er.

Barenseigs hielt das Artefakt der „Aller Ersten" hoch über seinen Kopf dem großen Bildschirm der Termar 1 entgegen. Er drückte eine Zahlenkombination. Vor den Augen der Offiziere der Brücke öffnete sich im All der

Dreiecks-Transmitter. Ohne einen Rahmen, ohne eine Steuerstation, entstand ein sich selbst formendes Dreiecksgebilde, vergleichbar mit einem Wurmloch. Die Flotte wartete, bis sich der künstliche Durchgang stabilisiert hatte. Major Travis gab den Befehl durchzufliegen. Die Schiffe der Flotte beschleunigten und flogen in das helle Licht des Durchganges. Die Termar 1 wartete und folgte als letztes Schiff. Nach ihr schloss sich der Durchgang wieder.

Die Flotte des Neuen-Imperiums war in der 2. Dimension materialisiert und wartete auf neue Befehle.

»Öffnen sie bitte eine Hyperkomm-Funkfrequenz«, sprach Major Travis Sergeant Farmer an. »Geben sie bitte eine Nachricht an die Ablonder durch. Bestätigen sie den Erhalt des Notrufes. Teilen sie ihnen mit, dass wir auf dem Weg sind. «

»Befehl erhalten«, antwortete der Funk-Offizier. »Ich sende den Hyperfunk-Spruch. «

»Liegen irgendwelche Ortungen vor? «, fragte der Major. »Alles ruhig«, antwortete Sergeant Dantow. »Hier ist nichts, keine Strahlungen, keine Flottenbewegungen. Es ist alles, wie ausgestorben. «

»Commander Brenzby, lassen die bitte die Koordinaten von den Ablondern an die Schiffe unserer Flotte übermitteln. Es sind Hyperraum-Sprungdaten zu unserem Ziel. Befehlen sie die Schutz-Schirme hochzufahren und unsere Waffen-Türme zu aktivieren. Wir sollten vorsichtig sein. Dieses Gebiet ist völlig neu für uns. «

»Ich gebe ihren Der Befehl weiter«, antwortete der Commander.
Er eilte in den Funkleitstand.

Major Travis blickte den Navigator an.
»Aktiveren sie unsere Antriebe«, ergänzte der Major.
»Wir springen zu den Koordinaten. »Ich bin gespannt, was wir vorfinden. «
Commander Brenzby kam in den Kommandostand zurück. Er gab den Befehl für den Start.

Die große Flotte des Neuen-Imperiums wechselte in den Hyperraum, um sich den neuen Aufgaben zu stellen.

Versorgungs-Planet XZ
3.9.1980 BSON 8079

Das Raumschiff von Sil'drock von Sil'drock materialisierte an den programmierten Koordinaten.

»Schlagen die Ortungstaster an? «, fragte Ras'ekin.

Sil'drock schaltete den Außenmonitor an und blickte auf die Anzeigen.

»Keine Ortungen«, antwortete er. »Alles ist ruhig und wirkt verlassen. «

Sie blickten auf den Bildschirm. Vor ihnen leuchteten die acht Sonnen des Systems in bläulicher Farbe. Obwohl sie eine gewisse Größe aufwiesen, konnte kein Planet in der Nähe ihre wärmenden Strahlen empfangen.

Sil'drock senkte den Winkel des Schiffes. Der Panoramaschirm erfasste den Planeten, der unter ihrem Schiff lag.

»Vor uns liegt der Klasse G-Planet Oraval«, teilte Sil'drock mit. »Es ist eine Stein und Staubwüste, die sehr ungemütlich erscheint. Unsere Scans finden kein Leben auf ihm. Auch nach dieser langen Zeit unseres Schlafes hat sich hier nichts verändert. «

Die Sensoren des Schiffes erfassten die drei Monde, die den Planeten umrundeten.

»Der zweite Mond ist unser Versorgungs-Stützpunkt«, sagte Ras'ekin. »Fliegen wir ihn an. «

Sil'drock beschleunigt das Schiff und schwenkte in eine Umlaufbahn um den Planeten.

»Oberfläche heran zoomen«, befahl er seiner KI.

Das Bild auf dem Schirm wurde größer und breiter. Die Oberfläche des Mondes wurde sichtbar.

Zahlreiche Türme wurden sichtbar, die alle im Boden verankert warten.

»Es sieht alles unversehrt aus«, bemerkte Sil'drock. »Hier scheint keiner Fremder Verwüstungen angerichtet zu haben. «

»Ich hoffe es sehr«, erwiderte Ras'ekin. »Wir brauchen unsere Verstärkung. Für wie viele Schläfer war der Planet vorgesehen? «

»Meine KI bestätigt die Unversehrtheit von allen 500.000 Türmen«, teilte Sil'drock mit.

»Rechnet man fünf Schläger pro Turm, dann bedeutet es, dass unsere Flotten-Führung bis zu 2.500.000 Schläfer erwecken kann«, ergänzte Ras'ekin.

»Das ist richtig«, antwortete Sil'drock. »Doch die Kapazitäten wurden viel zu hoch angesetzt. Ich kenne keine Versorgungs-Station, auf sich so viele Schläfer befinden. «

»Die exakte Anzahl werden wir später über die KI der Leitstelle abfragen«, erwiderte Ras'ekin.

Er blickte auf den Monitor. Man merkte ihm an, dass die Aufregung in ihm wuchs.

»Funke die unterirdischen Leitstelle an«, sagte Ras'ekin. »Wir brauchen eine Landegenehmigung. Nur von der Zentrale aus können wir gleichzeitig alle Schläfer erwecken. Bitte die Leitstelle den Hangar zu öffnen. «

Sil'drock drehte sich um und ging zu den Funk-Konsole seines Schiffes. Er betätigte einige Tasten und sandte den ID-Code seines Schiffes. Er wartete ab, doch eine Antwort ging nicht ein.

»Die Station reagiert nicht«, teilte Sil'drock mit.

»Versuche es noch einmal«, erwiderte Ras'ekin. »Die KI wird nach dieser langen Zeit irritiert sein, gerufen zu werden. «

»Ich sende einen Alarm-Code mit«, entgegnete Sil'drock. »Vielleicht hilft es der KI etwas auf die Sprünge. «

Sil'drock sandte den Code ab.
Wieder dauerte es eine Weile, doch diesmal antwortete die KI.

»Hier ist Versorgungs-Planet XZ 3.9.1980 BSON 8079«, klang es monoton aus den Lautsprechern. » Ihr Schiff wurde gescannt und als berechtig eingestuft. Die Zugangsgenehmigung wird erteilt. Landen sie in Hangar 37. Die Bodenklappe wird ihnen geöffnet. «

»Na also«, bemerkte Ras'ekin. »Das funktioniert doch prima. «

Sil'drock blickte ihn an.
»Ich habe kein gutes Gefühl bei der Sache«, entgegnete er.

»Mach dir keine Sorgen«, antwortete Ras'ekin. » Diese Stationen wurden von unserer Flotten-Führung perfekt gesichert. Es wird keine Probleme geben. «

Die Hyperfunk-Konsole summte.

Sil'drock schritt hin und freute sich.

»Die Terraner haben einen Hyperfunk-Spruch gesendet«, sagte er. »Sie sind zu unserer Unterstützung unterwegs. «

»Das ist doch schon einmal ein Erfolg«, antwortete Ras'ekin. »Es wird aber bestimmt noch etwas dauern, bis sie hier eintreffen. In der Zwischenzeit können wir uns um unsere Leute kümmern. «

Sil'drock hatte Fahrt aufgenommen. Er flog mit geringem Schub dem Versorgungs-Mond entgegen. Vorsichtshalber hatte er die Schutz-Schirme des Schiffes aktiviert. Die Türme auf dem Mond vergrößerten sich auf dem noch aktivierten Bildschirm.

»Ich empfange einen Leitstrahl«, teilte er seinem Kollegen mit. »Jetzt ist mir sichtlich wohler. Das Vorgehen entspricht den Lande-Regeln. «

Ras'ekin antwortete nicht hierauf. Er blickte fasziniert auf den Bildschirm.

Langsam senkte sich das 250-Meter-Schiff der Oberfläche des Mondes entgegen.

»Ich gehe auf Zielanflug«, meldete Sil'drock. »Der Lande-Hangar kommt in den Sichtbereich. «

»Die Station liegt 90 Meter unter dem Erdboden«, bemerkte Ras'ekin.

»Ich weiß«, erwiderte Sil'drock. »Ich habe sie auf den Anzeigen. «

Langsam senkte sich das Schiff ab. Kurz über dem Boden setzten die Anti-Schwerkraft-Absorber ein und hielten das Schiff auf Abstand zu dem Boden. Sil'drock manövrierte des Schiff mit den Lenkdüsen in den Hangar. Schwerfällig setzte es auf. Der Ablonder schaltete den Antrieb ab.

»Wir sind gelandet«, teilte er mit. »Bisher ist alles gut gegangen. «

Ras'ekin blickte ihn unverständlich an.
»Gehen wir in die Zentrale«, sagte er. »Vermutlich muss die Energie-Versorgung der Leitstelle aktiviert werden. «

Die Ablonder hatten das Schiff verlassen und betraten den Hangar. Eine dicke Staubschicht lag auf dem Boden. Das Notlicht erhellte den Hangar nur unwesentlich.

Sil'drock blickte sich um.

»Es ist kein Anti-Grav.-Gleiter zu finden«, sagte er. »Wir werden wohl zu Fuß gehen müssen. «

»Das macht nichts«, antwortete Ras'ekin und ging los. »Beeil dich, wir müssen in die Zentrale«, sagte er. »Die Energie-Versorgung scheint instabil zu sein. «

Sil'drock spurtete ihm hinterher. Er hatte Mühe, den schnellen Schritten von Ras'ekin zu folgen. Trotzdem ließ er ihn gewähren.

»Er ist jung und noch und glaubt noch an unsere Erfolge«, dachte Sil'drock. »Er hat noch nicht bemerkt, dass bereits alles verloren ist. «

Sie liefen aus dem Hangar hinaus. Vor ihnen öffnete sich ein großer Maschinenpark.

Ras'ekin hielt seinen Scanner hinein.
»Der Raum ist sauber«, bemerkte er. »Es werden keine Lebenszeichen angezeigt. Ebenso keine giftigen Emissionen, oder Reste von Wärmespuren. Wir können weiter. «

Die Luft roch abgestanden. Schon lange Zeit war hier keine Luftreinigung mehr erfolgt. Die KI hatte vermutlich die Energie-Versorgung der Basis massiv gedrosselt.

Sil'drock musste sich auf Ras'ekin verlassen. Er selbst kannte diese Versorgungs-Basen nicht. Ihm fehlte daher auch eine entsprechende Ortskenntnis. Er folgte wieder seinem Kollegen. Sie eilten an großen Maschinen vorbei, die alle deaktiviert aussahen. Nichts deutete auf eine Funktions-Bereitschaft hin. Endlich hatten sie die große Halle durchquert.

»Hier ist ein Aufzug«, sagte Ras'ekin.
Er schlug mit Hand auf den Sensor. Staub rieselte von der Verkleidung ab, als sich die Türen öffneten. Ein Schacht wurde sichtbar.

Ras'ekin nahm eine kleine Kunststoff-Folie aus seinem Anzug und warf sie in den Schacht. Langsam wurde sie nach oben getragen.

»Der Anti-Grav,-Betrieb funktioniert«, teilte er Sil'drock mit. »Folge mir, die Zentrale befindet sich einige Stockwerke höher. «

Die beiden Ablonder sprangen in den Schacht und breiteten die Arme aus. Langsam wurden sie von den Anti-Gravitations-Kräften nach oben getragen.

Ras'ekin zeigte auf eine Haltestange über ihnen. »Hier muss es sein«, sagte er.

Vorsichtig ruderte er der Haltestange entgegen. Ruckartig griff seine Hand hiernach. Er zog sich über die Kante. Sil'drock folgte seinem Beispiel.

Licht flammt auf. Vor ihnen lag der große Schott der Steuer-Zentrale.

Sie schritten darauf zu und betätigten den Öffnungs-Mechanismus.

Lautlos öffneten sich die zwei Türen des Schotts nach beiden Seiten. Grelles Licht flammte auf und erleuchtete die Zentrale. Ras'ekin eilte an die zentrale Steuerkonsole. Er stecke seinen ID-Chip in die Aufnahme und wartete ab.

»Identifizierung abgeschlossen«, teilte eine Stimme monoton mit. »Welche Befehle haben sie? «

»Ich fordere die komplette Aktivierung der Basis«, befahl Ras'ekin. »Sonderberechtigung QAL 13759 BAS, Notfall-

Alarmierung. Wie viele Schläfer und Schiffe befinden sich auf der Station? «

»Versorgungs-Planet der Sonderklasse«, antwortete die Hypertronic-KI. »Bei mir befinden sich 150.000 Schläfer und Schiffe. «

Sil'drock riss seine Augen erstaunt auf.
»Warum hat die Netzwerk-Karte den nur 50.000 Personen gemeldet?«, fragte er.

»Die Anzahl von 50.000 Schläfern ist die Standard-Belegung von Versorgungs-Planeten«, erwiderte die Hypertronic-KI. »Der Netzwerk-Hinweis ist bewusst vermieden worden. «

»Ich verstehe«, antwortete Sil'drock.
»Sämtliche Schläfer müssen erweckt werden«, befahl Ras'ekin. »Wir brauchen sie für einen dringenden Einsatz.«

»Der Prozess wird etwas dauern«, antwortete die Hypertronic-KI der Station. » Erst müssen zunächst genügend Medi-Ressourcen aufgebaut werden. «

»Sind die Schiffe einsatzbereit? «, fragte Sil'drock.

»Alle Schiffe sind konserviert und bereit«, antwortet die KI. »Überführe sie in den Hangar«, befahl Sil'drock. »Wir werden einen Angriff fliegen. «

»Versuche bitte die Flotten-Führung zu erreichen«, sagte Ras'ekin. » Wir benötigen weitere Flotten-Unterstützung.«

»Ein automatischer Hyperkomm-Funkspruch an die Flottenführung wurde gesendet«, bestätigte die KI. »Noch ist keine Antwort eingegangen. «

»Probiere es weiter«, befahl Ras'ekin. »Sie müssen uns empfangen. «

»Die Hyperkomm-Funksprüche werden weiter gesendet«, bestätigte die KI.

»Fahre alle vorhandenen Energie-Meiler hoch«, befahl Sil'drock. »Der Aufweck-Vorgang unseres Nachschubes muss beschleunigt werden. «

Er blickte Ras'ekin an.
»Wir setzen derzeit eine ungeheure Menge an Energie-Emissionen frei«, bemerkte er. » Mich beschleicht ein unangenehmes Gefühl. Ich hoffe nicht, dass wir entdeckt werden, solange wir uns nicht wehren können. «

»Wer soll uns entdecken? «, fragte Ras'ekin. » Auf unserem Flug hierhin haben wir nichts Auffälliges beobachtet. «

»Das ist es ja, was mich stutzig macht«, erwiderte Sil'drock. »Jemand hat die KI meiner Stadt manipuliert, ebenso ist ein Fremder in deine Station eingedrungen. In beiden Fällen war das Ziel, die Wächter auszuschalten. Wer kann das gewesen sein? «

»In meinem Fall war es eindeutig Worgass DNA«, antwortete Ras'ekin. »Ein Formwandler ist in meine Station eingedrungen und hat meine Stasis-Kammer manipuliert.
«
»Woher wussten der Worgass von deiner Schlaf-Phase? «, fragte Sil'drock. » Diese Informationen standen nur der Flotten-Führung zur Verfügung. Da wir sie nicht erreichen können, gehe ich fest davon aus, dass sie nicht mehr existiert. «

»Das ist nicht möglich«, antwortete Ras'ekin trotzig. »Die Festung unserer ablondischen Flotten-Führung kann nicht eingenommen werden. «

Sil'drock nickte bedächtig.

»So hat man es mitgeteilt«, antwortete er. »Aber wenn sie infiltriert wurde, hätten das die Offiziere gemerkt? «

»Du machst dir zu viele Gedanken«, erwiderte Ras'ekin. »Es wird sich alles zum Guten wenden. «

»Ich habe bereits viel erlebt«, antwortete Sil'drock. » Einige Dinge werden für dich neu sein, aufgrund deiner jungen Jahre. Aber auch vor deiner Geburt haben wir bereits schwere Schlachten geschlagen. Mit jeder verlorenen Schlacht, wurden die Formwandler bei dem nächsten Aufeinandertreffen raffinierter. Ich tendiere dahin, den globalen Schutz-Schirm zu errichten. «

»Dann wird die benötigte Energie für die Stasis-Kammern wieder halbiert«, antwortete Ras'ekin. »Die Aufweck-Prozedur dauert wesentlich länger. Ich halte das für überflüssig. «

»Im Falle eines Angriffes, sind wir nicht in der Lage uns zu schützen«, antwortete Sil'drock. »Meine Vorahnungen werden immer intensiver. Normalerweise täuschen sie mich nicht. «

Ras'ekin schaute ihn an und wusste nichts hierauf zu sagen.

»Ich empfange nichts«, antwortete er. »Dieser Planet hat die ganze lange Zeit überdauert. Warum sollte er gerade jetzt entdeckt werden? «

»Das habe ich dir versucht zu erklären«, teilte Sil'drock mit. »Vorher waren wir ein toter Gesteinshaufen. Jetzt haben wir alle Energie-Meiler hochgefahren und strahlen auf den Ortungstastern möglicher Späh-Schiffe wie eine helle Sonne. Ich bin mir sicher, dass es nur eine Frage der Zeit ist, bis wir unliebsamen Besuch erhalten. «

Ras'ekin dachte angestrengt nach.
»Sil'drock verbreitet eine negative Atmosphäre«, dachte er zu sich. »Ich werde auf seinen Wunsch eingehen, ansonsten wird er keine Ruhe geben. «

Er blickte seinen Kollegen durchdringend an.
»Einverstanden«, antwortete er. » Dann wird unser Aufenthalt hier länger dauern als eingeplant«, entgegnete er. »Das ist dir hoffentlich klar. «

»Das nehme ich gerne in Kauf, wenn hierdurch unsere Sicherheit optimiert wird«, erwiderte er. »Danke für dein Entgegenkommen. «

»KI«, befahl Sil'drock. »Aktiviere den globalen Schutz-Schirm. «

»Den Befehl bitte bestätigen«, antwortete die Hypertronic-KI. »Der Aufweck-Prozess der Schläfer wird hierdurch massiv beeinflusst. «

»Aktiviere den globalen Schutz-Schirm«, befahl Ras'ekin. »Sämtliche Schutzmaßnahmen für einen möglichen Angriff von außen aktivieren. «

»Das Verteidigungs-Programm wird initiiert«, bestätigte die Hypertronic-KI.

Sil'drock lehnte sich in seinem Stuhl zurück.
»Jetzt ist mir bedeutend wohler«, seufzte er.

Ras'ekin blickte ihn an und schüttelte seinen Kopf.
»Ihr Alten und eure Vorahnungen«, erwiderte er. »Ich hoffe nur, dass sie sich diesmal nicht bestätigen. «

»KI«, fragte Ras'ekin. »Wie weit ist der Aufwach-Prozess abgeschlossen? «

Die Hypertronic-KI der Steuerbasis antwortete sofort.
»Der Prozess wurde zu 34,5 Prozent abgeschlossen. Die verbleibende Restzeit beträgt 18 Stunden. Eine manuelle Einflussnahme kann schwere Schäden an den Gehirnen der Schläfer bedeuten. Es wird dringend hiervon abgeraten. «

»Wir haben verstanden«, antwortete Ras'ekin.

***

Reco Kuriato stand in seinem Büro, in der Festung seines Clans. Er hatte einige Offiziere seines Teams herbeizitiert, die bei der Auswahl der betreffenden Planeten helfen sollten. Unzählige Ausdrucke lagen auf seinem Schreibtisch.

»Das Archiv unserer Ahnen ist völlig wertlos«, sagte er verärgert. »Keine der Eintragungen ist mit spezifizierten Daten versehen. Wir wissen nicht, um was für Rohstoff-Planeten es sich handelt? «

Die beteiligten Offiziere schauten in die Unterlagen.
»Früher wurden diese Eintragungen als geheim eingestuft«, bemerkte Sarek Hantari. » Unsere Ahnen hatten Angst, dass ihre Entdeckungen in die falschen Hände fielen, oder sie anderen Clans zugänglich gemacht wurden. Alle wichtigen Daten hatten sie in ihren Köpfen gespeichert. «

»Schwachsinn«, erwiderte Reco verärgert. » Was uns das ganze jetzt bringt, sehen wir hier. Wir werden wohl alle Planeten nochmals überprüfen müssen. Das bedeutet Arbeit für viele Jahre. «

»Wir werden uns einen schnellen Erfolg abschreiben müssen«, sagte Barus Balauti.

Reco Kuriato schaute ihn gereizt an.

»Ich freue mich, dass es dir auch endlich auffällt«, antwortete er schrill.

Barus Balauti blickte ihn schräg von der Seite an.

»Wenn du dich nicht langsam zusammenreißt, dann bekommen wir einen furchtbaren Streit«, konterte der Pirat. »Ich habe Lust dir deinen ganzen Krempel vor die Füße zu werfen. Du wirst immer unausstehlicher. «

»Ho, Ho, Ho«, lachte Tarrsick Ourekati. »Am wenigsten brauchen wir jetzt einen Streit untereinander. Reco ist noch durch das Konzil aufgebracht. Wir sollten jetzt überlegen, wie wir am besten vorgehen. «

Er beugte sich über die Unterlagen.

»Was bedeutet denn der Hinweis, wenn Gefahr hinter einer Planeten-Position vermerkt ist? «, erkundigte er sich.

Alle schauten sich irritiert an.

»Was heißt Gefahr? «, wiederholte Reco Kuriato die Frage.

»Tarrsick zeigte mit seinem Finger auf eine Eintragung.
»Das Zeichen bedeutet doch Gefahr?«, fragte er.

Die anderen schauten auf den Ausdruck und nickten.
»Das bedeutet eindeutig Gefahr«, bestätigte Barus Balauti.

» Aber was das für eine Gefahr sein soll, ist nicht vermerkt«, antwortete Reco. » Das ist es, was ich meine. Diese Eintragungen sind völlig nutzlos. Vielleicht existiert die Gefahr nicht mehr. Hier sollte stehen, instabiler Planet, oder Atemluft giftig, oder angriffslustige Halbwilde. Irgendetwas in dieser Art wäre wesentlich hilfreicher gewesen. «

»Wir können es aber jetzt nicht mehr ändern«, tönte Sarek Hantari. »Leider ist keiner der Alten mehr zu fragen. Das hätte früher erfolgen müssen. Doch damals haben wir uns nicht um ihre Aufzeichnungen gekümmert. «

Alarm-Sirenen heulten auf. Der schrille Ton der Geräte war von dem Konzil vorgeschrieben. Die Anwesenden mussten sich die Ohren zuhalten.

»Was ist jetzt wieder los? «, fragte Reco.

Ein Kollege lief zu dem Datengerät und riss eine Folie ab. »Das Konzil hat einen globalen Alarm ausgelöst«, meldete er. »Die Sensoren orten Schiffe, die in unser äußeres Asteroidenfeld eindringen. Das Konzil empfiehlt alle Abfangjäger zu starten. Sie rechnen mit einem Angriff auf unseren Planeten. «

»Alarmiert alle Schiffe«, befahl der Anführer. »Mit einem Angriff von außen ist nicht zu spaßen. Wir alle haben Familien. Jetzt geht es gemeinsam um ihren Schutz. «

***

Die Verstärkung für die Flotte von Oberst Cameron war eingetroffen. Weitere 900 Schiffe der Prinz-Klasse, hatten sich den wartenden ISD-Schiffen in dem Raumsektor angeschlossen.

»Eingehender Hyperkomm-Funkspruch«, meldete Funk-Offizier Niemann.

»Bitte auf die Lautsprecher legen«, befahl der Oberst.

»Hier spricht Captain Cantu«, hallte es aus den Lautsprechern. » Ich rufe Oberst Cameron. «

»Ist in der Leitung«, antwortete der Gerufene. »Ich danke ihnen für ihr schnelles Erscheinen, Captain. Wir stoßen jetzt zu den Planeten der Piraten vor und versuchen sie zu einem Umdenken zu bewegen. Reihen sie sich in unsere Formation ein und führen sie bitte die gleichen Manöver aus, wie unsere Flotte. «

»Ich habe verstanden«, erwiderte Captain Cantu. » Wir folgen ihnen. «

Der Oberst hatte das Vorrücken der Flotte angeordnet.
In breiter Formation flogen jeweils fünf Schiffe der Prinz-Klasse nebeneinanderher und frästen eine Einflug-Schneise in das Asteroidenfeld. Ihre Laser-Türme feuerten im Dauerfeuer auf alle Gesteinsbrocken, die in der Flugbahn der ISD-Flotte lagen. Im Rhythmus von Sekunden wurden die Gesteinsbrocken pulverisiert.

»Status? «, fragte Oberst Cameron.

»Wir kommen gut durch«, meldete Sergeant Stutzmann. »Die KI unseres Schiffes leitet die Mission. Sie erfasst alle großen Felsbrocken und weist die Koordinaten automatisch unseren Waffen-Türmen zu. «

Der Oberst blickte auf den Bildschirm und sah die Angaben bestätigt. Die fünf voraus fliegenden Schiffe machten einen guten Job.

»Wie lange noch bis wir durch sind? «, fragte der Oberst.

»In diesem Staubnebel arbeiten unsere sensiblen Geräte nicht einwandfrei«, erwiderte der Ortungs-Offizier. »Eine exakte Messung kann nicht durchgeführt werden. Wir müssen Geduld haben. Sie wollen doch alle Schiffe unversehrt durchbringen? «

»Sergeant Stutzmann«, sagte Oberst Cameron. »Überlassen sie mir bitte zukünftig die Analysen, « antwortete der Oberst. »Beschränken sie sich auf meine Frage. Haben wir uns verstanden. «

»Befehl verstanden, Herr Oberst«, antwortete der Waffen-Spezialist irritiert.

»Die Ortungs-Anzeigen verbessern sich«, sagte Sergeant Mitchell. »Wir scheinen aus dem Staubnebel herauszukommen. «

»Alle Schiffe sollen auf den Tarn-Modus schalten«, befahl der Oberst. »Es ist möglich, dass wir erwartet werden. «

»Der Funkspruch ist durch«, bestätigte Sergeant Niemann. »Ich habe ihn vorsichtshalber verschlüsselt. «

»Danke«, antwortete der Oberst. » Das war eine gute Idee. «

Nach wenigen 100 Metern drangen die Schiffe in das Auge des Asteroidenfeldes ein. Die schlagartig einsetzende Helligkeit der Sonne blendete die Crew.

Automatisch passte die Hypertronic-KI des Schiffes die Helligkeit des Bildschirmes an.

»Wir haben zahlreiche Ortungen«, meldete Sergeant Mitchell. »Ich zähle an die 20.000 Kampf-Jets, die vor uns eine Barriere bilden. Weitere 10.000 Schiffe, der 250-Meter-Klasse der Piraten, steigen von dem Planeten auf und formieren sich in der Umlaufbahn. «

»Alle Schiffe schalten auf Stand-By und warten neue Befehle ab«, befahl der Oberst. »Geben sie bitte den Befehl als Hyperkomm-Funknachricht durch. «

Funk-Offizier Niemann nickte.
»Ihr Befehl ist raus und wird bereits bestätigt«, antwortete er.

Der Oberst blickte auf die Flotte von Kampf-Jets vor ihnen.

»Es steigen weitere Schiffe von dem Planeten auf«, meldete Sergeant Mitchell. »Es sind erneut Schiffe der bekannten 250-Meter-Klasse«.

»Sie werden ein Frühwarn-System installiert haben«, erwiderte der Oberst. »Der Überraschungsmoment ist nicht mehr auf unserer Seite. «

***

Die wartende Piraten-Flotte stand 10.000 Meter vor der Asteroiden- und Staubwolke. Mehr als 30.000 Schiffe waren aufgestiegen und dem Alarmruf des Konzils gefolgt. Es ging um die Heimatwelt der Piraten. Alle unterschiedlichen Clans hatten Schiffe entsandt, um mögliche Aggressoren abzuwehren. Bisher wusste niemand von ihnen, wer sich durch das schwierige Asteroidenfeld gewagt hatte. Gespannt verfolgten sie ihre Anzeigen und schauten auf ihre Bildschirme.

Reco Kuriato blickte auf den Bildschirm seines Schiffes. »Warum fängt die Staubwolke an zu zirkulieren? «, erkundigte er sich. » Erfassen wir neue Daten? «

»Nichts«, antwortete Surus Tanjati, der die Funktion eines Ortungs-Offiziers innehatte. »Ich empfange keine Signale. Vermutlich ist die Staubwolke in Bewegung geraten, weil Schiffe in der Wolke unterwegs sind und den Staub aufgewirbelt haben. Es ist noch nicht einmal klar, ob sie überhaupt bei uns herauskommen. Die Sensoren werden von der Staubwolke massiv beeinträchtig. «

»Du meinst tatsächlich, sie fliegen auf der anderen Seite wieder aus der Wolke heraus, ohne etwas gefunden zu haben? «, stutzte der Anführer des Clans.

»Das ist möglich, aber unwahrscheinlich«, antwortete der Ortungs-Offizier. » Wenn es sich um gute Piloten handelt, können die auch ohne Instrumente ihren Kurs halten. «

»Danke für deine Aufklärung«, entgegnete Reco. »Jetzt sind wir wieder genauso schlau wie vorher. «

***

Sein Name war Admiral Dragphan. Als einer der berufenen 12 Kuratoren der sicheren Zone, befehligte er mit elf weiteren benannten Kuratoren die zahlreichen Provinzen und Stützpunkte seines Volkes in der Anomalie der 2. Dimension. Die Meister hatten diesen Bereich des Universums entdeckt und für sich gesichert. Niemand konnte in diesen abgetrennten Bereich eindringen und oder ihn verlassen, ohne den notwendigen Code-Schlüssel zu besitzen.

Dragphan wusste, dass es nur wenige Schlüssel außerhalb der Anomalie gab.

»Ich weiß nicht, welche Rasse die Schlüssel entwickelt hatten, doch es musste eine intelligente Rasse gewesen sein«, dachte er. »Möglicherweise waren Wissenschaftler der gehassten humanoiden Lebensform gewesen, von denen immer noch einige Angehörige in Reservaten von dem Meistern von speziellen Planeten gehalten wurden.«

Schnell verwarf er seine Gedanken wieder.

»Das kann nicht sein«, ergänzte er seine Überlegungen. »Die Humanoiden sind der Abschaum der Galaxie. Sie sind zu solchen technischen Leistungen nicht fähig. «

Er konnte nicht nachvollziehen, warum die Meister verboten, die gefangenen Humanoiden auszulöschen. Ihr penetranter Gestank stand Dragphan noch in der Nase.

Die Anomalie in der 2. Dimension wurde auch die weiße Barriere genannt. Sie war schon immer da gewesen. Eine Laune der Natur. Der Einflug war nur durch mehrere große Strudel möglich. Diese waren mit schwarzen Löchern im Normal-Universum vergleichbar. Sie wiesen jedoch nicht so starke Gravitations-Felder auf, wie ihre vergleichbaren schwarzen Anomalien. Aber in diesen Strudeln war massenhaft Antimaterie zu finden, die sich in wellenartigen Bewegungen ausbreitete und ein Eindringen in die Anomalie verhinderte. Nur dank den Schlüsseln, gelang es den Meistern die Strudel der Anomalie zu kontrollieren, dass sich die Antimaterie in ihnen geordnet zurückzog, um so einen breiten Korridor, für den Ein- und Ausflug zu erschaffen. Solange Dragphan zurückdenken konnte, waren keine Schiffe einer fremden Rasse mehr in diese Anomalie eingedrungen.

»Unsere Meister nennen sich Zierrakies«, dachte Dragphan. »Eine alte mächtige Rasse mit Para-Eigenschaften. Niemand kennt ihr wirkliches Aussehen. Sie zeigen sich ausschließlich in schweren, metallischen Kampf-Anzügen, die keinen Rückschluss auf ihr eigentliches Aussehen zuließen. Seit unzähligen Jahrtausenden steht die Anomalie unter der Kontrolle der Meister. Sie bestimmten die Richtung und das Vorgehen. Ein Glücksfall ist die Ansammlung von bewohnbaren Planeten in dieser Anomalie. Neben zahlreichen Brut-Planten, die unserem Volk sehr dienlich sind, wurden andere Planeten gezielt mit Gefangenen, unterschiedlicher Rassen besiedelt. Die Meister folterten sie so lange, bis die Angehörigen der unterschiedlichen Rassen ihnen ihr technisches Wissen mitteilten. «

Admiral Dragphan stand den Folterungen der Meister skeptisch gegenüber. Er wusste nicht, warum sie sich an den Qualen anderer Lebewesen erfreuten.

Der Admiral dachte nach.
»Die Meister sind schwer einzuschätzen«, erkannte er. »Außerhalb dieser Anomalie müssen alle andersdenkenden Rassen bekämpft und vernichtet werden, lautete ihr Befehl. Hier in der Anomalie gaben sie den Gefangenen einen eigenen Planeten, auf dem sich entwickeln können. Das passt nicht zusammen. Auf jeden der 8.300 bewohnbaren Planeten haben die Meister seltsame Lebensformen angesiedelt. Sollte sie das nur für die Schulung ihre Nachkommen gemacht haben? «

Admiral Dragphan schüttelte seinen Kopf.
»Jetzt gehen ihnen langsam die Planeten für neue Species aus«, fuhr er ich seinen Überlegungen fort. »Die Zierrakies sollten die alten Species eliminieren, um Platz für neue Rassen zu schaffen. Es ist ein immer größerer Aufwand nötig, um alle gefangenen Lebensformen zu überwachen und zu versorgen. Diesbezügliche Änderungen dürfen aber nur im großen Rat beschlossen werden. «

Er schaute auf das Hologramm mit den unterschiedlichen Planeten der Anomalie. Zahlreiche Verbände von Kriegsschiffen durcheilten das abgeschottete System und flogen Planeten an, deren Bewohner versuchten, sich erneut gegen ihre Meister aufzulehnen. Andere Schiffe konnte er als Transport- und Versorgungs-Verbände identifizieren.

»Es vergeht kein Tag, an dem nicht irgendwo in diesem System auf einem Planeten ein Aufstand einer gequälten Species stattfindet«, dachte er. »Wie viele tapfere Raum-Soldaten musste ich bereits für die Niederschlagung solcher Aufstände opfern. Es wird immer schwieriger die sich aufbäumenden Rassen zu besänftigen. Einfacher wäre es, den ganzen Planeten zu säubern. Doch die Meister zögern noch, die aufständischen Rassen aussterben zu lassen.

Mitten in unserer Anomalie liegt der Stützpunkt-Planet der Meister. Sie haben sich abgeschottet, durch einen Ring von ihren Groß-Raumschiffen. Ihr Planet wird Zierraki genannt. Niemand von den Lebewesen auf den Zuchtplaneten in der Anomalie darf ihn betreten. Es ist ein Techno-Planet erste Güte. Seine Industrie-Anlagen, die Fabriken, die Hallen und viele Gebäude, die Raumschiff-Häfen und riesige Türme, konnten von vorbeifliegenden Schiffen gescannt werden. Unsere

Meister sind scheu. Sie begeben sich nicht also oft zu ihren Untergebenen. Die Kommunikation erfolgt meistens per Video-Konferenz. Trotzdem ist mit ihnen nicht zu spaßen. Ein Widerspruch zieht unwiderruflich strenge Konsequenzen nach sich. «

Das Hologramm-Display meldete eine eingehende Meldung. Dragphan schaltete es an.

Er sah wie sich ein nebeliges Bild aufbaute und langsam klarer wurde. Die Gestalt eines Zierrakies baute sich auf. Dragphan wartete ab, bis sich das Bild vollständig stabilisiert hatte.

Er verbeugte sich und begrüßte den Herren.
»Gewürdigt sind die Meister«, sagte er in einem unterwürfigen Tonfall.

»Die Meister grüßen sie«, tönte eine Antwort zurück. »Mein Name ist Garagan. Ich bin zuständig für die Fern-Überwachung des Raumes, außerhalb unserer Anomalie. Ein langer besiegter Feind ist erwacht. Es ist erforderlich, eine Aufklärungs-Mission durchzuführen. Falls sich unsere Daten bestätigen sollten, erwarten wir die Säuberung der betreffenden Welten von der DNA der fremden Lebewesen. Es ist möglich, dass unsere Flotten bei der letzten Säuberung nicht alle infizierten Welten lokalisiert haben. Scheinbar wurden einige Planeten dieser Rasse übersehen. Der hohe Zierr-Rat hat entschieden. Stellen sie ein Geschwader von drei Groß-Kampfschiffen zusammen.

Die Kommandeure diese Zerstörer sollen sich der Angelegenheit annehmen. Der Planet, vermutlich wird es nur ein Mond mit einer leistungsstarken Hypertronic-KI sein, ist vollständig zu vernichten. Eine unserer Spürdrohnen hat im Vorbeiflug starke Energie-Emissionen angemessen. Der Mond ist 170 Lichtjahre von der weißen Barriere entfernt und nicht in der unmittelbaren Nähe unseres Wirkungskreises.

Wir vermuten, es handelt sich um einen ehemaligen Stützpunkt der Ablonder, einer alten Hilfsrasse der „Aller Ersten". Nichts darf von dieser Basis übrigbleiben. Der Zierr-Rat wünscht keine Hinweise mehr auf die Technik, einer bereits länger im Archiv gelöschten und ausgestorbenen Rasse zu finden. Wir wissen, dass es eine weite Reise dorthin ist. Suchen sie Freiwillige, die sich mit diesem Auftrag identifizieren können. Der hohe Rat hat einstimmig entschieden, diesen alten Stützpunkt zu eliminieren. Die Koordinaten gehen ihnen separat zu. Haben sie den Befehl verstanden? «

»Natürlich, ich haben den Befehl korrekt verstanden«, antwortete Dragphan. » Ist mit einer Gegenwehr zu rechnen? «

»Des wissenschaftliche Rat verneint dies«, erwiderte Garagan. »Sie gehen von einer automatischen Aktivierung durch eine möglicherweise vorhandene künstliche Intelligenz- aus. Lassen sie die Artefakte der Humanoiden vernichten«.

»Es handelte sich um einen humanoiden-Stützpunkt? «, fragte Dragphan nach.

»Die Erbauer dieses Stützpunktes sind unerheblich und lange ausgestorben", erwiderte Garagan. Sie brauchen keine Gedanken mehr an sie zu verschwenden. Erfüllen sie die Wünsche des hohen Zierr-Rates.«

»Ich habe die richtigen Soldaten für diese Aufgabe«, bestätigte Admiral Dragphan. »Wir dürfen drei Schlacht-Zerstörer der Meister für diesen Einsatz einsetzen? «

»So ist es genehmigt worden«, antwortete das Hologramm.

»Es ist mir eine Ehre, mit der Aufgabe betraut zu werden«, erwiderte der Admiral. »Der hohe Zierr-Rat wird zufrieden sein«.

»Das habe ich nicht anders erwartet«, teilte Garagan mit.

Dragphan verbeugte sich erneut.
»Gewürdigt sind die Meister«, sagte er respektvoll.
Das Hologramm erlosch.

Der Admiral blickte mit zusammengekniffener Stirn auf den Punkt, wo gerade noch das Hologramm zu sehen war.

»Warum aktiviert sich ein Stützpunkt auf einem bisher nicht beachteten Mond in der Nähe unseres Lebensraumes? «, dachte er. » Die Meister teilten uns doch mit, dass die 2. Dimension komplett gesäubert wurde? Scheinbar sind sie auch nicht allwissend, wie uns immer vorgegaukelt wird. Der Zierr-Rat hat in aller Eile entschieden, diesen Mond mit den Artefakten einer längst ausgelöschten humanoiden Species, zu vernichten. Eine Ablehnung dieses Befehls war nicht möglich. Das wurde mir während des Gespräches mit Garagan klar. Drei unserer Schlachtzerstörer werden den Mond in seine Bestandteile zerlegen. «

Dragphan griff nach seinem Kommunikator und drückte einige Tasten.

»Hier ist die Flotten-Führung, Admiral Dragphan«, sprach er in das Gerät. »Wer ist in der Leitung? «

»Mein Name ist Flotten-Commander Sirgphan«, meldete sich die Gegenstelle.

»Gut, hören sie zu Commander", erwiderte der Admiral. »Die Meister stellen uns drei große Schlachtzerstörer zur Verfügung. Wählen sie drei kampferprobte Besatzungen aus. Wir werden einen Angriff gegen einen Mond mit einem Roboter-Stützpunkt fliegen, außerhalb unserer Anomalie. Rechnen sie mit der automatischen Gegenwehr des Stützpunktes. Vermeiden sie Verluste. «

»Ich habe ihren Befehl verstanden«, bestätigte Commander Sirgphan. » Ich alarmiere die Besatzungen. «

»Die Koordinaten leite ich ihnen zu, wenn die Meister sie an die Raumaufklärung durchgegeben haben«, erklärte der Admiral.

»Danke«, antwortete der Commander. »Ich habe noch eine Frage. Müssen wir gegen die Schiffe von feindlichen Lebewesen kämpfen? «

»Der Meister der externen Raumaufklärung hielt sich mit seinen Hinweisen bedeckt, antwortete der Admiral. »Sie rechnen bitte mit allen Möglichkeiten. Setzen sie ihre Schiffe und ihre Besatzungen nicht auf Spiel. Falls sie in einen Hinterhalt geraten, dann beenden sie sofort den Angriff. Melden sie mir schnellstens ihre Abflugs-Bereitschaft. Die Meister wünschen eine schnelle Umsetzung ihres Auftrages. «

»Das ist mir bewusst«, antwortete Sirgphan. »Wir geben unser Bestes. «

Die Leitung brach ab.

Admiral Dragphan wusste, dass jetzt die Besatzungen für die drei Schlachtzerstörer alarmiert wurden. Er lehnte sich in seinem bequemen Stuhl zurück.

»Die Schwierigkeiten, die noch vor einigen Jahrtausenden als gefährlicher außenpolitischer Faktor angesehen wurden, hatten sich nach und nach von selbst bereinigt«, überlegte er. »Die Kriegs-Flotten der Meister kannten keine Rücksicht. Ein andersartiges Leben bedeutete den Zierrakies nichts. Unerbittlich griffen sie mit ihren Hilfsvölkern alle besiedelten Planeten an und löschten die Bevölkerungen aus. Nur wenige Exemplare von ihnen wurden gefangen genommen und auf den Planeten der inneren Anomalie angesiedelt. Die Auswahlkriterien der Meister, welche Rassen als ansiedlungswürdig angesehen wurden und welche nicht, das entzieht sich meiner Kenntnis. «

Admiral Dragphan war der militärische Führer, der hier lebenden Formwandler. Ihm stand Informationsmaterial zur Verfügung, das nur Jemand besitzen konnte, der auf lange zurückliegende Ereignisse schauen konnte. Die Körperform, die Dragphan gewählt hatte, entsprach der eines Ablonder. Sie war hochgewachsen, schlank und von sportlicher Figur. Die jeweils vier Fingerglieder an seinen zwei Händen, hatten sich als nützliche Werkzeuge erwiesen. Er liebte den Körperbau dieser Humanoiden. Ihre Geschichte kannte er nicht. Sie war ihm auch egal. Zu vielen unterschiedlichen Rassen waren ihm bereits im Auftrage der Meister begegnet.

Er blickte auf seinen vor ihm stehenden Monitor. Eine Mitteilung der Raumüberwachung der Meister war eingetroffen. Er schaute auf die Unterschrift und las Garagan.

»Das ging schneller als erwartet«, dachte er. »Den Meistern scheint die Angelegenheit unter ihren Fingernägeln zu brennen. «

Er stutzte.
»Falls sie überhaupt welche haben? «, ergänzte er.

Er blickte auf die Nachricht.

»Koordinaten-Vektor: S1.16. BY1.10. 238.1049«, las er.

»Das Ziel ist ein acht Sonnen-System, der zweite Mond des Planeten Oraval. Der Zierr-Rat erwartet den sofortigen Vollzug, gezeichnet Garagan, Meister der Fernaufklärung. «

Dragphan kam eine Idee in den Sinn.

»Sprach der Meister nicht von einem Stützpunkt der Ablonder? «, erinnerte er sich.

Schnell gab er eine Abfrage in seinen Terminal ein.

»Ablonder, Rasse, Hilfsvolk? «

Schnell tauchte die Antwort auf dem Bildschirm auf.

»Ablonder, eine mächtige Rasse, als Hilfsvolk der „Aller Ersten" eingesetzt«, las er. » Haben den Zierrakies starke Verluste zugefügt. Bis zu ihrer Kapitulation, aufgrund der mengenmäßigen Überlegenheit der Zierrakies, gelang es ihnen zahlreiche Flotten-Verbände der Meister zu vernichten. Ferner kontaminierten sie zahlreiche Wasser-Welten des Universums mit chemischen Giftstoffen, um die von ihnen gezüchteten Wasser-Wesen absterben zu lassen. «

Er hob seinen Kopf.

»Sie an«, dachte Dragphan entzückt. »Die Herren sind doch nicht unbesiegbar. Sie reden uns das nur immer wieder ein. «

Er blickte nochmals auf den Text der Anzeige.
»Von welchen Wasser-Wesen ist die Rede? «, fragte er sich. » Ich kenne nur ein direktes Wasser-Wesen. «

Jetzt fiel es ihm wie Schuppen von den Augen.
»Wir sind gemeint«, dachte er. »Jetzt wird alles klar. Wir Worgass wurden von den „Aller Ersten" künstlich ins Leben gerufen. Jetzt schließt sich der Kreis unseres Lebens. «

Er bemerkte, wie er anfing zu zittern. Ein immenser Hass breitete sich aus.

»Egal ob künstlich, oder anders erzeugt. Trotzdem haben wir ein Recht zu leben«, sagte er laut. » Ich möchte mehr über die „Aller Ersten" erfahren. «

Er tippte wieder eine Abfrage auf seinem Terminal ein.
»Ablonder, Hilfsvolk der „Aller Ersten", Standort? «

Die Anzeige seines Bildschirms baute sich neu auf.
»Ablonder, Hilfsvolk der „Aller Ersten"«, las er. » Der Standort unbekannt. Die Heimatwelt und alle ihre

Kolonien wurden in dem großen Säuberungs-Krieg durch die Kriegsflotten Worgass und den Schiffen ihre Hilfsvölker vernichtet. Seit 250.000 Jahres wurden keine Angehörige der Rasse mehr registriert. «

Er atmete tief aus.

»Schade«, dachte Dragphan. »Für die Rache an den Aller-Ersten haben unsere Vorfahren bereits gesorgt«, erkannte der Admiral. »Hier ist nicht mehr zu machen. «

Er tippte erneut eine Anfrage in sein Terminal.

»Die „Aller Ersten", alte humanoide Rasse, Standort? «

Die Antwort erschien in Sekundenschnelle, wie bei seinen vorigen Anfragen.

»Die „Aller Ersten" waren eine alte, aber technisch hochentwickelte Rasse humanoiden Ursprungs", erschien ein Text auf dem Bildschirm. »Ihr Heimat-Planet ist unbekannt, mögliche Kolonien sind ebenfalls bekannt. Die Aller-Ersten waren anfangs Forscher und Wissenschaftler. Vor 250.000 Jahren führten sie einen Krieg gegen die Zierrakies. Die Meister erlitten starke Verluste und standen kurz vor dem Untergang. Nur durch eine vorher nicht geplante Verstärkung, konnten sie den Krieg gewinnen und die „Aller Ersten" zur Kapitulation bewegen. Die letzten Humanoiden dieser Species werden zu Schulungszwecken in einem Reservat auf Planet 429 gehalten. «

Der Admiral zog seine rechte Augenbraue hoch.

»Es leben noch welche von ihnen? «, erkannte sich Dragphan erstaunt. » Bei Gelegenheit werde ich diese Rasse aufsuchen und nach unserem Ursprung befragen. «

Er schalte seinen Monitor um. Das Bild zeigt die Umlaufbahn des Planeten. Er schaltete auf andere Sensoren um betrachtete einige Bilder und hielt inne. Sein Blick blieb auf den drei großen Schlacht-Zerstörern der 2.500-Meter-Klasse hängen.

»Die Schiffe der Meister sind angekommen«, erkannte er. »Die Mission kann bald starten. «

Er schaltete um auf einen weiteren Sensor, der den Raumhafen zeigte. Er erkannte, wie die Besatzungen für die Raumschiffe bereits in Reihe und Glied angetreten waren. Zehn Transport-Gleiter standen bereit, um die Mannschaften in den Orbit zu fliegen.

Er drückte einen Knopf an seinem Terminal. Die Türe seines Raumes klappte auf. Ein Adjutant trat heran.

Der Admiral blickte ihn an. Seine zierrakische Uniform war hochgerutscht. Vermutlich passte sie nicht exakt. Der Adjutant zog sie mit beiden Händen etwas herunter.

»Kann ich etwas für sie tun, Admiral?«, erkundigte er sich.

Dragphan nickte ihm zu.
»Ich habe hier einen Speicher mit den Koordinaten der neuen Mission", erklärte er. „Bringen sie diesen bitte zu Commander Sirgphan auf seinem Flaggschiff. Er wartet bereits hierauf. «

Admiral Dragphan reichte dem Adjutanten den Speicher. Dieser ergriff ihn und bestätigte den Befehl. Er drehte sich um und verfließ schnellen Schrittes den Raum. Dragphan blickte ihm kurz nach, dann widmete er sich wieder seinen Recherchen.

Zwei Stunden waren vergangen. Die drei Schlachtzerstörer der Meister waren mit einer neuen Besatzung besetzt. Die Roboter-Mannschaft hatte sich zurückgezogen und überließ den Worgass die Leitung der Zerstörer.

Commander Sirgphan schaute seinen Funk-Offizier an.
»Öffnen sie mir bitte eine geheime Funkverbindung zu Admiral Dragphan. «

Der bestätigte sofort.

»Die geheime Verbindung baut sich auf«, antwortete er. »Sie können sprechen. «

»Hier ist Commander Sirgphan«, sprach er in den Kommunikator. »Ich rufe Admiral Dragphan. Bitte melden sie sich. «

»Hier ist Admiral Dragphan«, knirschte es in der Leitung. »Ich höre sie Commander. «

»Wir sind zum Abflug bereit«, bestätigte der Commander. »Wir springen jetzt zu dem Strudel. Bitte öffnen sie uns eine Ausflugs-Schneise. «

»Ich deaktiviere die Antimaterie in dem Strudel«, bestätigte der Admiral. » Viel Erfolg für ihre Mission. «

Der Admiral verfolgte, wie die Antriebe der drei Zerstörer starteten. Langsam beschleunigten die Schiffe und wechselten in den Hyperraum. Admiral Dragphan erteilte die Anweisung, einen der naheliegenden Strudel zu öffnen.

Die drei Schiffe von Commander Sirgphan, materialisierten an der Innenseite der weißen Barriere. Die Steuer-Station war bereits von Admiral Dragphan instruiert worden. 36 mobile Wurmloch-Stabilisatoren hatten sich um den gigantischen Strudel formiert und bauten ein stabiles energetisches Netz auf.

Commander Sirgphan hatte den Außenbild-Monitor seines Schiffes aktivieren lassen. Er und seine Crew sahen, wie sich der Strudel von der Mitte aus öffnete und sich die rotierende Antimaterie immer weiter zum Rand zurückzog.

»Die Größe des Portals kann von unseren Wissenschaftlern exakt eingestellt werden«, dachte er. »Das ist schon eine technische Meisterleistung. «

Endlich blinkten an den Flug-Stabilisatoren grüne Signalfeuer auf.

»Das ist unser Zeichen«, sagte der Commander. » Bitte geben sie den Befehl an unsere Flotte durch. Den Ausgang nacheinander durchqueren. «

»Ihr Befehl wurde übermittelt«, antwortete der Funk-Offizier.

»Steuermann, nehmen sie Fahrt auf«, befahl Commander Sirgphan.

Vorsichtig und mit geringer Geschwindigkeit durchflogen die 2.500 Meter-Klasse-Schiffe die Anomalie. Commander Sirgphan verfolgte das Manöver auf seinen Monitoren. Schnell war die Enge passiert.

Die Sterne der 2. Dimension bauten sich auf dem Bildschirm des Schiffes auf.

»Haben wir Ortungen? «, fragte er.
»Es werden keine Ortungen, oder andere Energiewerte werden angezeigt«, antwortete der angesprochene Offizier. »Alles ist ruhig. «

»Wir springen zu den ermittelten Daten der Meister«, entschied der Commander. »Befehl an alle Schiffe, den Sprung jetzt durchführen. «

Die drei schweren Schiffe entmaterialisierten in den Hyperraum und entschwanden von den Bildschirmen der zierrakischen Raumüberwachung.

***

Oberst Cameron wandte sich von dem CIC ab.
»Sergeant Niemann«, sagte er. Stellen sie bitte eine Hyperkomm-Funkverbindung zu der Flotte her. «

Der Funk-Offizier nickte.

»Sie können sprechen«, Herr Oberst. »Die Verbindung seht. «

»Hier spricht Cameron«, sprach der Oberst in den Communicator. »Sie sehen auf ihren Ortungsgeräten, dass wir erwartet werden. Das Flaggschiff unter meiner Führung wird sich gleich enttarnen und ein Gespräch mit der Führung der Piraten suchen. Formieren sie sich in breiter Front und bauen sie eine Barriere auf. Falls die Piraten einen Angriff auf mein Schiff beginnen sollten, enttarnen sie sich bitte. Das wird der letzte Schritt sein, sie von einem Angriff abzuhalten. Bitte bestätigen sie bitte meine Befehle. Ende der Übermittelung, Oberst Cameron, ISD-Führung. «

»Die Bestätigung kommen bereits an«, meldete Sergeant Niemann.

Der Oberst blickte auf den großen Bildschirm.

»Das Schiff enttarnen und eine Verbindung zu den Piraten-Schiffen herstellen«, befahl er.

»Die Leitung baut sich auf«, meldete der Funk-Offizier.

Reco Kuriato blickte auf seinen Monitor.

»Ortungen? «, erkundigte er sich.

»Immer noch nichts«, antwortete Surus Tanjati, der Ortungs-Offizier. »Stopp, ich orte ein Schiff, das gerade materialisiert ist. «

»Was heißt materialisiert? «, fragte Reco. » In dem Asteroidenfeld kann man keine Hyperraumsprünge durchführen. «

»Es ist aber gerade in diesem Moment aufgetaucht«, entgegnete der Ortungs-Offizier.

Jetzt erkannte es der Anführer der Piraten auch.
»Es ist ein Angriffs-Kreuzer einer 400-Meter-Klasse «, teilte Nurio Paldowski vom Waffen-Leitstand mit. »Das Schiff ist nicht in unseren Archiven katalogisiert. Es scheint ein Neubau des Neuen-Imperiums von Natrid & Tarid zu sein. Das Schiff hat 30 Waffen-Türme ausgefahren. «

Reco Kuriato pfiff durch seine Zähne.
»Das ist ein schwerer Brocken«, bemerkte er. »Das Schiff wird uns einige Probleme bereiten. «

»Man ruft uns«, meldete Funk-Offizier Kanlawski.
»Legen sie auf die Lautsprecher«, befahl Reco Kuriato.
»Hören wir einmal, was sie wollen. «

»Hier spricht Oberst Cameron, Imperialer Sicherheits-Dienst des Neuen-Imperiums von Tarid & Natrid«, tönte es aus den Lautsprechern. »Wir ersuchen um ein Gespräch mit der Führung der Piraten. Wir kommen in freundlicher Absicht. Vermeiden sie einen Angriff auf unser Schiff. Ich wiederhole, hier spricht Oberst Cameron, Imperialer Sicherheits-Dienst des Neuen-Imperiums von Tarid & Natrid. Wir bitten um ein Gespräch mit der Führung ihres Planeten. Wir kommen in freundlicher Absicht. Bitte melden sie sich. «

Reco lachte laut auf.

»Jetzt kommen sie und wollen uns ihre Auflagen diktieren«, fluchte er. »Funker, öffnen sie mir einen Kanal.«

»Die Hyperkomm-Funkverbindung baut sich auf«, meldete der Funk-Offizier.

Der Anführer der Piraten griff nach dem Kommunikations-Gerät.

»Hier spricht Reco Kuriato, Anführer des größten Clans von Kiras«, sprach er in das Gerät. »Sie befinden sich auf unserem Hoheitsgebiet. Drehen sie um und verlassen sie unser Territorium. Wir sind nicht bereit mit ihnen zu verhandeln. Wenden sie unverzüglich, ansonsten greifen wir an. «

»Hier spricht Oberst Cameron«, tönte es aus der Leitung. »Wir sind nicht zu ihnen gekommen, um unverrichteter Dinge abzuziehen. Es ist dringend notwendig, dass wir über ihre Beutezüge reden. Das Neue-Imperium wird die Angriffe auf ihrem Gebiet nicht länger dulden. Es ist für uns kein Problem, den Außenbereich ihres Systems zu verminen und Blockade-Flotten zu stationieren. Diese werden sie dann ab sofort daran hindern, ihre Beutezüge weiter fortzuführen. Alle ihre Schiffe, die aus dem Asteroidenfeld fliegen, werden vernichtet werden. Überlegen sie sich ihre Entscheidung gut. «

»Sie wagen uns zu drohen? «, antwortete Reco Kuriato aufgebracht. » Auch wir verfügen über unseren Stolz. Wir werden bis zum Untergang kämpfen und ihre Flotten-Verbände vernichten. «

Er blickte seinen 1. Offizier an.
»Lassen sie von unserer Hypertronic-KI errechnen, ob ein solches Vorgehen möglich ist«, befahl Reco. » Ich brauche mehr Informationen. «

Die KI rechnet die Erfolgschancen hoch.

»Bei einer ausreichenden Flottenstärke kann das Neue-Imperium den Ausflug unserer Schiffe blockieren«, meldete die KI monoton. »Die Erfolgsaussichten stehen bei 90 Prozent, zugunsten der natradischen Nachkommen. «

»Das darf doch alles nicht wahr sein«, tobte der Anführer der Piraten. Der trat mit seinem rechten Fuß mehrmals vor den Kommando-Sessel der Brücke.

Die Offiziere des Schiffs kannten die Eigenarten ihres Anführers bereits länger.

Schnaufend beruhigte sich Reco wieder.
»Schmach breitet sich über uns aus«, kreischte er. »Das Neue-Imperium tritt uns in unser Hinterteil und wir können nur dumm zuschauen. So habe ich mir ein Zusammentreffen mit ihnen nicht vorgestellt. Ein einzelnes Schiff droht uns in unserem eigenen Sternen-System. «

Reco überlegt einen Augenblick.
»Wir rücken vor und verpassen dem Schiff mehrere Treffer«, entschied er. »Sie sollen unseren Stolz zu spüren bekommen. Befehl an alle Schiffe, die Waffen aktivieren und mit langsamer Geschwindigkeit auf das Schiff des Imperiums zufliegen. In einem Abstand von 5.000

Kilometern, ohne weitere Rückfrage das feindliche Schiff unter Feuer nehmen. «

»Ist das wirklich ihr Befehl? «, fragte der 1. Offizier nach. » Sie werden den Commander des Schiffes des Neuen-Imperiums unnötig verärgern. «

»Wir werden es vernichten«, lachte Reco. » Nur so ist unser Stolz wieder herzustellen. Führen sie den Befehl aus. «

Rogus Hanjati schaute den Steuermann an.
»Sie haben den Befehl unseres Anführers gehört. Auf Angriffs-Kurs einschwenken. «

Der Befehl wurde an die wartenden Schiffe der Piraten übermittelt. Die Schiffe setzten sich in Bewegung.

»Die Piraten-Schiffe nehmen Fahrt auf«, meldete Sergeant Mitchell.

»Ich sehe es«, antwortete Oberst Cameron. »Dieser Kuriato ist ein sturer Hund und uneinsichtig. Geben sie den Befehl an unsere Schiffe sich zu enttarnen. «

»Der Befehl ist raus«, meldete Sergeant Niemann.

Die Crew sah, wie sich die Flotte des ISD in breiter Formation enttarnte.

»Sergeant Stutzmann«, befahl der Oberst. »Schießen sie ihnen eine Gravitations-Bombe vor ihren Bug. Die Explosion muss in 5.000 Metern vor ihren Schiffen stattfinden. Das wird sie ordentlich durchrütteln. «

»Waffe geladen und bereit«, antwortete der Waffen-Leitstand.

»Feuer«, sagte der Oberst.
Die schwere Bombe raste aus der Kombi-Kanone am Bug des Flaggschiffes, den Piraten-Schiffen entgegen. Gespannt verfolgte die Crew den Flug des Gefechtskopfes auf ihren Schirmen.

»Ich orte weitere Feind-Kontakte«, meldete Surus Tanjati, der Ortungs-Offizier des Flagg-Schiffes der Piraten. »Wir haben es jetzt mit 1.000 Schiffen der 400 Meter-Klasse zu tun. Sie alle haben ihre Waffen-Türme aktiviert. «

Die Meldung traf Reco wie ein Messerstich in sein Herz. Seine ganzen Hoffnungen wurden mit einem Schlag ausgelöscht. Er war unfähig zu antworten.

»Raketenangriff«, fluchte Nurio Paldowski. »Ein Geschoss nähert sich unserer Flotte. «

»Schilde auf Maximum«, befahl Reco. »Sofort die Flotte stoppen. «

»Der Befehl wurde gesendet«, bestätigte der Funk-Offizier. »Die Flotte bricht den Angriff ab. «

Das Geschoss näherte sich unaufhaltsam. 5.000 Meter vor den Schiffen der Piraten-Flotte explodierte es. Die massiven Gravitations-Wellen schüttelten die kleineren 250 Meter messenden Angriffsboote der Piraten kräftig durch. Reco musste sich an seinem Stuhl festhalten, um nicht den Halt zu verlieren. Er drehte sich um, und sah einige seiner Offiziere mit leichten Verletzungen am Boden liegen. Sie waren auf diese starken Turbolenzen nicht vorbereitet gewesen.

Das Schütteln und das Vibrieren des Schiffes nahmen langsam ab.

»Was war das? «, fragte Reco.

»Das scheint eine kleine Gravitations-Bombe gewesen zu sein«, bemerkte der Offizier des Waffen-Leitstandes. »Eine Warnung des Flagg-Schiffes der Flotte des Neuen-

Imperiums«, teilte der erste Offizier mit. »Noch wollen sie uns nicht vernichten. Ich schlage vor, sie überdenken ihren Angriffs-Befehl noch einmal. «

»Status der Flotte abfragen«, befahl Reco. » Gibt es Schäden? «

»Es werden nur leichte Schäden angezeigt«, antwortete der Ortungs-Offizier. »Ein Teil der Besatzung hat leichte Blessuren davongetragen. «

»Eingehender Funkspruch«, meldete Logus Kanlawski. »Das Kommando-Schiff der Fremden meldet sich wieder. «

»Hier spricht Oberst Cameron«, tönte es aus dem Lautsprecher. »Das war unsere letzte Warnung. Wir haben auf allen unseren Schiffen noch größere Gravitations-Bomben. Stellen sie sich einmal vor, wenn wir ihnen hiervon 1.000 Stück gleichzeitig vor ihren Bug schießen. Es wäre dann im Anschluss ein leichtes für uns, ihre Schiffe durch unsere Lasersalven zu eliminieren. Wir wünschen ein Gespräch mit ihrer Führung. Mehr wollen wir nicht. Hiernach ziehen wir uns zurück. «
Das Gespräch brach ab.

Reco Kuriato blickte seine Crew an.

»Vorschläge? «, fragte er.

Die Gesichter der Crew zeigten einen resignierenden Ausdruck.

»Was sollen wir ihnen sagen, was sie nicht selbst wissen«, antwortete der 1. Offizier. »Wir sind ihnen unterlegen. Mit ihrer Waffentechnik ist nicht zu spaßen. Ich glaube ihnen, dass sie uns im Handstreich erledigen können. Sie sollten auf ihren Wunsch eingehen und ein Gespräch mit dem Konzil veranlassen. So würden wir in jedem Fall etwas Zeit gewinnen. «

Der Anführer der Piraten wartete einen Augenblick.

»Wir haben im letzten Jahr über 700 Schiffe verloren, die auf das Konto des Neuen-Imperiums gehen. Es ist eine Situation eingetreten, in der unsere Beute-Transporter nicht mehr sicher den Weg zurück in unser System finden. Viele von ihnen wurden abgefangen, oder zerstört. Hierdurch werden unsere Kräfte langsam aufgerieben. Bereits in vielen Sektoren der Milchstraße sind die Schiffe des Neuen-Imperiums uns zahlenmäßig überlegen. «

»Es nützt alles nichts«, erwiderte Rogus Hanjati. »Wenn die Munition fehlt, sind die Waffen unbrauchbar. «

»Was willst du hiermit sagen? «, fragte Reco.

»Das Imperium zeigt immer mehr Präsenz«, antwortete der 1. Offizier. »Es muss mittlerweile allen klar sein, dass eine neue Epoche angebrochen ist. Die guten alten Tage, nach dem Untergang des natradischen Kaiser-Imperiums, sind vorbei. Wir können so weitermachen, wie bisher und vollständig untergehen, oder wir arrangieren uns mit der neuen Zeit. Wann bekommst du das endlich einmal in deinen Kopf hinein. «

Reco Kuriato schaute seinen Freund an. Niemand durfte so mit ihm reden. Lediglich seinem langen Weggefährten, Rogus Hanjati, erlaubte er es.

»Es ist äußerst schwer für meine Person, sich hiermit anzufreunden«, antwortete er. »Ich sehe die Notwendigkeit natürlich ein, sträube mich aber bislang noch dagegen. «

»Das ist verständlich«, antwortete der Offizier. »Das gleiche spielte sich bei mir ab. Doch ich habe mich bereits seit geraumer Zeit mit diesem Thema beschäftigt. Die Lösung sieht aus, sich den neuen Gegebenheiten anzupassen und diese später an die eigenen Bedürfnisse anzupassen. Lassen wir Piraten einer neuen Zeit werden, die Geschäfte auf anderen Gebieten machen. Wir werden dem Neuen-Imperium den Terun schon aus der Tasche ziehen. «

»Was ist ein Terun? «, erkundigte sich Reco.

Rogus lachte.

»Du solltest dich schleunigst ein wenig mit dem Imperium beschäftigen«, antwortete er. »Das ist die Neue imperiale Währung, die auf immer mehr Planeten genutzt wird. «

Reco Kuriato schüttelte seinen Kopf. Er blickte auf die wartende Flotte des Neuen-Imperiums.

»Öffnen sie mir einen Kanal«, befahl er seinem Funk-Offizier.

»Die Leitung baut sich auf«, teilte Funk-Offizier Kanlawski mit. »Sie können sprechen. «

Der Anführer der Piraten griff nach dem Kommunikations-Gerät.

»Hier spricht der Anführer der Piraten-Flotte«, meldete er sich »Ich rufe Oberst Cameron. Bitte melden sie sich. «

»Hier spricht Oberst Cameron, was darf ich für sie tun«, schallte es aus den Lautsprechern.

»Wir haben ihren Wunsch noch einmal erörtert«, antwortete der Clan-Chef. »Es ist uns jetzt möglich, ihren

Wunsch zu erfüllen. Wir stellen einen Kontakt zu unserer Regierung, dem hohen Konzil, her. Folgen sie uns mit ihrer Flotte. Positionieren sie ihre Schiffe im Orbit unseres Planeten. Sie werden von unseren Kampf-Schiffen bewacht. Führen sie nichts Unbedachtes durch. Wir haben sie im Blickfeld. Lediglich ihr Flagg-Schiff erhält Lande-Erlaubnis auf unserem Planeten. Folgen sie dem Leitstrahl. «

»Ich danke ihnen für ihre Einsicht«, antwortete Oberst Cameron. »Mehr erwarten wir auch nicht. «
Das Gespräch brach ab.

Jubel brach auf der Brücke des Prinz-Schiffes aus. Die Crew sah, wie die Flotte der Piraten wendete zu sich zurückzog.

»Befehl an die Flotte«, befahl der Oberst. »Langsame Fahrt voraus, den Schiffen der Piraten folgen. «

»Ich gebe den Befehl durch«, antwortete Sergeant Niemann.

Die stolze Flotte der Prinz-Schiffe folgte den Piraten-Schiffen zu ihrem Verwaltungsplaneten. Gemäß der Anweisung von Oberst Cameron, bildete die Flotte kleinere Gruppen zu je 10 Schiffen, die auf unterschiedlichen Positionen auf der Umlaufbahn um den Planeten einschwenkten.

Das Schiff von Oberst Cameron ging in den Landeanflug über und senkte sich langsam dem Planeten Kiras entgegen. Der Leitstrahl wies das Schiff an, auf einem Raumhafen vor der Hauptstadt zu landen. Ohne weitere Probleme setzte das 400-Meter-Schiff auf dem Boden auf.

Eine Schwadron bewaffneter Soldaten wartete bereits auf dem Flugfeld. Ein Transport-Gleiter stand für Abordnung der Gäste des Neuen-Imperiums bereit.

Die Laserbrücke des Flagg-Schiffes aktivierte sich. Oberst Cameron schmunzelte, als er 50 natradische Kampf-Roboter ausschleuste, die mit aktivierten Waffen-Armen die Laser-Brücke hinunter schritten. Ihre Augen leuchteten in tiefen Rot. Die 2,20 großen Kampf-Kolosse flößten bereits nur durch ihr Erscheinen großen Respekt bei den Soldaten der Piraten aus. Unsicher wichen diese einige Meter zurück.

Reco Kuriato verfolgte das Schauspiel mit leicht zugekniffenen Augen. Er kannte die Shy-Ha-Narde aus diversen Kampf-Einsätzen.

»Mit den Metall-Kolossen ist wahrlich nicht zu spaßen«, dachte er. »Der Oberst lässt sich nicht von uns einschüchtern. «

Geduldig wartete er ab. Die Roboter sicherten das Schiff der Prinz-Klasse. Je länger Reco sie betrachtete, um so stechender wurde der Blick, mit dem ihn die Roboter im Auge behielten. Der Anführer der Piraten wandte seinen Blick Blick wieder dem Raumschiff zu.

Er erkannte, wie zwei hochgewachsene Männer den Ausstiegs-Schott verließen. Ihre Taja flimmerte leicht. Ein Zeichen dafür, dass sie ihren Schutz-Schirm aktiviert hatten.

»Sie trauen uns in keiner Weise«, schmunzelte Reco. »Aber das haben wir selbst zu verantworten. «

Reco trat einige Schritt nach vorne. Die Laser-Gewehre der Shy-Ha-Narde fuhren hoch und richteten sich auf ihn. Erschreckt blieb Reco stehen.

Er sah, wie der Vorderste der beiden Personen des Imperiums seine Hand hob und etwas in einen Kommunikator sprach. Langsam kamen die Besucher auf ihn zu.

»Sie sind der Anführer der Piraten? «, fragte die vorderste Person in reinem Natradisch. » Ich bin Oberst Cameron. Endlich lernen wir uns einmal kennen. Bisher konnte ich nicht viel Gutes über sie hören. «

Er zeigte auf seinen Begleiter.
»Das ist mein 1. Offizier, Leutnant Olsen. «

»Mein Name ist Reco Kuriato«, erwiderte der Anführer des größten Piraten-Clans. »Wir leben von Beutezügen, das wird ihnen hoffentlich klar sein. Verzeihen sie, dass ich sie nicht Willkommen heiße. Sie sind unaufgefordert bei uns eingedrungen. Vermeiden wir daher langes Geschwätz. Sie haben um ein Gespräch mit unserer Führung gebeten. Dieses habe ich arrangiert. Folgen sie mir zu dem Gleiter. «

Oberst Cameron winkte vier Kampf-Robotern zu, ihn und seinen 1. Offizier zu begleiten.

Reco blickte ihn erstaunt an.
»Die Kampf-Roboter bleiben hier«, sagte er. » Die haben keinen Zutritt in unser Regierungs-Zentrum. «

»Es sind reine natradische Personen Schutz-Roboter«, antwortete Oberst Cameron. »Sie glauben doch nicht, dass wir uns in die Höhle des Löwen begeben, ohne uns abzusichern. Ohne die Roboter gibt es kein Gespräch und wir fangen von vorne an. Entscheiden sie sich. «

Der Anführer der Piraten war hin und her gerissen.
»Der Oberst erweist sich als willensstark«, dachte er.
»Will er es tatsächlich auf eine Konfrontation ankommen lassen? «

Reco überlegte kurz.
»Wir keine Attentate auf sie geplant«, antwortete er.
»Das hätten wir schon längst machen können. «

»Da irren sie sich«, antwortete der Oberst. »Sie hätten keine Chance gehabt. Lediglich massive Verluste unter ihrem Personal. Wir haben Vorkehrungen getroffen. Die Kampf-Roboter kommen mit. Führen sie uns endlich zu ihrer Regierung. «

Reco resignierte. Er zog einen Kommunikator aus seiner Tasche und sprach neue Befehle hinein. Die Soldaten zogen sich etwas zurück, um die Situation zu entspannen. Trotzdem behielten sie das Schiff der Fremden im Auge.

Reco blickte die Gäste des Neuen-Imperiums an.
»Steigen sie ein«, sagte er. »Der Gleiter bringt uns in das Regierungs-Viertel. «

»Nach ihnen«, lächelte der Oberst. »Sie sind hier zu Hause und genießen den vollen Heimvorteil. «

Reco blickte ihn an, verstand aber nicht, was der Oberst ausdrücken wollte.

Er stieg in den Gleiter ein und setzte sich auf einen der bequemen Sessel. Ihm folgten Oberst Cameron und Leutnant Olsen. Als letztes stiegen die vier Kampf-Roboter zu.

Reco Kuriato gab den Befehl zum Abheben. Schnell gewann der Gleiter an Höhe und preschte der vor ihnen liegenden Stadt entgegen.

Oberst Cameron hatte keine Augen für die Umgebung des Planeten. Er musterte mit eiserner Miene den Anführer der Piraten. Der fühlte sich sichtbar unwohl in seiner Haut.

»Wir kommen in die Hauptstadt«, bemerkte Reco. »Schauen sie aus dem Fenster. Es hat sich in den letzten Jahrhunderten einiges verändert. «

Oberst Cameron nickte, ohne seinen Blick von dem Anführer der Piraten abzuwenden. Er bemerkte, dass sich sein Gegenüber nicht wohl fühlte.

Die eiserne Stille in dem Gleiter setzte sich bis zur Landung fort. Keiner der Anwesenden stellte eine Frage. Angehörige des Neuen-Imperiums und der Piraten waren keine Freunde. Das ließen die Besucher die Piraten spüren.

Der Gleiter setzte auf, der Pilot sprang heraus und öffnete den Schott.

Zuerst schritten die Kampf-Roboter ins Freie und sondierten die Umgebung. Sie scannten alle Häuserfassaden, Dächer, Gassen und suchten nach Heckenschützen, oder anderen Wärmequellen.

Nach kurzer Zeit drehte sich einer der Roboter um.
»Die Umgebung ist sauber«, teilte er in seiner metallischen Stimmlage mit. »Sie können aussteigen.

»Danke«, antwortete der Oberst.
Er und sein 1. Offizier sprangen aus dem Gleiter. Als Letzter folgte der Anführer der Piraten.

Vor ihnen lag das Gebäude des Konzils. Es war ein imposantes Gebäude, getragen von zahlreichen Säulen, erinnerte es mehr an eine Residenz.

»Vermutlich stammt es noch aus besseren Zeiten«, dachte der Oberst. »Von fetten Beutezügen, als es noch kein Aufbegehren der unterschiedlichen Rassen gab. «
»Folgen sie mir«, sagte der Anführer der Piraten.

Die Abordnung des Neuen-Imperiums schritt die 20 Stufen des Gebäudes hinauf
.
Vor dem Tor stand eine Person, die auf die Gäste wartete. »Mein Name ist Eron Jackoss«, sagte er. »Ich bin der Vorsitzende des Piraten-Konzils. Darf ich sie bei uns herzlich begrüßen. Wir haben uns schon länger gefragt, wann sie endlich unseren Kontakt suchen werden. «

Oberst Cameron stellte sich uns seinen 1. Offizier vor und bedankte sich für den Empfang.

Reco Kuriato verstand die Welt nicht mehr.
»Dieser schleimige Jackoss heißt die Gäste auch noch Willkommen«, dachte er. »Das wird ein Nachspiel haben.«

»Verzeihen sie dem Anführer des größten Clans auf unserem Planeten, den vermutlich etwas rüden Empfang«, sagte der Vorsitzende des Konzils. »Er ist gegen alles Neue und Fremde. Leider können wir ihn auch nicht mehr ändern. Folgen sie mir ins Innere des

Gebäudes. Der hohe Rat sich versammelt, um sie anzuhören. «

Die Gäste folgten dem Vorsitzenden durch eine große Halle und anschließende Flure. Endlich erreichten sie eine große geöffnet Türe, durch die Oberst Cameron den Rat des Konzils erblicken konnte. Sie schritten hindurch. Der ganze Saal war gefüllt mit Vertretern der unterschiedlichen Piraten-Clans von Kira.

Reco erkannte schnell einige Vertreter seines Clans und gesellte sich zu ihnen.

Eron Jackoss war stehengeblieben und riss seine Arme in die Luft.

»Liebe Kollegen und Rat-Mitglieder«, sagte er. »Begrüßen sie die Abgesandten des Neuen-Imperiums. «

Verhaltener Beifall wurde laut.
Der Vorsitzende ging zu einem Podest, das in der Mitte des Saales aufgebaut war. Eine Art Stand-Mikrofon ragte aus einem Rednerpult hervor.

Eron Jackoss zeigte auf das Mikrofon.
»Hier können sie ihre Wünsche und Fragen vortragen«, erklärte er. »Wir werden ihnen zuhören. «

Oberst Cameron nickte.

»Danke, Her Vorsitzender«, sagte Oberst Cameron.

Er blickte die Mitglieder des hohen Konzils an.

»Ich habe den Weg zu ihnen gesucht, um mit ihnen ein Problem zu besprechen«, begann er. »Sie werden mittlerweile Wissen, dass wir das alte Imperium des natradischen Kaiser-Reiches wieder aktivieren und nach neuen Grundsätzen beleben. Die technischen Möglichkeiten hierzu haben wir. Neben den Gefahren, die uns von andersartigen Rassen drohen, haben wir allen Mitglieder des Neuen-Imperiums versichert, dass wir sie schützen werden, so gut wir das können. «

Der Oberst blickte sich um. Alle Zuhörer hörten ihm gespannt zu.

»Ich weiß nicht, ob ihnen der Name Worgass etwas sagt«, fuhr er fort. »Diese Rasse hat sich über viele Galaxien im Universum ausgebreitet. Sie wurde künstlich erschaffen, wir wissen nicht von wem. Doch ihr immenser Hass auf alle Lebensformen humanoiden Ursprungs, lässt sie nicht ruhen. Immer wieder werden Planeten, Kolonien und humanoide Niederlassungen angegriffen und vernichtet. Wir konnten sie aus der Kleinen Magellanschen Wolke vertreiben, ihren Brückenkopf, ihre Raumschiff-Werften und das von ihnen vorbereitete Wurmloch, das ihnen den Durchgang in die Milchstraße ermöglichen sollte, zerstören. Uns ist bewusst, dass wir hierdurch nur Zeit gewonnen haben. Diese Rasse wird wieder versuchen, in die Milchstraße einzudringen, um ihr schreckliches Vernichtungswerk fortzuführen.

Sie werden vor keiner humanoiden Kultur halt machen. Auch nicht vor dem Planet der Piraten. Ihnen es ist egal, ob es sich bei den humanoiden Lebensformen um Piraten, Terraner, Natrader, Morina, Argoner, Najekesio, oder Green-Lizards handelt. Bei den letztgenannten handelt es sich sogar um eine exoide Rasse, die sich auf unsere Seite geschlagen hat. Auch sie wird die Rache der Worgass zu spüren bekommen, falls wir nicht schützend unsere Hände über sie halten können.

Unsere Wissenschaftler vermuten, dass selbst der große Krieg vor 100.000 Jahren auf das Konto der Worgass gehen könnte. Damals konnten sie eine Rasse züchten, die sich Rigo-Sauroiden nannte. Ihnen verdankt das natradische Kaiser-Imperium seinen Untergang. «

»Alles nur Gerüchte«, erwiderte einer der Mitglieder eines Piraten-Clans. » Können sie das beweisen? «

Oberst Cameron lächelte sie Zwischenrufer an.

»Leider nein«, antwortete er. »Wir waren nicht persönlich dabei. «

Gelächter wurde laut.

Der Oberst kloppte kurz an das Mikrofon. Die Geräuschkulisse ebbte ab.

»Wir haben entsprechende Daten gesammelt«, fuhr Oberst Cameron fort. »Diese können wir ihnen gerne zur Analyse übermitteln. Exakte Aufzeichnungen haben wir über die Zerstörung von großen Schiffs-Verbänden, die wir hier in der Milchstraße abgefangen haben. Bei großen Verbänden spreche ich von einer Schiffs-Armada von 30.000 Einheiten und mehr. Bei dieser Zahl handelt es sich um eine relative kleine Verbände der Worgass. Auf der Seite unserer Nachbar-Galaxie Andromeda, mussten wir vor unserer Intervention, eine Flottenstärke von fast 600.000 Schiffen zählen. Ich nenne diese Zahlen nur, damit sie sich ein Bild machen können, mit welcher Armada die Worgass möglicherweise bei ihnen vor der Haustüre stehen werden. «

Im Saal des Konzils war es still geworden. Man konnte eine Stecknadel fallen hören.

»Hat es ihnen die Sprache verschlagen? «, fragte Oberst Cameron. » Können sie mir die Frage beantworten, sind sie auf einen solchen Angriffs-Fall vorbereitet? «

»Das sind wir auf gar keinen Fall«, antwortete der Vorsitzende des Konzils. »Liegen ihnen Hinweise vor, dass in geraumer Zukunft hiermit gerechnet werden muss? «

»Dank der Vernichtung ihrer beiden Wurmloch-Knoten, zum einen hier in der Milchstraße, zu andern in der Andromeda Galaxie, wurde für die kurzfristige Zukunft die Gefahr behoben. Trotzdem wissen wir nicht, wer hintern den Worgass steht und die Fäden zieht. «

Der Oberst machte eine kleine Pause und ließ seine Worte auf die Piraten wirken.

»Jetzt komme ich zu wesentlichen Punkt«, ergänzte Oberst Cameron. »Wie ich schon anfangs mitteilen durfte, haben wir allen neuen Mitgliedern, Planeten und Rassen, Sicherheit unter dem Zelt des Neuen-Imperiums garantiert. Das betrifft auch Angriffe und Belästigungen von Piraten. Ich möchte ihnen das Angebot machen, dem Neuen-Imperium beizutreten. Sie bekommen imperiale Aufgaben zugewiesen, werden entlohnt und stehen unter dem Schutz des Imperiums. Die ewigen Beutezüge ihrer Clans gehören dann der Vergangenheit an. Vermutlich mussten sie auch immer wieder Verluste beklagen, bei

Rassen, die sich nicht so einfach ihren Wünschen unterordnen wollen.

Das alles ist vorbei, wenn sie dem Neuen-Imperium beitreten und sich für unser Gesetz, Recht und Ordnung entscheiden sollten. Wir wissen, dass sie eine stolze Rasse von Kämpfern sind. Daher komme ich nicht mit einer Kriegs-Flotte, um sie zu unterwerfen. Ich biete ihnen an, eine eigene Entscheidung zu treffen, zum Wohl ihres Planeten, ihrer Freunde und ihrer Familien. Doch dieses Angebot wird ihnen nur einmal offeriert. Falls sie sich hiergegen entscheiden sollten, stuft sie das Neue-Imperium als Feinde ein und wird sie genauso, wie alle anderen Feinde, gnadenlos bekämpfen. Es wird dafür sorgen, dass von ihnen keine Gefahr mehr für die Mitglieder und Bewohner anderer Planeten des Imperiums ausgeht. «

»Das ist Erpressung«, monierte der Angehörige eines Clans. »Wir werden nicht dem Imperium dienen. «

»Das verbittet unser Stolz«, antwortete einer weiterer Zuhörer. »Unsere Ahnen würden sich im Grab umdrehen. «

»Welche Möglichkeiten gibt es denn für euch«, griff ein anderer Zuhörer in die Diskussion ein. »Habt ihr es immer noch nicht begriffen. Nur gemeinschaftlich ist man den heutigen Gefahren gewachsen. «

Oberst Cameron nickte.

»Danke für ihre Unterstützung«, sagte er. »Sie scheinen schon ein Pirat der neuen Generation zu sein. Den anderen, die nur über Dienerschaft und Stolz nachdenken, möchte ich mitteilen, dass ihr Leben weitergeht. Lediglich die Beutezüge und die Angriffe auf andere Rassen und Planeten müssen aufhören. Ansonsten profitieren sie von allen Leistungen, Fortschritten und den technischen Leistungen des Neuen-Imperiums. Ihnen werden auch die Fortschritte unserer Waffentechnik, schnellere Antriebe für Raumschiffe und die Verbesserungen für Schutz-Schirme, zugänglich gemacht. Sie sehen also, dass es kein einseitiges Geschäft werden wird. Wir brauchen ihren Mut und ihre Kampf-Kraft als Mitglied des Neuen-Imperiums.

Überlegen sie sich bitte alle meinen Vorschlag. Er ist ehrlich gemeint. Schicken sie einen Parlamentarier zu uns, der in ihrem Namen die Beitritts-Verträge unterschreiben darf. «

Oberst Cameron ließ nochmals eine kleine Pause vergehen.

»Ich stehe hier für mein Wort«, sagte er. »Ich biete ihnen unser Imperium als ihr neues Haus an. Ihr Anführer Reco-Kuriato hat meine kleine Flotte, sie umfasst 1.000 Schiffe unserer neuen Prinz-Klasse, gesehen. Ihm ist auch bewusst, welche Möglichkeiten sie bietet. Diese Flotte wird in den nächsten Monaten auf 150.000 Einheiten aufgestockt. Ich bin nur ein kleiner Teil des Imperiums und leite die Behörde ISD. Diese Abkürzung steht für die Bezeichnung "Imperialen Sicherheits-Dienst". Denken sie einmal darüber nach, nach welchen Kriterien sie erst die imperiale Kriegs-Flotte bewerten müssen. Sie hat einen anderen Stellenwert und Umfang. Sie kümmert sich um wesentlich wichtigere Dinge, als unterschiedliche Rassen um ihren Beitritt zu dem Neuen-Imperium von Natrid & Tarid zu bitten. «

Der Vorsitzende des Konzils stand auf.
»Ich danke dem Oberst für seine Informationen«, sagte er. »Ich glaube, alle hier anwesenden Vertreter der Clans haben ihre Rede verstanden. «

Er blickte Oberst Cameron an.
»Ich persönlich möchte ihnen noch eine Frage stellen«, ergänzte er. »Wird das Neue-Imperium unsere annektierten Rohstoff-Planeten, Erz-Monde und Asteroiden anerkennen, die wir in Besitz genommen haben und dürfen wir weiter unser Material schürfen? «

»Sofern sie diese als ihr Eigentum betrachten und bereits aktiv auf den Planeten arbeiten, werden diese Planeten, Monde und Trabanten ihnen zugesprochen", antwortete der Oberst. Falls es sich um Planeten handelt, auf denen sie die Angehörigen fremder Rassen unterjochen, empfehle ich ihnen diese schnellsten in die Selbstständigkeit zu entlassen. Eine Sklaverei, Ausbeutung und Unterjochung von Rassen jeglicher Art, wird in unserem Imperium nicht geduldet werden. «

»Ich verstehe«, antwortete der Vorsitzende. » Besteht auch die Möglichkeit, Rohstoffe an das Imperium zu verkaufen. Ich meine hiermit alle Erze, die für die Gewinnung von Energie-Kristallen geeignet sind, oder Rohstoffe wie Thulium, Gold, Platin, Terbium, Lutetium, die immer noch sehr selten zu finden sind? «

»Das wäre eine gute Handels-Idee«, erwiderte Oberst Cameron. »Das Imperium sucht dringt nach neuen Quellen. Das wäre ein lukratives Geschäft für sie. «

»Danke für ihre Auskünfte«, antwortete der Vorsitzende. »Wir werden uns über ihren Vorschlag beraten und ihnen schnellsten Bescheid geben. «

»Kann ich hierauf warten? «, fragte der Oberst.

»Besser nicht«, antwortete der Vorsitzende. » Alle 186 Clan auf unseren Planeten müssen in Einzelgesprächen überzeugt werden. Vor uns liegt noch eine Menge Arbeit. Wir versprechen ihnen aber, in der Zeit der Beratung keine Beutezüge mehr durchzuführen. Fliegen sie zurück nach Natrid und warten sie den Besuch unseres Parlamentariers ab. Es wird sie nach dem Abschluss unserer Beratungen konsultieren. Ich hoffe sehr, sie gewähren ihm eine Einflug-Genehmigung in ihr System. «

»Das denke ich schon«, antwortete Oberst Cameron. » Er sollte sich in jedem Fall rechtzeitig zu erkennen geben. «

»Danke für ihren Besuch«, verabschiedete der Vorsitzende des Konzils die Gäste des Neuen-Imperiums. » Zwei Bedienstete unseres Konzils werden sie zu ihrem Schiff bringen. «

Er winkte zwei wartenden Personen zu, die sich der Besucher annahmen.

Eisige Stille war im Saal zu spüren, als die Gäste des Neuen-Imperiums aus dem Saal hinausgeführt wurden.

Oberst Cameron blickte seinen 1. Offizier an.

»Das wird ihnen in keiner Weise geschmeckt haben«, sprach er in Englisch seinen 1. Offizier an.

Die Bediensteten des Konzils hörten irritiert zu, verstanden aber kein Wort der Sprache.
»Es ist die einzige Möglichkeit für sie«, antwortete Sergeant Olsen in der gleichen Sprache. » Sie entgehen hiermit einem Vergeltungsschlag unserer Flotte. Dieser würde garantiert erfolgen, falls die Piraten ihre Beutezüge fortsetzen sollten. «

»Ich hoffe sehr, dass sie einsichtig beraten werden«, erwiderte Oberst Cameron. »Der sogenannte Anführer von ihnen, schien emotional stark beeinflusst zu sein. «

»Du redest von Reco Kuriato«, bemerkte der 1. Offizier.

Oberst Cameron nickte.
»Ja«, antwortete er. »Er wird sich am schwersten mit der neuen Situation abfinden können. «

Die Offiziere waren an dem Transport-Gleiter angekommen. Bedächtig stiegen ein. Die vier Kampf-Roboter folgten ihnen. Sie hatten nichts von ihrer Aufmerksamkeit eingebüßt.

Einer der Bediensteten des Konzils schloss den Schott. Er gab dem Piloten ein Zeichen. Sanft hob der Gleiter ab und flog dem Himmel entgegen. Der Rückflug zum Raumflug-Hafen erschien Oberst Cameron schneller als der Hinflug zum Gebäude des Konzils.

»Vermutlich will man uns schnell loswerden«, dachte er. »Uns soll es Recht sein. Jetzt liegt es an dem Willen der Piraten. «

Rückkehr der Ablonder

Sil'drock stand an den zahlreichen Kontroll-Anzeigen der Leitstation des ablondischen Nachschub-Planeten. Er kontrollierte den automatischen Aufweck-Vorgang der Schläfer.

»Die Aufweck-Prozedur ist zu 64 Prozent abgeschlossen«, meldete er. »Bisher läuft alles nach Plan. «

»Das habe ich nicht anders erwartet«, antwortete Ras'ekin. »Die Technik ist seit vielen Jahrtausenden ausgereift. Sie funktioniert ewig, vorausgesetzt sie wird von den Wartungs-Roboter gepflegt. «

»Wir können froh sein, dass keine Manipulationen durch die Worgass erfolgten«, bemerkte Sil'drock. »Sie scheinen den geheimen Versorgungs-Stützpunkt nicht gefunden zu haben. Vermutlich, weil die Energie-Meiler auf ein Mindestmaß heruntergefahren wurden. «

»Das war auch notwendig, um die Ressourcen zu schonen«, antwortete Ras'ekin.

»Können wie von hieraus ermitteln, wie es um die weiteren Versorgungs-Planeten steht? «, fragte Sil'drock.

»Das ist nicht so einfach«, antwortete Ras'ekin. »Für die Abfrage brauchen wir die Spezial-Codes. Diese Planeten werden nicht ohne Weiteres auf der Netzwerk-Karte angezeigt. Das ist eine Sicherheits-Vorkehrung unserer Herren gewesen. «

»Vermutlich haben sie die richtige Entscheidung getroffen«, antwortete Sil'drock. »Ansonsten wären vermutlich diese Planeten nicht von einem Fremdzugriff verschont geblieben. «

»KI«, sagte Ras'ekin. »Zeige uns bitte alle Versorgungs-Planeten in der 2. Dimension. «

»Zugriff nicht gestattet«, antwortete die Hypertronic-KI.
»Wie ich es gesagt habe«, erwiderte Ras'ekin. »Es hat sich nichts an den Befehlen geändert.
«
»Ist ein manueller Zugriff möglich? «, fragte Sil'drock. » Unsere Flotten-Führung kann nicht erreicht werden. «

Ein Ausnahme-Zugriff kann über einen Notfall-Code erfolgen«, teilte die KI mit
.

Sil'drock blickte Ras'ekin an.
»Steht dir ein Notfall-Code zur Verfügung? «, fragte er.

Ras'ekin nickte.

»Ich kann versuchen den Code meiner Station einzugeben«, entgegnete er. »Vielleicht wird er auch von dieser Leitstelle akzeptiert. «

»Versuche es bitte«, antwortete Sil'drock.

Ras'ekin ging zu einem Eingabe-Terminal. Er tippte eine Zahl ein.

»Notfall-Code X37800, bevorstehender Angriff auf das Netzwerk«, bestätigte er.

Sie beiden Ablonder sahen, wie Zahlenkolonnen über den Monitor liefen. Die Personen wurden zusehends unruhiger und hielten die Luft an.

»Der Zugriff wird gestattet«, antwortete die KI. »Alle Versorgungs-Planeten werden der Netzwerk-Karte hinzugefügt. «

Erleichtert atmeten die Ablonder aus.

»Es funktioniert«, freute Ras'ekin sich. »Die KI akzeptiert unseren Code. «

Sil'drock blickte auf den großen Bildschirm.

»Die neuen Planeten leuchteten als gelbes Signal auf der Karte. Es sind noch insgesamt 23 weitere Versorgungs-Planeten vorhanden«, erkannte er.

Ras'ekin nickte ihm zu.
»Unsere Herren haben weit vorausgedacht«, bemerkte er.

»KI«, befahl er. »Frage die Einsatz-Bereitschaft der Planeten ab. «

»Der Abfrage-Impuls wird gesendet«, bestätigte die KI monoton. »Bitte warten. «

Ungeduldig warteten die Beiden auf eine Antwort der Hypertronic-KI. Endlich erfolgte die Antwort.

»Alle Planeten befinden sich im deaktivierten-Energie-Modus«, erklärte sie. »Die Schläfer-Zellen sind aktiv und einsatzbereit. «

»Bitte aktivere alle Schläfer«, befahl Sil'drock.

»Befehl verweigert«, antwortete die KI. »Die Aktivierung kann nur vor Ort erfolgen. Eine manuelle Aktivierung, kann nach der Identifizierung der Berechtigung, nur in der

Leitstelle des jeweiligen Versorgungs-Planeten durchgeführt werden. «

»Das habe ich mir gedacht«, sagte Sil'drock. »Es ist das gleiche, wie mit unserem Versorgungs-Stützpunkt. Sie alle besitzen die gleiche Programmierung. Wir werden jeden einzelnen Planeten anfliegen müssen. «

»Das wird viel Zeit dauern«, antwortete Ras'ekin.

»Das ist richtig«, erwiderte Sil'drock. »Doch wenn wir uns auf die Suche nach unseren Herren und unserer Flotte begeben, müssen wir mit einer schlagkräftigen Armada auftauchen. Wir wissen nicht, mit welchen Gegnern wir es zu tun haben. «

»Wie groß war unsere damalige Flotte, die mit den „Aller Ersten" aufgebrochen ist? «, fragte Ras'ekin.

Sil'drock überlegte kurz.
»Mir wurde eine Flottenstärke von 500.000 Schiffen mitgeteilt. «

»Wenn es einem Gegner gelungen ist, diese große Anzahl von unseren Kriegs-Schiffen zu vernichten, dann werden wir mit unseren 150.000 Schläfern und ihren Schiffen, nicht viel ausrichten können. «

»Wissen wir denn überhaupt, ob dieser Gegner noch existiert? «, fragte Sil'drock. » Ist unsere Flotte angegriffen worden, oder kann vielleicht ein anderes Unglück passiert sein? «

»Wir werden es herausfinden«, antwortete Ras'ekin. »Zunächst müssen wir alle Versorgungs-Planeten anfliegen und unsere Leute erwecken. Das wird eine gewisse Zeit dauern. Erst dann sollten wir nach den Spuren unserer Herren suchen. «

»Ich bin einverstanden«, antwortete Sil'drock. »Wir sollten nichts übereilen und vorsichtig an die Sache herangehen. Uns stehen zu wenige Informationen zur Verfügung. «

Alarmsirenen heulten auf. Das Licht der Leitzentrale veränderte sich auf ein gedämpftes Rot.

»Ich orte eine Strukturverzerrung des Hyperraumes in unserer Nähe«, meldete die KI.

»Auf den Bildschirm legen«, befahl Sil'drock.
Die KI zoomte den Sektor des Raumes näher heran. Gespannt blickten die beiden Ablonder auf den Schirm. Drei Raumschiffe waren in 1,5 Lichtjahren Entfernung materialisiert.

»Sind es die Schiffe deiner terranischen Freunde? «, fragte Ras'ekin.

»KI, identifiziere die Schiffe«, befahl Sil'drock.

»Die Identifizierung läuft«, meldete die Hypertronic-KI. »Es handelt sich um Schiffe einer 2.500 Meter-Klasse. Die Bauform ist identisch mit den Zerstörern, den gehassten Feinden unserer Herren. «

»Hiermit ist deine Frage beantwortet«, sagte Ras'ekin. »Die Feinde unserer Herren existieren noch. Sie scheinen aktiver zu sein als in früheren Zeiten. «

»Globaler Schutz-Schirm auf volle Kapazität«, befahl Sil'drock. »Alle Waffen-Türme ausfahren. «

»Soll ich zusätzliche Energie aus dem Aufweck-Programm der Schläfer abziehen? «, erkundigte sich die KI. » Hierdurch verlängert sich die Prozedur des Erweckens. «

Sil'drock und Ras'ekin sahen sich an.
»Die Unversehrtheit des Versorgungs-Mondes hat unbedingte Priorität«, sagte Ras'ekin. »Sämtliche Energie-Meiler an die maximale Belastungsgrenze fahren. Das Aufweck-Programm derzeit noch unverändert mit Energie versorgen. «

»Warnung«, teilte die KI mit. »Noch nicht alle Wartungsstufen wurden durchgeführt. Es besteht ein verstärktes Sicherheits-Risiko, wenn die Meiler nach dieser langen Deaktivierungszeit sofort an ihre Belastungsgrenze gefahren werden. «

»Das wissen wir«, sagte Ras'ekin. »Wir können nicht länger warten. Führe den Befehl aus. «

»Der Befehl wird initiiert«, meldete die Hypertronic-KI.

»Hoffen wir einmal, dass sie uns nicht finden«, sagte Sil'drock. » Der Raumsektor ist groß. «

Die drei Groß-Raumschiffe der Worgass traten an den programmierten Koordinaten aus dem Hyperraum aus.

Die Schiffe stoppten ihren Flug und scannten die Umgebung.

Commander Sirgphan saß in seinem Kommando-Sessel und blickte auf den zentralen Bildschirm.

Er griff nach der Befehlsfolie, die seinen Einsatz legitimierte. Sorgsam studierte er die Angaben.

»Wir sind angekommen«, teilte sein 1. Offizier mit. »Die Koordinaten stimmen mit den übermittelten Daten der Spür-Drohnen überein. «

»Bekommen wir Ortungsdaten? «, fragte er.
»Die Umgebung wird gescannt«, antwortete der 1. Offizier.

Dieser betrachtet intensiv die Daten der Sensoren.
»Wir brauchen Resultate«, mahnte der Commander an.
»Der Zierr-Rat möchte Erfolge gemeldet bekommen. «

»Das ist mir bekannt«, antwortete der Ortungs-Offizier.
»Sie möchten doch nicht mit falschen Angaben arbeiten.
Das sehe ich doch richtig? «

Commander Sirgphan schaute ihn an.
»Lassen sie zusätzlich Spür-Sonden ausschleusen«, befahl er. »Sie sollen sämtliche Energiespuren melden. «

»Sonden werden ausgeschleust«, bestätigte der Ortungs-Offizier.

Zahlreiche Sonden verließen die drei großen Schiffe und flogen in alle Richtungen.

Sirgphan lehnte sich in seinem Kommandositz zurück. Er wich den Blicken seiner Offiziere aus und ließ seine Augen durch die große Zentrale des Schiffes schweifen. Sein Blick glitt über sämtliche Geräte, als ob er deren Einsatzbereit überprüfen wollte. Die Crew kannte die Marotte ihre Commanders zur Genüge.

»Warum ist eines der Tiefenscanner-Geräte nicht aktiviert? «, fragte er plötzlich.

Seine Crew schreckte hoch.
»Welches Tiefenscanner-Gerät meinen sie? «, erkundigte sich der Ortungs-Offizier.

»Dort über dem Subraumwellen-Messgerät«, antwortete der Commander.

Arickphan schritt zu dem Gerät und versuchte es zu aktivieren.

»Es ist ausgefallen«, sagte er. »Es lässt sich nicht einschalten. «

»Schlamperei«, fluchte der Commander. »Das Schiff war gerade erst in der Werft. «

»Was ist das für einen Stützpunkt, den wir suchen? «, fragte der 1. Offizier. » Ist dieser Quadrant nicht schon vor langer Zeit gesäubert worden? «

»Das ist richtig«, bestätigte Commander Sirgphan.

»Es scheint sich um eine größere Sache zu handeln? «, bemerkte Arickphan, der 1. Offizier des Schiffes. » Ansonsten würden wir nicht mit drei Groß-Kampf-Schiffen unserer Herren hier einfliegen. «

»Dieses Schiff, unter meinem Kommando, konnte sich bereits oft genug für schwere Aufträge unserer Herren qualifizieren«, antwortete der Commander. »Es ist mir bedeutend wohler mit drei Schiffen dieser Größe ein unbekanntes Objekt anzufliegen als nur mit einem Schiff. Es sollte uns doch möglich sein, einen alten Stützpunkt einer humanoiden Rasse zu liquidieren. «

»Also handelt es sich wieder um einen ehemaligen Stützpunkt von Humanoiden«, entgegnete der 1. Offizier.

»Ich vermute es«, antwortete der Commander. »Der Admiral sprach von einem robotgesteuerten Stützpunkt. Falls sich noch Lebewesen auf diesem Stützpunkt aufhalten sollten, ist es von großer Wichtigkeit, diese gefangen zu nehmen, oder zu eliminieren. «

»Wie sollten humanoide Lebensformen hier aufgetaucht sein?«, fragte der erste Offizier nach. »Es wird vermutlich gar keine mehr geben. Die Säuberungs-Aktionen unserer Herren und ihrer Hilfsvölker haben die ganze Galaxie gereinigt.«

Commander Sirgphan lachte laut auf.
»Du Narr«, sagte er. »Glaubst du wirklich, alle humanoiden Lebensformen wurden vernichtet. Das will man uns einreden. Dafür ist das Universum viel zu groß. Es gibt zahlreiche Sterneninseln, auf den unsere Herren noch nie einen Fuß gesetzt haben. Sie gehen lediglich davon aus.«

»Die Zierrakies haben doch im ganzen Universum Spür-Schiffe und Sonden fliegen«, antwortete Arickphan. »Sie sollten doch die Anwesenheit von humanoiden Lebensformen entdeckt haben.«

»Das haben sie«, antwortete der Commander. »Sofern diese wirklich entdeckt werden wollten. Berücksichtige, dass wir uns in der 2. Dimension befinden. Es gibt zahlreiche weitere Dimension, zusätzlich noch das normale Universum. Wer kann von sich behaupten, diese ganzen Ebenen kontrollieren zu können. Ich halte das für völlig ausgeschlossen.«

»Unsere Herren sind allmächtig«, antwortete der 1. Offizier. »Ihnen entgeht nichts. «

Commander Sirgphan schaute den Offizier an.
»Ich hätte nicht gedacht, dass jemand an meiner Seite so viel Respekt für die Zierrakies entwickeln kann«, sagte er.

Der Commander ließ seine Worte auf den 1. Offizier wirken.

»Ich will dir noch eine Weisheit mit auf den Weg geben«, ergänzte er. »Alle Aufgaben und Aufträge der Herren sollten mit einem gewissen Maß an Skepsis und Logik hinterfragt werden. Sie sind nicht allmächtig, auch wenn sie das immer von sich behaupten. Das habe ich bereits mehrfach festgestellt. «

»Solche Worte sind nicht gestattet«, antwortete der 1. Offizier erschreckt. »Du wirst dich sicherlich irgendwann vor unseren Herren rechtfertigen müssen. «

»Bis dieser Zeitpunkt kommt, werden sie wohl warten müssen«, entgegnet Commander Sirgphan. »Gehe jetzt wieder an deine Arbeit. Wir brauchen Resultate. «

Die enge Verbundenheit seines 1. Offiziers mit den Zierrakies, verwunderte den Commander.

»Ich muss mich bei ihm vorsehen«, dachte er. »Wie weit ist ihm zu trauen? «

»Eine der Sonden konnte Energie-Essmissionen aufspüren«, meldete der Ortungs-Offizier.

»Na endlich«, antwortete der Commander. »Arickphan, alle Schiffe gehen auf leichte Fahrt voraus. Schauen wir uns das einmal an. «

»Ihr Befehl wurde weitergeleitet«, antwortete der 1. Offizier.

»Es ist der zweite Mond, eines großen Planeten«, antwortete der Ortungs-Offizier. »Er liegt in 1,5 Lichtjahren vor uns. «

»Alle Sonden sollen sich zurückziehen«, befahl der Commander.

Gespannt verfolgte er den Anflug auf den Mond, der schnell größer wurde.

»Wir halten einen Abstand von 2.000 Kilometern zu dem Trabanten«, befahl der Commander. »Erst sondieren wir einmal die Lage.«

Der 1. Offizier bemerkte, wie der Commander gespannt auf den Bildschirm schaute.

»Tief durchatmen«, sagte er. »Das ist immer das Beste, bei neuen Aufgaben. «

Der Commander würdigte ihn keines Blickes.

»Sie scannen den ganzen Sektor«, erkannte Sil'drock.

Ras'ekin nickte.
»Von Eile keine Spür«, erwiderte er. »Sie arbeiten widererwarten sehr gründlich. «

»Jetzt senden sie auch Spür-Sonden aus«, sagte der Wächter der Außenstadt. »Sie wissen von uns. «

»Das ist nicht möglich«, antwortete Ras'ekin. »Wir haben den Schutz-Schirm aktiviert. «

»Eben deshalb«, antwortete Sil'drock. »Sie scheinen über sensible Ortungsgeräte zu verfügen. Unser Schirm strahlt genügend Energie ins All ab. Es müsste sich um ein Wunder handeln, wenn sie die Werte nicht anmessen können. «

»Wann treffen denn deine Freunde ein? «, fragte Ras'ekin. » Wir könnten jetzt eine Hilfs-Flotte gut gebrauchen. «

»Wenn ich das wüsste, wäre mir eindeutig wohler«, antwortete Sil'drock. »Sie teilten mir mit, dass sie unterwegs wären. Mehr als abwarten, können wir nicht. «

Die beiden Ablonder sahen wieder auf den Bildschirm. Einige Spür-Sonden näherten sich ihrem Mond.

»Die Sondern kommen geradewegs auf uns zu«, bemerkte Ras'ekin.

»So ist es«, erwiderte Sil'drock und lehnte sich in seinem Stuhl zurück. »Ich gehe davon aus, dass uns die Zerstörer jetzt gefunden haben. «

Laute Klick- und Taster-Geräusche wurden von den Ortungs-Geräten übermittelt.

»Wir werden gescannt«, bemerkte Sil'drock. »Sie haben uns entdeckt. Machen wir uns auf ihren Angriff bereit. «

»Sofort die Raketen-Abschuss-Rampen öffnen«, befahl er der KI. »Ein Außen-Angriff fremder Rassen steht bevor.

Automatisches Dauerfeuer, wenn die Schiffe in Reichweite gekommen sind. «

»Der Befehl wird bestätigt«, antwortete die Hypertonic-KI. »Das automatische Feuer wird eröffnet, sobald die Schiffe in Reichweite gekommen sind. «

Der Anblick des Weltraums auf dem Bildschirm des 2.500-Meter Schiffes hatte sich verändert. Das helle Licht der acht Sonnen blendete die Crew.

»Das Licht des Bildschirmes anpassen«, befahl Commander Sirgphan. »Die Helligkeit ist nicht zum Aushalten. «

»Wir befinden uns in einem seltenen acht Sonnen-System«, erklärte der Ortungs-Offizier. »Der zweite Mond, des vor uns liegenden Planeten hat seinen Schutz-Schirm aktiviert. «

»Auf den Bildschirm legen«, befahl der Commander.
Das Bild zoomte den Mond heran. Ein leichtes Flimmern umgab ihn. Alles deutete auf einen aktivierten Schutz-Schirm hin.

»Können wir auf die Oberfläche zoomen? «, fragte der Commander.

»Ich versuche es«, antwortete der Ortungs-Offizier.
Er nahm blitzschnell einige Schaltungen vor. Das Bild
vergrößerte sich und gab nähere Einzelheiten preis.

»Ich erkenne zahlreiche Türme, die im Boden verankert
sind«, meldete der Commander. »Erfassen wir
Lebensformen? «

»Nein«, antwortete der Ortungs-Offizier. »Es kann aber
durchaus sein, dass der Schutz-Schirm unsere Ortungs-
Geräte beeinträchtig. «

»Wie viele Türme sind es? «, ergänzte der Commander
seine Frage.

»Unsere KI hat die Zählung abgeschlossen«, teilte der 1.
Offizier mit. »Es handelt sich um exakt 500.000 Türme. «

»Haben wir etwas in unserer Datenbank verzeichnet? «,
fragte der Commander. » Um was handelt es sich hier? «

»Die Datenbank wurde abgeglichen«, antwortete der 1.
Offizier. » Die Türme konnten nicht identifiziert werden.
«

Der Commander blickte nachdenklich auf den Bildschirm.

»Es konnte keine Identifizierung erfolgen? «, wiederholte er den Satz seines Offiziers. » Dann haben wir es hier mit etwas Neuem zu tun, das unsere Herren scheinbar übersehen haben. «

»Öffnen sie mir einen Hyperkomm-Funkfrequenz. «

»Die Leitung baut sich auf«, teilte der Offizier der Funkleitstelle mit. «

»Hier spricht Commander Sirgphan, meldete sich der Befehlshaber der drei Zerstörer. Ich rufe die Robot-Steuerung des zweiten Mondes. Antworte bitte unverzüglich. «

Er blickte seinen Funk-Offizier an.
»Keine Antwort«, meldete er. »Falls eine Robot-KI vorhanden ist, stellt sie sich stumm. «

»Hier spricht Commander Sirgphan«, sprach er erneut in den Kommunikator. »Ich warte auf ihre Antwort. Das ist unsere letzte Aufforderung. Ansonsten eröffnen wir das Feuer. «

Alarm hallte durch das Schiff.
»Raketen-Angriff«, meldete der Ortungs-Offizier.

»Da haben sie ihre Antwort«, bemerkte der 1. Offizier. »Sie hätten schon längst mit dem Beschuss des Mondes beginnen können. Das war unser Befehl. «

Commander Sirgphan blickte ihn ernst an.
»Sparen sie sich diese Belehrungen«, sagte er in einem ernsten Ton. »Ich bin hier der Commander. Wenn ihnen das nicht passt, können sie sich gerne ein anderes Schiff suchen. «

Er blickte seinen Offizier an, der die Waffen-Konsole bediente.

»Schutz-Schirme auf maximale Leistung«, befahl der Commander. »Das Schiff auf sie Seite drehen, die Aufschlags-Fläche verringern. «

Der Steuermann reagiert sofort und legte das Schiff in eine Seitenlage. Die künstliche Schwerkraft auf dem großen Schiff, ließ die Mannschaft nichts hiervon merken.

»Achtung, einsetzender Laser-Beschuss«, meldete der Ortungs-Offizier. »Zahlreiche feindliche Laser-Türme eröffnen das Feuer auf uns. «

Commander Sirgphan blickte auf den Bildschirm. Die auftreffenden Strahlen ließ ein Knistern durch das Schiff ziehen.

»Die Leistung des Schutzschirmes ist auf 78 Prozent gesunken«, erklärte der 1. Offizier.

»Alle Geschütz-Türme Feuer«, befahl der Commander. »Jetzt sind wir an der Reihe.«

Die zahlreichen Laser-Türme Worgass Groß-Raumschiffe schossen ihre gelben Lanzen dem Mond entgegen. Die zahlreichen Treffer ließen den globalen Schutz-Schirm des Mondes sofort rötlich aufleuchten.

»Sie sind eingetroffen«, flüsterte Sil'drock. »Jetzt geht es uns an den Kragen.«

»Ihre Energiestrahlen müssen erst einmal unseren Schutzschirm durchdringen«, lächelte Ras'ekin. »Er ist eine Spitzenleistung unserer Wissenschaftler.«

»Vor 250.000 Jahr war das richtig«, fuhr im Sil'drock ins Wort. »Glaubst du tatsächlich, er ist auch heute noch technisch auf der Höhe?«

»Eingehender Funkspruch«, meldete die KI.

»Auf die Lautsprecher legen«, antwortete Sil'drock.

»Hier spricht Commander Sirgphan«, schallte es durch die Zentrale. » Ich rufe die Robot-Steuerung des zweiten Mondes. Antworten sie. «

»Sie sprechen in unserer Sprache«, erkannte Sil'drock. »Wir antworten nicht. «

Die Zeit verstrich nur sehr langsam. Die beiden Ablonder blickten angespannt auf ihren Monitor.

»Hier spricht Commander Sirgphan«, schallte es ein zweites Mal aus den Lautsprechern. »Ich warte auf ihre Antwort. Das ist unsere letzte Aufforderung. Ansonsten eröffnen wir das Feuer. «

»Es ist so weit«, bemerkte Sil'drock. »Wir werden als erste Seite das Feuer eröffnen. «

»KI«, befahl er. »Die fremden Schiffe anvisieren und das Geschützfeuer eröffnen. «

»Ich leite Abwehrmaßnahmen ein«, antwortete die Hypertronic-KI.

Die beiden Ablonder sahen, wie zahlreiche Raketen auf die drei Groß-Raumschiffe zuflogen. Die Schutz-Schirme der Schiffe bauten sich auf. Die Raketen wurden von den Schirmen der Schiffe abgefangen. Die zahlreichen Explosionen verpufften ohne Wirkung zu zeigen.

»Laser-Türme aktivieren«, befahl Ras'ekin. »Dauerfeuer gleichzeitig auf alle drei Schiffe. «

Die beiden Ablonder beobachteten die Wirkung der Laser-Lanzen. Die Einschläge wirkten wie ein gewaltiges Gewitter mit Blitzeinschlag. Teilebereiche der Schutz-Schirme der fremden Schiffe glühten leicht rosa.

»Auf Gegenfeuer einstellen«, sagte Sil'drock.
Er erkannte, wie die Schiffe ihre Laser-Türme aktivierten. Zahlreiche Raketen und Laser-Strahlen schlugen in den globalen Schutz-Schirm ein.

»Das Schirmfeld hält«, teilte Ras'ekin freudig mit. »Seine Leitung ist lediglich auf 89 Prozent gesunken. «

»Ein weiterer großer Strukturriss wird angezeigt. Eine große Flotte materialisiert in unserer Nähe«, teilte die Hypertronic-KI mit.

»Identifizierung einleiten«, befahl Sil'drock. »Sind es weitere Schiffe der Zerstörer? «

»Die Identifizierung ist abgeschlossen«, antwortete die KI. »Es handelt sich um natradische Zerstörer der Kaiser-Klasse. Meine Analyse ergab exakt 1.000 Schiffe der 2.000 Meter Klasse, ein Schiff der 500-Meter-Klasse und ein Schiff einer 250-Meter-Klasse. Soll ich einen Kontakt herstellen? «

»Bitte sofort einen Kontakt herstellen«, antwortete Sil'drock.

»Die Leitung verbindet sich, sie können sprechen«, antwortete die KI.

»Hier spricht Sil'drock«, sprach er in den Kommunikator. »Ich rufe Major Travis. Bitte melden. «

Die Leitung knackte.
»Hier spricht Major Travis«, tönte es aus den Lautsprechern. »Sil'drock, es ist schön ihre Stimme zu hören. Wie ich sehe, befinden sie sich in einer Zwangslage. Können wir ihnen helfen? «

»Darüber würden wir uns freuen«, antwortete der Ablonder. »Wie sie sehen, wird unser Versorgungs-Mond von den Schiffen der Zerstörer angegriffen. Unsere Raketen und unsere Laser-Abwehr scheinen ihren Schiffen ihnen nichts anhaben zu können. Die Leistung unseres Schutzschirm ist auf 69 Prozent der Kapazität gesunken. Sie kommen gerade rechtzeitig. «

»Konzentrieren sie ihr Abwehrfeuer auf ein einzelnes Schiff«, sagte Major Travis. »Bündeln sie ihre Kräfte. Wir kontaktieren jetzt die Schiffe. «

»Es handelt sich eindeutig um Worgass-Schiffe er 2.500-Meter-Klasse«, teilte Sergeant Dantow mit.

»Dann sind die Worgass auch in der 2.Dimension aktiv«, staunte Commander Brenzby.

»Sie scheinen das ganze Universum für sich zu beanspruchen wollen«, bestätigte Major Travis. »Befehl an unsere Schiffe. Wir nehmen die Schiffe in die Zange. Einen halbrunden Abwehrkreis um die Schiffe legen. «

»Ihr Befehl wurde gesendet«, antwortete Sergeant Farmer.

Die Schiffe des Neuen-Imperiums beschleunigten und kreisten die drei Groß-Raumschiffe von allen Seiten ein. Lediglich die Flucht zu dem vor ihnen liegenden Planeten der Ablonder war theoretisch noch möglich. Aber von dort fauchte das Abwehrfeuer der Station auf die Schiffe zu.

»Sergeant Farmer öffnen sie uns einen Kanal.
»Die Verbindung baut sich auf«, meldet der Funk-Offizier.

»Hier spricht Major Travis, Oberbefehlshaber der anfliegenden Flotte. Ich rufe das Flagg-Schiff der Worgass-Schiffe. Antworten sie bitte. «

***

»Ich orte eine Strukturverzerrung des Hyperraumes, meldete der Ortungs-Offizier des Worgass-Schiffes«.

»Sofort auf den Schirm legen«, befahl Commander Sirgphan.

Er erkannte die unzähligen Ortungstaster auf dem zentralen Monitor. Sie alle leuchteten in Rot, ein Zeichen für feindliche Schiffe.

»Sie nähern sich schnell«, ergänzte der Ortungs-Offizier. »Es sind 1.000 Schiffe einer 2.000-Meter-Klasse. «

»Das kommt leider etwas ungelegen«, sagte der Commander. » Senden sie einen Notruf an Admiral Dragphan. Wir brauchen sofort Unterstützung. Das riecht stark nach einer Falle. Teilen sie ihm mit, dass wir 1.000 gegnerischen Schiffen gegenüberstehen. «

Er blickte auf den Monitor.
»Den Beschuss des Schutz-Schirmes des Mondes verstärken. «

Im Dauerfeuer röhrten die Laser-Strahlen, aus den Geschütz-Rohren der Waffen-Türme der drei Schiffe, dem Mond entgegen. Der Schutz-Schirm wies an einigen Stellen bereits eine tiefe rote Farbe auf.

»Wir werden angerufen«, teilte der Funk-Offizier des Worgass-Schiffes mit.

»Auf die Lautsprecher legen«, befahl der Commander.

»Hier spricht Major Travis, Oberbefehlshaber der anfliegenden Flotte«, tönte es aus den Lautsprechern. »Ich rufe das Flagg-Schiff der Worgass. Bitte antworten sie. «

»Es scheinen natradische Schiffe zu sein? «, teilte der Ortungs-Offizier mit. Die Bauart der Schiffe ist fast identisch mit den Zerstörern, die wir noch aus dem großen Krieg in unserer Datei haben. «

»Die gibt es schon lange nicht mehr«, stutzte der 1. Offizier. »Das ist nicht möglich. «

»Öffnen sie die Leitung«, befahl der Commander.

»Hier spricht Commander Sirgphan«, sprach er in den Kommunikator. Sie befinden sich in unserem Hoheitsgebiet. »Ziehen sie sich unverzüglich zurück, ansonsten vernichten wir sie. «

»Das gleiche wollte ich ihnen vorschlagen«, antwortete Major Travis. » Sie attackieren einen ablondischen Stützpunkt. Stellen sie sofort ihren Beschuss ein, ansonsten eröffnen wir das Feuer. «

Major Travis blickte seinen Waffen-Spezialisten an.

»Sergeant Madson senden sie den Worgass einen Gruß von uns«, sagte er. »Feuerfreigabe für die Hyper-Space-Kanonen. Jedes Schiff erhält einen Treffer in den Schutz-Schirm. «

Die 1.000 Schiffe des Neuen-Imperiums hatten sich halbrund um die Worgass-Schiffe formiert. Ein Entkommen war für die 2.500-Meter Giganten nicht mehr möglich.

Drei der vordersten Schiffe der Kaiser-Klasse feuerten ihre Hyper-Space-Kanone ab.

»Auf Raketenbeschuss einstellen«, meldete der 1. Offizier des Worgass Schiffes.

»Abfangfeuer einleiten«, befahl der Commander.

»Geht nicht«, antworte der Ortungs-Offizier. »Die Raketen sind in den Hyperraum gesprungen. «

»Achtung, jetzt sind sie wieder auf dem Monitor aufgetaucht«, ergänzte er einige Sekunden später. »Ihr Abstand beträgt nur 500 Meter. Für ein Abfangen ist es zu spät. Auf Einschlag vorbereiten. «

Mit voller Wucht schlugen die Geschosse in den Schutz-Schirm der großen Schiffe ein und gaben explodierend ihre brachiale Kraft frei. Die die schweren Worgass-Schiffe fingen sichtbar an zu Vibrieren. Die Crew des Flagg-Schiffes musste sich festhalten, um nicht von den Füßen gerissen zu werden.

»Ausfall der Schutz-Schirme auf allen drei Schiffen«, meldete der 1. Offizier. »Wir sind schutzlos. «

»Sofort den Beschuss des Mondes abbrechen«, befahl Commander Sirgphan.

Die Hypertronic-KI des ablondischen Mondes registrierte den Ausfall der Schutz-Schirme der angreifenden Worgass-Schiffe. Sie konzentrierte ihr Abwehrfeuer, auf das vor ihr aus gesehene linke Groß-Raumschiff.

Unzählige Raketen und Laser-Salven hüllten das große Raumschiff ein und rissen Löcher in die Bordwand. Immer mehr Risse entstanden, Feuer und Qualm loderten aus den Schäden. Die weiteren einschlagenden Salven durchdrangen die Bordwand und suchten sich einen Weg ins Innere des Schiffes. Der Einschlag zahlreicher Geschosse, die im Inneren explodierten, zerriss das Worgass-Schiff in einer gigantischen hellen Explosion.

»Wir brauchen die Schutz-Schirme? «, fluchte Commander Sirgphan unruhig.

Sind ausgefallen, antwortete der 1. Offizier. Wir haben ein Begleit-Schiff verloren. Wir sollten sehen, dass wir hier verschwinden. «

»Unsere Herren werden hierüber nicht erfreut sein«, erwiderte der Commander.

»Alle Schirmfeld-Generatoren wurden überladen und sind durchgeschlagen«, teilte der Maschinist mit. »Hier ist im Moment nicht zu machen. Sie müssen ausgetauscht werden. «

»Funkspruch an die natradischen Schiffe«, befahl der Commander.

»Die Leitung ist offen«, antwortete der Funk-Offizier nervös.

»Hier spricht Commander Sirgphan", sprach er in den Kommunikator. Wir kapitulieren, stellen sie den Beschuss unserer Schiffe ein. Ich wiederhole, stellen sie den Beschuss ein. «

Die Crew des Flagg-Schiffes blickte ihren Commander an.

»Wir ergeben uns nicht«, sagte der 1. Offizier todesmutig. »Darauf weist die Flotten-Führung immer hin. «

Der Commander blickte ihn an.
»Haben sie eine bessere Idee? «, fauchte er ihn an. » Tragen sie ihn vor. Ich bin ganz Ohr. «

Dem 1. Offizier verschlug es die Sprache.
Er brachte keinen weiteren Ton heraus.

»Wir müssen Zeit gewinnen, bis unsere Unterstützung eintrifft", erklärte der Commander. Sie haben doch gesehen, dass die Waffen-Systeme der Schiffe unseren ebenbürtig sind, wenn nicht überlegen. «

Die zwischenzeitlich von der ablondischen Station abgefeuerten Raketen und Laser-Strahlen hatten das zweite Begleit-Schiff erfasst und hüllten es in ein Dauerfeuer ein. Durch den ausgefallen Schutz-Schirm, trafen die Raketen und Laser-Lanzen auf das ungeschützte Metall des Schiffes auf. Unzählige Glutnester fraßen sich an unterschiedlichen Stellen des Schiffes durch die Metallwand. Es qualmte förmlich aus allen Ecken und Kanten.

»Ein Schiff wurde durch das Feuer der ablondischen Station vernichtet«, sagte Sergeant Dantow. »Die Schutz-Schirme der Worgass-Schiffe sind komplett ausgefallen. «

»Eingehender Hyper-Funk-Spruch von dem Flagg-Schiff der Worgass«, meldete Sergeant Farmer.

»Auf die Lautsprecher legen«, befahl Major Travis.
»Hier spricht Commander Sirgphan«, tönte es aus den Lautsprechern. »Wir kapitulieren, stellen sie den

Beschuss ein. Ich wiederhole stellen, sie den Beschuss ein. «

»Bestätigen sie, Sergeant Farmer«, befahl Major Travis.

»Commander Brenzby, lassen sie den Beschuss einstellen. Sergeant Farmer, rufen sie die Station der Ablonder. «

»Die Leitung ist offen«, antwortete der Funk-Offizier. »Hier ist Major Travis, ich rufe Sil'drock. Bitte antworten sie. «

»Hier ist Sil'drock, danke für ihr Eingreifen«, schallte es aus den Lautsprechern der Termar 1. »Wir haben die Oberhand gewonnen. Die Schiffe der Zerstörer werden vernichtet. «

»Stellen sie den Beschuss ein«, sagte Major Travis. »Die Schiffe der Worgass haben kapituliert. «

»Das geht nicht«, antwortete Ras'ekin. »Die Zerstörer müssen vernichtet werden. «

»Ich sage es ihnen nicht noch einmal, stellen sie ihren Beschuss ein, ansonsten eröffnen wir das Feuer auf ihre Anlagen«, antwortete der Major erbost.«

»Ich bitte für meinen hitzigen Kollegen um Verzeihung«, antwortete Sil'drock. »Das Feuer wird sofort eingestellt. «

Die Verbindung brach ab.

Auf dem zentralen Bildschirm erkannte Major Travis, wie das zweite Schiff der Worgass einem Dauerfeuer ausgesetzt war. Immer mehr kleine Explosionen und Detonationen wiesen auf den bevorstehenden Untergang des Schiffes hin. Dann geschah es. In einem heißen, gigantischen Feuerball verging auch das zweite Schiff. Die Crew der Termar 1 kniff ihre Augen zu.

»Die Ablonder ignorieren unseren Befehl«, sagte Major Travis. »Commander Brenzby, legen sie sofort fünf Schiffe der Kaiser-Klasse, als Schutz vor das letzte Worgass-Schiff.«

»Der Befehl ist raus«, bestätigte der Commander.

Major Travis registrierte, wie fünf Schiffe der Kaiser-Klasse beschleunigten und sich vor das letzte Worgass Schiff legten. Sie rückten eng aneinander, so dass sich ihre Schutz-Schirme fast berührten. Die Station der Ablonder feuerte weiterhin Raketen und Laser-Strahlen ab. Diese wurden jetzt aber problemlos von den Super-Schutz-Schirmen der Kaiser-Klasse-Schiffe abgeleitet.

»Ich befehle den Beschuss einzustellen«, befahl Sil'drock.

»Befehl verweigert«, antwortete die Hypertronic-KI. »Der Beschuss kann erst eingestellt, wenn das letzte Schiff der Zerstörer vernichtet ist. Es ist eine überlagernde Programmierung der Flotten-Führung. «

»Ich bestätige«, sagte Ras'ekin. »Der Beschuss ist sofort einstellen. «

»Der Zugriff wird verweigert«, antwortete die KI. »Die Situation hat sich nicht geändert. «

Sil'drock griff nach dem Kommunikator.
»Ich rufe Major Travis«, sagte er. »Bitte melden sie sich. «
»Hier ist Major Travis«, schallte es aus den Lautsprechern. » Warum stellen sie ihren Beschuss nicht ein? «

»Wie soll ich es sagen«, antwortete Sil'drock. »Die Hypertronic-KI dieser Station ist mit einer Sonderprogrammierung unserer Flotten-Führung eingerichtet. Sie hört erst auf, wenn das letzte Schiff der Zerstörer vernichtet ist. Wir haben keinen Zugriff mehr auf die Waffen-Steuerung der Station. Die einzige

Möglichkeit besteht in der Vernichtung der Laser-Türme und der Raketen-Abschuss-Rampen. «

»Sie werden dann ungeschützt sein«, erwiderte Major Travis.

»Wenn wir sie bitten dürften, uns Schutz zu gewähren, bis unsere Schläfer erwacht sind«, antwortete Sil'drock. »Damit wäre uns geholfen. Die Station ist hiernach für uns wertlos. Wir verlassen diesen Bereich und fliegen zu einer anderen Versorgungs-Station weiter. «

»Einverstanden«, entgegnete Major Travis. »Wir schalten die Waffen-Türme und die Raketen-Abschuss-Basen aus. «
Die Verbindung wurde beendet.

Er blickte seinen Commander an.
»Fünfzig unserer Schiffe sollen sich in breiter Formation aufbauen«, befahl er. »Ich autorisiere den Abschuss von 10 Geschossen der Hyper-Space-Kanone, um den globalen Schutz-Schirm zum Kollaborieren zu bringen. Sobald er sich verabschiedet, erfolgt ein Punktbeschuss aller Waffen-Türme und Raketen-Abschuss-Rampen des Mondes. Lassen sie Abwehr-Geschütze durch einen Flächenbeschuss ausschalten. Die Synchronisation der

Ziele erfolgt über die KI unseres Schiffes. Starten sie den Angriff. «

Commander Brenzby bestätigte und gab den Befehl an die ausgewählten Schiffe weiter.

Die zehn vordersten Kaiser-Klasse-Schiffe schickten ihre Hyper-Space-Geschosse los. Nach dem Abschuss entmaterialisierten diese sofort in den Hyperraum. Erst kurz vor dem Ziel, materialisierten die Bomben wieder in dem Normalraum. Jetzt konnten sie geortet werden, doch es war zu spät. Fast synchron schlugen die Geschosse in den globalen Schirm der ablondischen Versorgungs-Station ein.

Major blickte auf den Monitor. Er sah, wie sich Entladungen über dem ablondischen Schirm ausbreiteten. Kleinere Strukturlöcher entstanden, die sich schnell vergrößerten. Dann zog der Schirm sich zusammen und löste sich förmlich auf.

Die Schiffe der Kaiser-Klasse visierten die Abwehr-Türme und die Raketen-Abschuss-Rampen an und schalteten diese im Dauerfeuer aus. Immer weniger Gegenwehr wurde von der Station verzeichnet. Nach 5 Minuten endete der Beschuss von Seiten des ablondischen Mondes. Nur noch qualmende Abwehr-Anlagen konnten auf dem zweiten Monde des Planeten Oraval gescannt werden.

Heran hatte sich in seinem Kommando-Sessel zurückgelehnt und sich das Schauspiel angeschaut.

»Es sind nur drei Schiffe«, dachte er. »Ein Eingreifen lohnt sich nicht. Das werden die Schiffe von Major Travis ohne Probleme hinbekommen. «

Er hatte den Mond gescannt. Die Hypertronic-KI seines Schiffes hatte ihn eindeutig als Versorgungs-Planet der Ablonder identifiziert.

»Wie viele von diesen verstreuten Versorgungs-Planeten dieser Rasse gibt es wohl«, fragte er sich. »Hatten ihre Herren damals bereits mit einer Niederlage gerechnet? «

Heran hörte die Hyperfunk-Sprüche der Schiffe ab. Er registrierte ebenfalls den Notruf, den das Flagg-Schiff der Worgass absetzen konnte.

»Die Station der Ablonder scheint die Oberhand zu gewinnen«, lächelte er.

Der Lantraner verfolgte den Untergang der zwei Worgass-Schiffe an seinem Monitor.

»Ohne ihre Schutz-Schirme richten die Groß-Raumschiffe nicht mehr viel aus«, bemerkte er.

»Öffne mir einen Kanal zu Major Travis«, befahl er seiner KI zu.

»Die Leitung baut sich auf«, antwortete diese. »Du kannst sprechen Gebieter. «

Heran verzog sein Gesicht.

»Verzichte einfach auf diese Anrede«, schellte er sie. »Das ist auf meinem Schiff nicht erforderlich. «

»Es ist nicht dein Schiff Gebieter«, erwiderte die KI. »Es wurde dir von der Hohen-Empore zur Verfügung gestellt. «

»Das ist mir bewusst«, bestätigte Heran.

»Ich rufe Major Travis«, sprach er in den Kommunikator.

Die Leitung knisterte.

»Hier ist Major Travis«, schallte es aus den Lautsprechern. »Heran du bist ja auch noch da. Ich dachte du wärst nach Hause geflogen. «

»Ich habe nur eine beobachtende Funktion eingenommen«, erwiderte der Lantraner. »Ihr habt alles im Griff gehabt, so wie ich sehen konnte. Ihr benutzt doch das Sprichwort auf der Erde, viele Köche verderben den Brei. Deswegen habe ich mich herausgehalten. «

Major Travis lachte.
»Ich sehe, du kennst dich mittlerweile gut auf der Erde aus. Welche Frage hast du? «

»Ich habe einen Notruf des Flagg-Schiffes der Worgass registriert. «

»Damit war zu rechnen«, antwortete der Major.
»Ich vermute, das Flagg-Schiff wird in Kürze Verstärkung erhalten«, teilte Heran mit.

»Dann wird hier ein naher Stützpunkt, oder Flotten-Planet von ihnen existieren«, erwiderte Major Travis. »Ich werde den Commander des Worgass-Schiffes vernehmen lassen. Vielleicht bekommen wir Informationen aus ihm heraus. Ein Abflug ist noch nicht möglich. Die Ablonder brauchen noch etwas Zeit, um ihre Schläfer aufzuwecken. Erst dann wollen sie diesen Stützpunkt aufgeben. Bereiten wir uns auf die Unterstützungs-Flotte vor. «

»Ich verstehe«, antwortete Heran. » Ich docke an dein Schiff an. Ich möchte gerne an dem Verhör des Worgass-Kommandanten teilnehmen. «

»Mach das«, bestätigte Major Travis und unterbrach die Verbindung.

Major Travis drehte seinen Kopf und blickte wieder auf den großen Panorama-Schirm der Termar 1. Bewegungslos lag das letzte Groß-Raumschiff der Worgass in der Zange der Zerstörer des Neuen-Imperiums. Es hatte seine Waffen-Türme eingefahren. Nichts deutete daraufhin, dass die Schiffs-Crew einen Ausfall plante.

Major Travis blickte seinen Funk-Offizier an.
» Sergeant Farmer, öffnen sie mir bitte einen Kanal zu dem Worgass-Schiff«, befahl er.

Der Funk-Offizier hatte bereits viele Abenteuer mit Major Travis erlebt. Er nickte seinen Vorgesetzten kurz zu.

»Die Verbindung wird aufgebaut, Herr Major«, antwortete er. Sie können sprechen. «

»Hier spricht Major Travis, Oberbefehlshaber der ablondischen Hilfs-Flotte«, sprach er in den

Communicator. »Ich rufe Commander Sirgphan. Ihr Schiff ist schutzlos. Es ist ein leichtes für uns, sie zu vernichten. Schützen sie ihre Crew und ihr Schiff. Beantworten sie uns einige Fragen, dann gewähren wir ihnen freien Abzug. Bitte kommen sie auf unser Schiff. Wir möchten sie verhören. Sollten sie diesen Wunsch ablehnen, werden wir das Feuer auf ihr Schiff wieder eröffnen und ihr Schiff entern. «

»Hier ist Commander Sirgphan«, schallte es aus der Leitung. » Ich registriere die Überlegenheit ihrer Flotte und akzeptiere ihren Wunsch. Bitte geben sie mir einige Minuten. Ich komme mit einem unbewaffneten Gleiter zu ihnen. «

»Danke für ihr Verständnis«, antwortete Major Travis. »Wir geben ihnen einige Minuten. Doch wir werden nicht ewig warten. Die Verbindung brach ab. «

»Haben wir eine Antwort von unserer Flotten-Führung erhalten? «, fragte Commander Sirgphan.

Der Funk-Offizier schüttelte seinen Kopf.
»Nein«, antwortete dieser. »Es ist keine Antwort eingegangen. «

»Wollen sie tatsächlich auf das fremde Schiff übersetzen? «, fragte der 1. Offizier des Worgass- Schiffes.

Commander Sirgphan schaute ihn an.
» Mir wird nichts anderes übrigbleiben, wenn ich die Vernichtung unseres Schiffes vermeiden möchte«, antwortete er. » Wir brauchen Zeit, bis unsere Flotte eintrifft. Unternehmen sie in der Zwischenzeit nichts Unüberlegtes. Den Fremden ist es ein Leichtes, unser Schiff zu vernichten, zumal unsere Schirmfeld- Generatoren ausgefallen sind. «

Commander Sirgphan schaute in die Augen seiner Crew.

» Macht mir einen Gleiter fertig«, befahl er. »Ich begebe mich auf das fremde Schiff zum Verhör. «

Der Commander stand auf und verließ die große Zentrale des Schiffes, ohne sich ein weiteres Mal umzudrehen.

Hinter der weißen Barriere herrschte Alarmzustand. Admiral Dragphan hatte soeben den Notruf der drei ausgesandten Schiffe übermittelt bekommen.

Er verstand nicht, wie es zu diesem Notruf kommen konnte. Seine Spür-Schiffe hatten lediglich eine alte Station gemeldet, die ihre Energie-Versorgung hochgefahren hatte. Es waren keine Flotten-Verbände gemeldet worden.

Er blickte auf den Ausdruck des Notrufes.
»Commander Sirgphan meldet eine große Flotte von 1.000 Schiffen«, las er. »Die Fernaufklärung hat mir keine Informationen hierüber mitgeteilt. «

Ärgerlich schlug er mit seiner Faust auf den Tisch.
»Nichts läuft, wie es geplant ist«, dachte er.

Er griff nach seinem Kommunikator.
»Hier ist Admiral Dragphan«, sprach er in das Gerät. »Verbinden sie mich mit dem Einsatz-Kampf-Geschwader. «

Die Verbindung baute sich auf.
Der kommandiere Offizier des Einsatz-Geschwaders meldete sich.

»Hier spricht Commander Rirgphanas", tönte es aus dem Lautsprecher des Gerätes. Wer spricht? «

»Hier ist die Leitung der Fern-Aufklärung, « antwortete Admiral Dragphan. »Wir haben einen Krisenfall. Ich brauche alle Schiffe ihres Einsatz-Verbandes. «

»Wofür? «, fragte der kommandierende Offizier. » Die Schiffe sind alle mit Aufgaben betraut. «

»Wie viele Schiffe sind derzeit abrufbereit? «, fragte der Admiral. » Ich muss einen Präventiv-Schlag gegen eine fremde Flotte durchführen. Drei unserer Groß-Kampf-Schiffe sind in einen Hinterhalt geraten. «

Commander Rirgphanas überlegte kurz.
»Ich kann ihnen vorübergehend 200 zierrakische Groß-Kampf-Schiffe geben«, antwortete er. Die Flotte ist heute gelandet und sollte eigentlich der Wartung überführt werden. Weitere Flotten-Verbände stehen erst abends zur Verfügung, wenn sie von ihren Patrouillen-Flügen zurückgekehrt sind. «

»So lange kann ich nicht warten«, antwortete Admiral Dragphan. »Die Situation gerät außer Kontrolle. Wer ist Flotten-Befehlshaber? «

»Commander Trangohas befehligt die Flotte«, antwortete der Commander der Einsatzkräfte. »Er ist ein erfahrener Kommandeur. «

»Verbinden sie mich mit ihm«, erwiderte Admiral Dragphan. » Ich erteile ihm einen Sonderauftrag der Flotten-Führung. «

»In Ordnung«, antwortete Commander Rirgphanas. »Ich gebe den Schiffen eine Startfreigabe und verbinde sie jetzt zu Commander Trangohas. «

»Danke«, antwortete der Admiral.

Geduldig wartete er ab, bis die Verbindung umgeleitet wurde.

»Commander Trangohas«, tönte es aus der Leitung.
»Admiral Dragphan spricht«, meldete sich der Befehlshaber der Fernaufklärung. »Commander Trangohas, ich brauche ihre Flotte für einen Vergeltungsschlag. Commander Sirgphan ist mit drei Groß-Raumschiffen in einen Hinterhalt geraten. Ich hoffe sehr, dass er noch lebt. Fliegen sie zu den Koordinaten und vernichten sie alle vor Ort befindlichen Fremd-Schiffe. Unterstützen sie ihren Kollegen bei der Vernichtung einer alten humanoiden Station. Die Koordinaten werden ihnen auf ihr Schiff übermittelt. Starten sie sofort, das ist ein legitimierter Sonder-Einsatz der Flotten-Führung. «

Commander Trangohas überlegte nicht lange.

»Ich habe verstanden«, erwiderte er. »Ich kenne Commander Sirgphan gut. Wir meine Schiffe sofort starten. Danke für den Auftrag. «

Admiral Dragphan unterbrach das Gespräch.

Er gab die Koordinaten in seinen Terminal ein, autorisierte den Einsatz und sandte die Informationen an das Flagg-Schiff von Commander Trangohas.

Er stand auf und schritt zu dem Fenster seines Büros. Hinten auf dem großen Raumflug-Hafen, konnte er die startenden Groß-Raumschiffe erkennen. In kleinen Gruppen starteten die 200 Schiffe und schossen dem Himmel entgegen.

Der Admiral drehte sich um und schritt zu seinem Terminal zurück. Er drückte auf einen Knopf. Ein Adjutant schritt in den Raum.

»Sie habe geläutet? «, fragte er.

»Ja«, antwortete der Admiral. »Ich beantrage eine außerordentliche Sonder-Sitzung des Zierr-Rates. Die Einberufung ist von dringender Priorität. Wir haben eine Flotte von Humanoiden vor unserer Haustüre entdeckt. Veranlassen sie alles Notwendige in meinem Namen. «

***

Sil'drock war mit seinem Schiff in dem Hangar der Termar 1 gelandet. Major Travis, Commander Brenzby, Heinze und Heran erwarteten ihn bereits.
Sil'drock näherte sich den drei wartenden Personen und blickte irritiert auf Heran.

»Ich grüße sie, schön sie wiederzusehen«, sagte er.

Major Travis gab ihm die Hand und stellte Commander Brenzby und Heran vor.

»Ich möchte ihnen erst für ihre schnelle Hilfe danken«, ergänzte der Ablonder. »Ohne sie, hätten wir vermutlich die Schläfer-Station nicht halten können. «

»Wir haben gerne geholfen«, antwortete der Major.

Sil'drock blickte Heran an.
»Sie sind ein Lantraner? «, bemerkte er. » Was machen sie auf diesem natradischen Schiff? «

»Sie haben es richtig beobachtet«, antwortete Heran. »Ich bin hier als unbeteiligter Beobachter. «

»Haben sie nicht unseren Herren mitgeteilt, dass ihr Volk nicht mehr in die Entwicklung des Universums eingreifen will? «, fragte Sil'drock. » Ihr Volk hat sich still und heimlich aus dem Staub gemacht und die Völker des Universums sich selbst überlassen. «

»Das ist richtig«, antwortete Heran. »Das war eine Entscheidung unserer Hohen-Empore. Die jungen Rassen haben sich damals eine Einmischung verboten. Wir sind lediglich ihrem Wunsch gefolgt. «

»So kann man es natürlich auch auslegen«, antwortete Sil'drock. » Damit haben sie allen kriegerischen Rassen des Universums die Türen geöffnet. «

»Moment mal«, antwortete Heran ärgerlich. » Ihre Herren haben doch erst den ganzen Abschaum des Universums gezüchtet. Muss ich erst die Worgass, oder andere süffisante Völker erwähnen? Ihnen haben wir es doch zu verdanken, dass sich diese Brut überall ausgebreitet hat. Ihre Herren waren später nicht mehr in der Lage, die rasante Vermehrung dieser Species zu unterbinden. Geben sie nicht uns die Schuld für ihr eigenes Versagen. «

Sil'drock nickte.

»Sie haben wohl Recht«, antwortete er. » Unsere Herren haben seinerzeit ihre Hohe-Empore um Unterstützung gebeten. Dieses wurde aber von ihrer Regierung ablehnt.«

»Meine Herren«, schritt Major Travis ein.

»Ich glaube, das ist jetzt nicht der Zeitpunkt, um über die alten Zerwürfnisse der Vergangenheit zu diskutieren«, sagte er. »Ich habe sie zu mir auf mein Schiff gebeten, damit wir Antworten von dem Kommandanten des Worgass-Schiffes bekommen. Er ist auf meinem Schiff und wartet auf unser Erscheinen. «

Er blickte Sil'drock an.

»Sind sie bewaffnet? «, fragte der Major.

Der Ablonder schüttelte seinen Kopf.

»Nein«, antwortete er. »Die Waffen habe ich auf meinem Schiff gelassen. Ich dachte, das wäre in ihrem Sinn. «

Major Travis blickte Heinze an. Der nickte bestätigend.

»Darf ich sie bitten, mir zu folgen«, entgegnete der Major. » Wir wollen den Commander der Worgass nicht länger warten lassen. «

Schnell war der Sicherheitsbereich des Schiffes erreicht. Er lag auf dem untersten Deck des Schiffes. Zwei Marines bewachten die Türe der Sonder-Arrestzelle von außen. Sie salutierten, als Major Travis und Commander Brenzby auf sie zukamen.

»Macht unser Gast Probleme? «, erkundigte sich der Major.

»Nein«, antwortete einer der Marines. »Er verhält sich ruhig. Wir haben ihm die Waffen abgenommen, seinen Communicator und einen ID-Sender. «

»Gut gemacht«, antwortete der Major. »Öffnen sie bitte die Türe.«

Der Elite-Soldat trat vor und gab einen Sicherheits-Code in das Terminal der Türe ein. Er öffnete sie und trat ein. Sein Laser-Gewehr war entsichert und auf den Gefangenen gerichtet.

Vier Kampf-Roboter standen an den Wänden und beobachteten den Gefangenen kritisch. Man merkte dem Gefangenen an, dass er sich in seiner Haut nicht besonders wohl fühlte.

Die Offiziere der Termar 1 traten ein, gefolgt von Heran und Sil'drock. Sie musterten den Gefangen.

Der blickte auf und schaute auf die eintretenden Personen. Er verzog sein Gesicht.

»Sie sind ein Ablonder? «, fragte Sil'drock.

»Ich habe diese Körperform gewählt, weil ich sie für praktisch halte«, antwortete der Worgass. »Mein Name ist Sirgphan, Commander Sirgphan. Sie dürften mittlerweile wissen, dass wir Formwandler sind. Es ist uns ohne Probleme möglich, jede fremde Lebensform anzunehmen, denen wir jemals begegnet sind. «

»Mein Name ist Major Travis, stellte sich der Befehlshaber der natradischen Flotte vor. »Mein 1. Offizier, Commander Brenzby und Leutnant Heinze, komplettieren mein Team. Heran und Sil'drock kommen von befreundeten Rassen, die nicht von unserem Planeten entstammen. «

»Bis auf ihren pelzigen Leutnant, erkenne ich nur humanoide Rassen«, entgegnete Commander Sirgphan. »Unsere Herren teilten uns mit, dass es keine humanoiden Völker mehr in der Galaxie gibt. Umso mehr bin ich erstaunt, sie hier anzutreffen. «

»Sie sehen, dass die Aussage ihrer Herren nicht der Wahrheit entspricht«, erwiderte der Major. »Vielleicht wurden sie auch in anderen Fragen falsch informiert. «

»Was meinen sie hiermit? «, fragte Commander Sirgphan nach.

»Warum greifen sie den ablondischen Versorgungs-Planeten an? «, erkundigte sich der Major.

Der Commander des Worgass-Schiffes, gab zum Erstaunen des Majors bereitwillig Auskunft.

»Wir reinigen das All von Kreaturen, wie sie es welche sind«, antwortete der Commander. »Dieser Sektor liegt in unserem Einflussgebiet. Wir dulden keine andersartigen Lebensformen neben uns. «

»Das ist interessant«, antwortete Major Travis. »Sie geben vor andersartige Lebensformen zu hassen, doch selbst kopieren sie die Körperform eines Ablonders. «

»Wer sind ihre Befehlsgeber? «, fragte Sil'drock. » Reden sie. Wer gab ihnen den Auftrag diesen Stützpunkt von uns anzugreifen? «

»Der Befehl kam von dem Zierr-Rat unserer Herren«, antwortete der Commander bereitwillig. »Sie sind allmächtig und dehnen sich immer weiter aus. Das Universum wird durch sie gereinigt und uns wieder uneingeschränkt zugänglich gemacht. Gewürdigt sind die Zierrakies. «

»Ist das der Name ihrer Herren? «, fragte Major Travis.

Der Commander nickte.

»Das sind unsere Meister und Herren«, antwortete er. »Sie leiten uns und entscheiden über viele erhaltungswürdige Rassen im Universum. Die Ungläubigen werden ihre Strafe erhalten. «

Der Major und Heran schauten sich an.

»Was meinen sie mit erhaltungswürdige Rassen«, fragte er den Worgass.

Commander Sirgphan schaute zu ihm auf.

»Ich meine hiermit alle Rassen, die von unseren Meister als würdig anerkannt wurden«, erklärte er. »Sie dürfen in eigens erschaffenen Reservaten weiterleben und ihre speziellen Fähigkeiten der Ausdehnungs-Zone der Zierrakies zur Verfügung stellen. Sie werden von ihnen versorgt und genießen den Schutz unserer Meister. «

»Vermutlich werden sie aber auch Strafmaßnahmen über sich ergehen lassen müssen, wenn die Wünsche ihrer Meister nicht umgesetzt werden? «, fragte Heran.

»Es ist ein Kollektiv«, antwortete Commander Sirgphan. »Ungehorsam kann nicht geduldet werden und wird bestraft. «

»Wie viele Reservats-Planten umfasst die Ausdehnungs-Zone ihrer Meister?«, erkundigte sich Heran.

»Derzeit verfügen unsere Meister über 8.300 Planeten«, antwortete der Commander. »Die nächste Ausdehnungs-Stufe ist in Vorbereitung. Hierdurch vergrößert sich die Zone erheblich. Sämtliche im Umkreis befindlichen Planeten werden integriert. «

»Werden die Bewohner der Planeten gefragt, ob sie integriert werden möchten? «, entgegnete Major Travis.

Commander Sirgphan schüttelte seinen Kopf.
»Viele der Arten und Rassen werden als ungeeignet eingestuft«, antwortete er. »Sie werden eliminiert. Andere Rassen sind überfordert mit ihrer Zustimmung. Ihnen wird die Entscheidung abgenommen. Unsere Meister nehmen sie unter ihren Schutz. «

»Wo liegt die Ausdehnungs-Zone ihrer Meister«, fragte Heran nach.

»Die Ausdehnungs-Zone liegt 170 Lichtjahren von hier«, antwortete der Commander bereitwillig. »Sie wird durch die weiße Barriere geschützt. Niemand ist es bisher gelungen, diese unaufgefordert zu überwinden. «

»Was ist die weiße Barriere? «, fragte Major Travis.

»Das ist die Todeszone, von der unsere Herren gesprochen haben«, antwortete Sil'drock. »Sie sind vor langer Zeit aufgebrochen, um die weiße Barriere an dem weiteren Vorrücken zu hindern. Seitdem sind sie verschwunden und nicht mehr zurückgekehrt. «

»Die weiße Barriere ist eine Anomalie im Weltraum«, erklärte Heran. »Man muss sich diesen Bereich als ein weißes Loch vorstellen, vergleichbar mit einem schwarzen Loch im Normalraum. Es existieren nicht die gewaltigen Gravitations-Kräfte, wie bei einem schwarzen Loch, doch haben wir es hier mit anderen Besonderheiten zu tun. Eine weiße Anomalie kommt wesentlich seltener vor. Es ist eine Energieblase im All. Eine Eigenschaft von ihr ist es, zu wachsen und sich auszudehnen.

Das weiße Loch bildet einen in sich abgeschlossen Bereich, der nur durch einen, oder mehrere Strudel zu erreichen ist. Diese Strudel ziehen magisch Antimaterie an. Von daher muss eine gegenpolige Energie eingesetzt werden, um den Strudel zu öffnen und nicht mit der Anti-Materie in Berührung zu kommen. Erst wann dies gelungen ist, kann in die Anomalie eingeflogen werden. «

»Das hört sich nach einer aufwendigen Prozedur an«, bemerkte der Major.

»Das ist alles eine Frage der Technik«, antwortete Heran. »Die Meister, oder nennen wir sie einmal Zierrakies, scheinen sich gut in dieser Materie auszukennen. «

»Was kennt diese Rasse? «, fragte Major Travis erstaunt.

»Wir können nicht viel über sie berichten«, antwortete Heran. » Viel Berührung gab es in der Vergangenheit nicht. Vor unzähligen Jahrtausenden gab es einen runden Tisch. Hier haben sich zu gewisser Zeit die ältesten Zivilisationen des Universums getroffen und Meinungen ausgetauscht. Die Zierrakies gehörten auch dazu. Es sind Methan-Atmer, die es bevorzugen in luftdichten Spezial-Anzügen aufzutreten. Niemand kennt ihr wahres Aussehen. Damals wurde spekuliert, dass es sich um eine insektoide Rasse handeln muss. «

Heran blickte den Worgass-Commander an.

Anlässlich dieser unregelmäßigen Treffen, gaben die Zierrakies die Whirlpool-Galaxie, teilweise auch als Strudelgalaxie bezeichnet, als ihre Heimat an«, ergänzte er. » Diese liegt über 30 Millionen Lichtjahren von der Milchstraße entfernt. Wenn sie jetzt auch in dieser

Anomalie anzutreffen sind, dann haben sie ihr Einflussgebiet stark ausgedehnt. «

»Berücksichtigen sie die Verlagerungen der 2. Dimension«, bemerkte Sil'drock. »Durch den Dreiecks-Transmitter unserer Herren können extreme Entfernungen überbrückt werden. Ich bin mir nicht sicher, wenn sie jetzt aus der 2. Dimension ausbrechen möchten, ohne das Amulett meiner Herren zu benutzen, ob sie dann nicht irgendwo im Raum vor der Whirlpool-Galaxie herauskommen würden. Uns gelang es niemals ein Koordinatenfeld zu erstellen, in Bezug auf den Normalraum. Eine gezielte Rückkehr ist nur durch das Amulett unserer Herren möglich. Es speichert die Eintrittsdaten ihrer Aktivierung. «

»Das bedeutet, dass wir nach unserer Rückkehr wieder am dem Ort der Aktivierung des Amuletts, aus der 2. Dimension austreten werden«, erkannte Major Travis.

»Das ist richtig«, bestätigte der Ablonder.

Sil'drock wandte sich an dem gefangenen Worgass.

»Wissen sie, ob meine Herren noch auf einem ihrer Reservats-Planeten leben? «, fragte er. » Haben die Zierrakies sie dort vielleicht angesiedelt? «

»Wie heißen ihre Herren? «, fragte Commander Sirgphan.

»Sie sind bekannt unter dem Namen, die „Aller Ersten"
bekannt«, ergänzte Heran.

Der Commander dachte nach.
»Ich muss sie enttäuschen, den Namen kenne ich nicht«,
antwortete er. »Seit wann werden sie vermisst? «

»Sie sind vor 250.000 Jahren aufgebrochen, als die
Rassen-Kriege im All ausbrachen«, teilte Sil'drock mit.
»Sie wollten die Ursache bekämpfen. Sie sprachen von
einer großen weißen Barriere, die sich immer weiter
ausdehnen würde. Leider kehrten sie nicht mehr zurück.
Es muss etwas ihnen etwas Schlimmes zugestoßen sein. «

»Darüber kann ich nichts sagen«, antwortete Commander
Sirgphan. » Das ist Generationen her. Die alten Archive
dürfen von uns nicht eingesehen werden. «

»Sie wissen nichts von ihrer Vergangenheit? «, fragte
Major Travis.

»Nein«, antwortete der Commander. »Nur die
Gegenwart zählt bei unseren Meistern. Die Ziele müssen
erreicht werden. «

»Was sind die Ziele«, erkundigte sich Heran.

»Die Auslöschung der niederen Rassen des Universums«, antwortete der Commander emotionslos. »Das ist das erklärte Ziel unserer Herren. Leider gehören sie auch hierzu. Wir werden nicht ruhen, bis wir alle minderen Rassen ausgelöscht, oder unterworfen haben. Wenn sie Glück haben, können sie von unseren Meistern als erhaltungswürdig angesehen werden. Ihnen werden in diesem Fall Reservats-Planeten zugeteilt. Hier können sie sich in aller Ruhe weiter entfalten. «

»Sie werden verstehen, dass wir dieses Angebot dankend ablehnen«, erwiderte Major Travis.

Er blickte Heinze an.
»Konntest du etwas Brauchbares herausfiltern? «, fragte der Major.

Der Ro zog seine Achseln hoch.
»Er ist einer vieler Untertanen der Meister«, erklärte er. »Sie alle hinterfragen ihre Entscheidungen nicht und führen diese zum angeblichen Wohl des gesamten Kollektivs aus. Das wird sicherlich in der Absicht der Zierrakies liegen. Der Commander will Zeit schinden. Er hat einen Notruf abgesetzt und weiß, dass Verstärkung unterwegs ist. Er hat registriert, dass wir nicht aus der 2.

Dimension kommen und er beabsichtigt diese Informationen an seine Herren weitergeben. In früheren Fällen wurden von den Zierrakies mächtige Kriegsflotten ausgesandt, die alle entsprechende Systeme und Rassen vernichten haben. «

»Das bedeutet, dass wir den Commander als Gefangenen bei uns behalten müssen«, entschied Major Travis. » Wir brauchen keinen weiteren Krieg in unserer Sternen-Insel. «

»Das Vorrücken der Ausdehnungs-Zone muss auch unterbunden werden«, bemerkte Heran.

»Wie soll das funktionieren? «, fragte Major Travis.

»Man kann sich diese Anomalie wie eine Art Geschwulst vorstellen«, antwortete Heran. »Sie muss behandelt und an dem weiteren Ausdehnen gehindert werden. Das zu erklären, wäre zu kompliziert. Ich muss hierüber mit unseren Wissenschaftler sprechen. «

»Kann ihr kleiner Freund auch ergründen, ob unsere Herren in der Ausdehnungs-Zone festgehalten werden?«, fragte Sil'drock.

Er lächelte Heinze an.

»Ohne einen Namen oder einen Hinweis, das komplette, Gedächtnis einer Person zu durchsuchen, ist schier unmöglich«, antwortete der Ro.

Er blickte den Lantraner an.
»Heran, du hast das umfangreichste Wissen«, fragte der Ro. »Wie nannten sich die Aller Ersten, bei euren früheren Zusammenkünften? «

Heran blickte zuerst den Ro an, dann schwenkte sein Blick auf den Ablonder.

»Ich bin mir nicht sicher, ob sie ihre Herren überhaupt unter dem alten Namen noch kennen«, teilte er skeptisch mit. »Lange vor der Blüte, der vielen neuen Generationen des Universums, nannten sie sich Macoronarus. «

»Das sind unsere Götter«, sagte Sil'drock laut aus. »Sie sind ein unveränderlicher Teil unserer Geschichte. «

»Das stimmt«, lachte Heran. »Irgendwie hatte die alte Rasse immer große Freude an ihrem Volk. Sie hielten immer ihre Hände über sie ausgebreitet. «

»Der Name sagt mir etwas«, entgegnete Commander Sirgphan. »Er gehört zu einer der Rassen, die andauernd Schwierigkeiten in ihrem Reservat machen. Unsere

Meister überlegen derzeit, ob sie diese Zivilisation nicht auslöschen sollen. Es ist eine Rasse der nicht einsichtigen Art. «

»Ist das wahr«, fragte Sil'drock fast schon hysterisch.

»Er lief zu dem Commander und ohrfeigte ihn.
»Sag die Wahrheit, du Insekt«, schimpfte er ihn an.

»Commander Brenzby schnellte vor und riss den Ablonder zurück.

»Von ihnen hätte ich mehr Gelassenheit erwartet«, mahnte ihn Major Travis. »So wird er ihnen nichts mehr mitteilen. Mäßigen sie sich, ansonsten lasse ich sie wieder auf ihr Schiff bringen. «

»Entschuldigung«, antwortete Sil'drock.
»Die Freude hatte mich übermannt«, sagte er. »Unsere bereits als erfolglos eingestufte Suche findet ein glückliches Ende.«

Major Travis blickte erneut den Worgass an.
»Besteht die Möglichkeit mit ihren Meistern über die Herausgabe dieser Rasse zu verhandeln? «, fragte er.

»Ich kann es ihnen nicht beantworten«, erwiderte der Commander. »Ein vergleichbarer Fall ist mir bisher nicht bekannt. Ich kann ihnen nicht sagen, ob die Meister hierauf eingehen werden. Welchen Vorteil haben sie hierdurch? «

»Den Vorteil, dass sie eine für sie lästige Rasse nicht mehr weiter beaufsichtigen müssen«, antwortete der Major.

»Dieser Vorschlag wird den Meistern nicht genügen«, antwortete Commander Sirgphan.

Die Offiziere der Termar 1, Heran und Sil'drock schauten sich an.

»Wir werden einen entsprechenden Plan ausarbeiten«, sagte Major Travis. »Lasst uns gehen, wir werden uns beraten. «

»Was ist mit mir«, fragte der Commander. »Habe ich nicht alle ihre Fragen beantwortet? Kann ich zurück auf mein Schiff? «

»Bleiben sie noch etwas bei uns«, entgegnete Commander Brenzby. »Wir werden ihre Angaben überprüfen. «

Er zeigte auf die Bordwand.

»Dort finden sie einen Verpflegungs-Automaten«, sagte er. »Sprechen sie ihn auf Natradisch an. Er wird ihre Wünsche erfüllen. «

»Achten sie auf unseren Gast«, befahl Major Travis den vier Kampf-Robotern.

Sie bestätigten den Befehl und salutierten den Offizieren des Schiffes zu.

Commander Brenzby instruierte noch die Marines vor der Türe.

»Der Gefangene darf nicht entkommen«, sagte er. »Er ist ein Formwandler. Lassen sie Niemanden heraus, auch nicht, wenn er so aussieht wie ich oder der Major. «

»Machen wir«, antwortete der Vorderste der Marines. »Wir haben einen Worgass-Scanner dabei. Damit können wir eindeutig die DNA des Formwandlers identifizieren. «

Major Travis schritt schnellen Schrittes auf den Turbo-Lift der Termar 1 zu.

»Siebte Etage«, sagte er. » Bitte in die Konferenz-Etage. «

Der Lift setzte sich in Bewegung schoss in Sekunden dem Ziel entgegen. Die geringe Verzögerung war kaum zu spüren.

Die Gruppe ging einen langen Korridor entlang. Major Travis öffnete auf der rechten Seite ein Schott in der Wand. Die beiden Türen zogen sich blitzartig in die Verkleidung zurück. Das Licht des großen Konferenz-Saales schaltete sich automatisch ein. Ein Service-Roboter, in gebeugter Haltung hinter dem Tresen stehend, erwachte zum Leben. Er beäugte die eintretenden Gäste. Höflich wartete er ab, bis sich alle Personen einen Stuhl gesucht hatten. Langsam kam er an den Tisch geschritten.

»Darf ich etwas anbieten? «, fragte Major Travis.

»Ich nehme ein Bier«, sagte Heran. » Hierauf musste ich lange genug warten. «

Die restlichen Personen begnügten sich Mineralwasser.

»Die weiße Barriere wird ein Problem für uns darstellen«, sagte der Major. » Es scheint ein abgeschlossenes Gefüge zu sein. «

»Die weiße Barriere ist für uns einsehbar«, antwortete Heran langsam. » Ich habe zwar keine entsprechende Technik auf meinem Schiff, die aber lässt sich aber schnell nachrüsten. «

»Was kann die Technik? «, fragte Commander Brenzby interessiert.

Heran blickte ihn an.
»Die speziellen Ortungs- und Späh-Strahlen durchdringen die Anomalie und ermöglichen einen Blick ins Innere der Ausdehnungs-Zone«, erklärte er. »Weiterhin benötigen wir 36 mobile Anti-Materie-Stabilisatoren. Diese werden ausgesetzt und an unterschiedlichen Stellen des Strudels verankert. Nach ihrer Aktivierung ziehen sie den Strudel förmlich auseinander, so dass eine Einflugs-Schleuse entsteht. Die freischwebende Antimaterie wird an den Rand des Strudels gezwungen. Ich denke darüber nach, erst einmal getarnte Späh-Sonden und Drohnen zu entsenden, die uns über die Stärke ihre Flotten-Präsenz und alles weitere Wissenswertes, informieren können. «

»Die Idee scheint mir vernünftig zu sein«, entgegnete Major Travis. »Die Daten der Spürsonden und der Drohnen werden uns erste Hinweise liefern. Nach diesen Werten werden wir unsere weitere Vorgehensweise ausrichten. «

»Ich bin erstaunt, über welche technischen Möglichkeiten sie verfügen«, gestand Sil'drock ein.

Der Communicator von Major Travis summte. Er zog in aus seiner Innentasche und aktivierte ihn.

»Major Travis«, sprach er hinein.
»Das Worgass-Schiff hat seine Waffen-Türmen ausgefahren und beschießt Teile unserer Flotte«, teilte Leutnant Bender mit.

Er hatte in der Abwesenheit vom Major Travis und Commander Brenzby den Befehl über die Flotte übernommen.

Major Travis schaute irritiert seine Gäste an.
»Das Schiff der Worgass hat das Feuer auf unsere Schiffe eröffnet«, erklärte er. »Es muss dem stellvertretenden Commander doch klar sein, dass er nichts ausrichten kann? «

»Er scheint ein Ausbruchs-Manöver geplant zu haben«, erwiderte Leutnant Bender.

»Unser Schiffe sollen die Waffen-Türme und den Antrieb des Schiffes zerstören«, befahl der Oberbefehlshaber der

Flotte aus des Neuen-Imperium. »Das Schiff muss unversehrt bleiben. Wir kommen auf die Brücke. «

Er klappte seinen Communicator zu und ließ ihn in seiner Jacke verschwinden.

»Folgen sie mir bitte auf die Brücke«, bat der Major seine Gästen zu. »Das Schiff der Worgass greift unsere Flotte an. «

Die Zentrale der Termar 1 hatte auf gedämpftes Rotlicht geschaltet. Leutnant Bender saß in dem Kommando-Sessel von Major Travis und gab Anweisungen.

Als er seinen Vorgesetzten eintreten sah, salutierte er ordnungsgemäß.

»Major auf der Brücke«, sagte er.

»Haben die Schiffe meinen Befehl bestätigt? «, fragte der Major.

»Alle Bestätigungen sind eingegangen«, antwortete der Leutnant. »Ich habe gemäßigtes Abwehrfeuer befohlen. «

»Gut gemacht«, bedankte er sich.

Er blickte auf den Monitor. Die in dem Worgass-Schiff einschlagenden Laser-Salven der Kaiser-Klasse-Schiffe sprengten immer mehr Waffen-Türme von dem großen Worgass-Schiff ab. Die Explosionen zogen sich über das ganze Schiffe. Dann schlugen gleichzeitig fünf Laser-Lanzen in den Antrieb ein. In einer großen Explosion platze dieser förmlich auseinander. Der Brandherd fraß sich weiter in das Innere des Schiffes. Zahlreiche Detonationen folgten, je weiter sich das Feuer über das große Schiff erstreckte.

»Das Schiff hat Feuer gefangen«, meldete Commander Brenzby. »Vermutlich wurden Hauptleitungen getroffen.

Er hatte die Sätze kaum ausgesprochen, als sich das 2.500 Meter große Worgass-Schiff aufbäumte und in einer gewaltigen Explosion auseinandergerissen wurde. Zahlreiche Trümmerstücke folgen in alle Richtungen.

»Das wollte ich vermeiden«, sagte Major Travis. »Vielleicht hätte uns ihre KI noch einige Daten übermitteln können. «

»Übermitteln sie meinen Befehl an die Flotte«, befahl Major Travis. »Das Feuer ist einstellen. Alle Schiffe sollen sich wieder in die Formation einreihen. «

»Ich messe eine starke Erschütterung des Hyperraum-Gefüges«, meldete Sergeant Dantow. » Wir bekommen Besuch. «

»Auf den Bildschirm legen«, befahl Major Travis.
»Die Daten unserer Hypertronic-KI registrieren eine Worgass-Flotte von 200 Schiffen«, ergänzte Sergeant Dantow. »Es sind ebenfalls alles große Schiffe der 2.500 Meter-Klasse. Ihr Abstand zu uns beträgt 30.000 Kilometer. «

»Alarmbereitschaft für die ganze Flotte«, befahl Major Travis. »Auf einen Angriff vorbereiten. «

Er blickte Funk-Offizier Farmer an.
»Öffnen sie mir den internen Flotten-Funk«, befahl er.

»Wird geöffnet, Herr Major«, antwortete Sergeant Farmer. »Sie können sprechen. «

»Hier spricht Major Travis, Oberbefehlshaber der vereinigten Streitkräfte von Natrid & Tarid«, sprach er in den Communicator. »Wir orten eine Flotte der Worgass, von insgesamt 200 Schiffen, im Anflug. Setzen sie Manöver-Schlüssel MT 134 A ein. Alle Schiffe der Kaiser-Klasse bilden Gruppen zu 5 Schiffen. Setzen sie als erstes ein Geschoss ihrer Hyper-Space-Kanone ein, um die

Schirme der großen Schiffe zum Kollaborieren zu bringen. Hiernach nutzen sie ihre seitlichen Waffen-Türme. Hiermit werden wir die Groß-Raumschiffe der Worgass kampfunfähig zu machen. Zielen sie auf die Antriebe und ihre Waffen-Systeme. Eine vollständige Vernichtung der Schiffe ist nicht notwendig. In Krisensituationen springen sie als Gruppe, an einen anderen Standort und nehmen das Gefecht erneut auf. Bitte bestätigen sie meinen Befehl. «

»Die Bestätigungen treffen bereits ein«, teilte Sergeant Farmer mit.

Die 1.000 Schiffe der Flotte aus dem Sol-System, formierten sich zu kleinen 5er Gruppen. Sie bildete einen breiten Sperrgürtel vor der Termar 1, dem Evolutions-Schiff und dem Versorgungs-Mond der Ablonder. Geduldig warteten die Schiffe ab und beobachteten die Ankunft der feindlichen Schiffe.

»Willst du auf dein Schiff übersetzen? «, fragte Major Travis den Lantraner.

Der schüttelte seinen Kopf.
»Ich bin mir sicher, dass ihr mit der Flotte fertig werdet. «, antwortete er. »Notfalls kann ich immer noch eingreifen.«

Die Hilfs-Flotte der Worgass materialisierte in der Nähe der programmierten Koordinaten.

»Ich registriere jede Menge fremder Impulse«, teilte der Ortungs-Offizier Wrigphranis mit.

Der Commander des Schiffes stand vor seinem Stuhl und blickte auf den zentralen Bildschirm, der die vielen fremden Taster-Zeichen anzeigte.

»Schweinerei«, schimpfte er. »Hier sollte lediglich ein alter Stützpunkt einer untergegangen Rasse ausgelöscht werden. Wir sind direkt in einen feindlichen Flotten-Verband gesprungen. Mit wie vielen Schiffen haben wir es zu tun? «

»Unsere KI zählt insgesamt 1.000 Schiffe einer 2.000 Meter-Klasse, ein Schiff einer 500-Meter-Klasse und ein weiteres Schiff einer 250-Meter-Klasse«, teilte der Ortungs-Offizier mit.

»Können wir abfragen, um welche Schiffe es sich handelt? «, erkundigte sich der Commander.

»Ich habe ich bereits einen Abgleich veranlasst«, antwortete Offizier Wrigphranis. »Es konnten keine vergleichbaren Daten gefunden werden. «

»Stärke der Energie-Emissionen? «, fragte der Commander.

»Die Anzeigen schlagen bis zum Anschlag aus«, bemerkte der Ortungs-Offizier. »Sie werden uns ebenbürtig, wenn nicht überlegen sein. «

Commander Trangohas verzog sein Gesicht und blickte weiter auf den Monitor.

»Ich orte noch etwas«, meldete der Ortungs-Offizier des Schiffes plötzlich.

Der Commander blickte ihn fragend an.
»Ich erfasse unzählige Trümmerstücke unserer drei vermissten Schiffe. «, teilte der Offizier mit. » Die Fremden haben unsere Schiffe kaltblütig zerstört. «

»Senden sie alle Daten an unsere Flotten-Führung«, erwiderte Commander Trangohas trocken. »Sie sollen über alle Geschehnisse in diesem Sektor informiert werden. «

»Die Daten werden per Hyperkomm-Funkimpuls gesendet«, antwortete der Offizier.

»Öffnen sie mir eine Hyperfunk-Verbindung«, befahl der Commander.

»Hier spricht der Commander Trangohas, Kommandeur der Worgass-Flotte«, sprach er in den Kommunikator. » Ich fordere die fremde Flotte auf, unverzüglich den Raum-Quadranten zu verlassen. Ferner erwarte ich sofort eine Antwort, warum unsere Patrouillen-Schiffe vernichtet wurden.«

»Wir werden in der Sprache der Ablonder gerufen«, meldete Sergeant Farmer.

»Unsere KI soll bitte übersetzen«, befahl Major Travis.

Er blickte den Ablonder an.
»Melden sie sich, an unserer Stelle«, wies er Sil'drock an. »Ich möchte mir noch eine kleine Überraschung für die Worgass aufbewahren. Teilen sie ihnen mit, dass die drei Schiffe einen Angriff auf ihre Station durchgeführt haben und sie sich lediglich gewehrt haben. «

Sil'drock nickte und griff nach dem Communicator.

»Hier spricht Sil'drock, Außenwächter der Ablonder«, sprach er in das Gerät. »Was wollen sie? «

»Ich möchte sofort Rechenschaft über unsere drei zerstörten Schiffe von ihnen erhalten«, schallte es aus der Leitung.

»Die gebe ich ihnen gerne«, erwiderte Sil'drock. »Ihre drei Schiffe haben unseren Versorgungs-Planeten angegriffen. Unsere Aufforderung den Beschuss einzustellen, hat der Commander des anführenden Schiffes ignoriert. Wir waren gezwungen uns zu verteidigen. «

»Es gibt keine Ablonder mehr«, antwortete Commander Trangohas. »Wir haben alle Flotten-Verbände dieser Rasse aufgerieben und ihre Planeten vernichtet. Hierzu gehört auch der Planet ihrer Flotten-Führung. «

Sil'drock stockten die Worte im Mund. In einem Moment zum anderen, war nicht fähig auf die Aussage des Commander der Worgass-Schiffe zu antworten.

»Wer sind sie? «, fragte der Worgass-Commander nach. Schnell nahm Major Travis Sil'drock den Communicator aus der Hand.

»KI«, befahl er. »Meine Worte bitte erst in die ablondische Sprache übersetzen und dann übermitteln. «

Die Hypertronic-KI der Termar 1 bestätigte.

»Hier spricht der Flotten-Kommandant des ablondischen Stützpunktes«, sagte Major Travis. »Scannen sie den Planeten, dann werden unsere Angaben bestätigt bekommen. Ihnen ist sicherlich bewusst, dass ihr Vorgehen Konsequenzen nach sich ziehen wird. Wir haben Commander Sirgphan bei uns an Bord und werden ihn gezielt zu ihren Angaben befragen. Ziehen sie sich mit ihren Schiffen zurück, ansonsten vernichten wir sie. Sie befinden sich in einer Sicherheits-Zone der Ablonder. «

»Wie kommen sie dazu, unseren Commander gefangen zu nehmen? «, fragte Commander Trangohas nach.

»Sein Schiff wurde zerstört«, antwortete Major Travis. »Wir haben ihn aufgenommen, um ihm einige Fragen zu stellen. «

Major Travis ließe eine kurze Pause vergehen, doch es ging keine weitere Antwort von Commander Trangohas ein.

Der Major erkannte, dass die Leitung noch geöffnet war.

»Ich weiß, dass sie noch zuhören«, sprach er in die stehende Leitung. »Teilen sie ihren Meistern mit, dass wir auf sie aufmerksam geworden sind. Wir fordern die sofortige Freilassung aller Rassen und Species, die sie in ihrer Ausdehnungs-Zone gefangen halten. Speziell die mit uns befreundete Rasse der Macoronarus, möchten wir unverzüglich in der Freiheit sehen. Kehren sie um und fliegen sie zurück. Wir werden uns wieder bei ihnen melden. «

Commander Trangohas hatte schweigend zugehört. Er gab seinem Funk-Offizier ein Zeichen, die Verbindung abzubrechen.

»Sie erdreisten sich, uns Befehle zu geben«, dachte er. »Ihnen wird das Hochnäsige noch vergehen. Niemand darf unseren Meister ein Ultimatum stellen. «

»Wurde der Mond gescannt? «, fragte der Commander.

Der Ortungs-Offizier bestätigte.
»Ihre Angaben entsprechen der Wahrheit«, teilte er mit. »Es sind über 500.000 Einrichtungen ablondischen Ursprungs, auf Planeten auszumachen. Lediglich die vor uns wartenden Raumschiffe, stimmen nicht mit den Daten in unserem Archiv überein. «

»Wann war der letzte Kontakt mit diesem Volk? «, erkundigte sich Commander Trangohas.

Die KI des Schiffes antwortete monoton.
»Die letzte Säuberungswelle dieses Volkes erreichte vor 250.000 Jahren ihren Höhepunkt «, antwortete sie.

»In dieser Zeit kann sich viel geändert haben«, dachte der Commander. » Ihre 1.000 Schiffe konnten drei unserer überschweren Raumschiffe eliminieren. Jetzt aber stehen wir ihnen mit 200 überschweren Schiffen gegenüber. Das wird sicherlich nicht mehr so einfach für sie sein. «

Der 1. Offizier des Schiffes war an die Seite seines Commanders getreten. Er blickte Trangohas an.

»Ihre Einschätzung bitte«, sagte er.
»Das wird nicht einfach werden«, erwiderte Offizier Lirgphan. »Die Ortungs-Anzeigen messen starke Energie-Meiler an. Wir sollten zurückfliegen und mit einer stärkeren Flotte die Situation hier vor Ort bereinigen. Die Fremden haben den Tod verdient. «

»Wir sollen uns ihnen beugen? «, fragte der Commander. » Ich kenne keinen vergleichbaren Fall, in der sich eine unserer Flotten zurückgezogen hat. Das wird als Feigheit ausgelegt werden. Wir werden vor den großen Zierr-Rat treten müssen, um uns zu verantworten. «

»Trotzdem kommen wir alle unbeschadet aus diesem Dilemma heraus«, bemerkte der 1. Offizier. »Aus der Sicht der Ablonder, haben sie sich nur verteidigt. Wäre Commander Sirgphan mit einer stärkeren Eingreif-Flotte hier eingetaucht, würden wir wahrscheinlich nicht vor diesem Problem stehen. «

»Bei dieser Meinung gebe ich ihnen Recht«, antwortete der Commander.

Er lehnte sich in seinem Kommando-Sessel zurück und blickte auf Monitore.

»Noch verhält sich die feindliche Flotte ruhig«, dachte er. »Wir werden mit Schmach vor die Zierrakies zu treten, falls wir umkehren. Unser Gesicht werden wir nicht unter meinem Kommando verlieren. Nicht hier und nicht in der Zukunft. «

»Angriffsbefehl an die Flotte«, befahl er. »Alle Waffen-Türme sind zu aktivieren. Die Raketen-Gondeln sind auszufahren. Ein Schiff muss sich um jeweils fünf feindliche Schiffe kümmern. Keines von ihnen darf übrigbleiben. «

»Commander Sirgphan befindet sich noch auf einem ihrer Schiffe? «, bemerkte der 1. Offizier.

»Konnten sie seine Position ausmachen? «, fragte Trangohas.

Der 1. Offizier verneinte.

»Sie haben ihm vermutlich seinen ID-Chip entfernt«, antwortete der erste Offizier.

»Der Commander hat sich leichtfertig in Gefangenschaft begeben und Informationen ausgeplaudert«, erwiderte Trangohas. »Jedenfalls teilten uns die Fremden dies mit. Ihn erwartet zu Hause kein ehrenvoller Empfang mehr. Es ist besser für ihn, wenn er mit der Feind-Flotte eliminiert wird. Das wissen sie doch genauso gut, wie ich. «

Der 1. Offizier drehte sich ab und gab die Befehle an die Flotte weiter.

Bedächtig und erfolgsverwöhnt setzte sich die Flotte der 200 übergroßen Worgass-Schiffe in Bewegung. In breit auf gestellter Formation glitten die Schiffe ihren fremden Widersachern entgegen.

Bereits weit vor Erreichen der Schussweite, eröffneten die Schiffe der Worgass ein Sperrfeuer aus allen Laser-Türmen.

»Die Schiffe nehmen Fahrt auf«, meldete Sergeant Dantow.

»Sie lassen sich nicht belehren«, sagte Major Travis enttäuscht. »Bereit machen. Sergeant Madson, unterstützen sie die Flotte, wenn sie ein freies Schutzfeld haben. Setzen sie alles ein, was wir haben. «

»Befehl verstanden«, antwortete der Offizier des Waffen-Leitstandes.

»Die Worgass-Schiffe eröffnen das Feuer«, meldete Commander Brenzby.

»Sie sind doch noch nicht in Schussweite gekommen«, fragte der Major irritiert.

»Das ist richtig«, antwortete der Commander.

»Dann wollen wir sie nicht länger warten lassen«, sagte Major Travis. » Einsatz für die Geschosse der Hyper-Space-Kanonen. Senden wir ihnen einige unserer Geschosse vor den Bug. «

Commander Brenzby gab den Befehl weiter.

Die Crew der Termar 1 sah, wie zahlreiche Geschosse aus den Front-Geschützen der Schiffe des Neuen-Imperiums, abgeschossen wurden. Diese entmaterialisierten direkt in den Hyperraum. Hierdurch entzogen sie sich der Ortung durch die feindlichen Schiffe. Die Geschosse änderten während ihres Fluges mehrmals ihre Flugbahnen. Ganze 500 Meter vor dem Ziel materialisierten sie wieder, korrigierten ihren Anflug und beschleunigten auf ihre volle Leistung.

Brachial schlugen gleichzeitig mehrere Geschosse auf den Schutz-Schirme der Worgass-Schiffe auf. Die gewaltige Entladung der Bomben brachten die Schirme der Worgass-Schiffe zum Kollabieren. Der Bildschirm der Termar 1 zeigte ein blitzendes Feld von Feind-Raumschiffen an. Die Überladungen der Schirme der einzelnen Schiffe, hellten den dunklen Weltraum auf.

Die anschließenden Laserlanzen fraßen sich in die Bordwände der großen Schiffe. Bereits der erste Feuerwechsel zeigte einen massiven Verlust auf Seiten der Worgass-Schiffe an. Dutzendweise explodierende Schiffe musste die feindliche Armada in ihrer vordersten Angriffs-Reihe verzeichnen. Exakt 35 Groß-Raumschiff hatten sich zu lodernden Feuersgluten verwandelt.

Die Gruppen, zu je 5 Schiffen der Kaiser-Klasse, näherten sich den zierrakischen Schiffen. Das feindliche Laserfeuer, wurde von den neuen Super-Schutz-Schirmen lantranischer Konstrukteur-Technik problemlos abgeleitet.

Jetzt setzten die Worgass-Schiffen ihre Raketen ein. Unzählige Geschosse rasten aus den Gondelträgern auf die Schiffe den gehassten Feinde zu.

Diese reagierten mit einem KI-synchronisierten Dauerfeuer auf die Geschosse. Fast alle wurden noch im Anflug unwirksam gemacht. Wieder röhrten die schweren Hyper-Space- Kanonen auf und verschossen ihre tödliche Fracht auf die nachgerückten Worgass-Schiffe. Die Schlachtschiffe ereilte das gleiche Schicksal, wie die bereits vernichteten Schiffe. Die Detonationen der Hyper-Space-Bomben ließ die Schutz-Schirme der großen Worgass-Schiffe kollaborieren. Die anschließenden auftreffenden Lasersalven schnitten die großen Schiffe förmlich ein kleine Stücke. Der Befehl von Major Travis befahl, die Waffen-Türme und die Antriebe zu vernichten. Nicht immer gelang dieses Vorhaben. Wieder explodierten zahlreiche Schiffe der Worgass, die Treffer in ihren Energie-Meilern erhalten hatten. Andere drifteten antriebslos durchs All. Sie kollidierten mit den nachrückenden Schiffen. Überall flogen Trümmer und Metallstücke von den explodierten Schiffen herum.

Als die Raumschlacht ihren Höhepunkt erreicht hatte, versuchte eine kleine Gruppe von Worgass-Schiffen auszuscheren und sich dem Versorgungs-Mond der Ablonder zu nähern.

Major Travis hatte ihre Absicht erkannt. Er befahl einer Gruppe von 30 Schiffen der Kaiser-Klasse, sich den Worgass-Schiffen in den Weg zu stellen. Sie eröffneten ein Laser-Abwehrfeuer auf die vorrückenden Schiffe. Innerhalb kürzester Zeit versagten ihre Schutz-Schirme. Die gebündelten Laser-Strahlen von 750 seitlichen Waffen-Türmen der Kaiser-Klasse Schiffe vernichteten die Gruppe der Worgass-Schiffe innerhalb kürzester Zeit.

Commander Trangohas raufte sich mit seiner Hand in den Haaren. Er hatte erkannt, dass seine Flotte keine Chance hatte. Der starke Feindverband machte kurzen Prozess mit seinen Schiffs-Einheiten. Der Angriff war kläglich gescheitert.

»Wie viele Verluste haben wir«, fragte er seinen Ortungs-Offizier.

»Unsere Flotte verringert sich in jedem Moment. Derzeit verzeichnen wir 75 Schiffe als Totalverlust und 39 Schiffe als beschädigt und nicht mehr einsatzfähig«, teilte er mit.

»Abbruch des Angriffes«, befahl er seinem 1. Offizier. »Wir fliegen zurück und kommen mit Verstärkung wieder. Das hier entwickelt sich zu einem Totalverlust für uns. Die Ablonder werden die Konsequenzen zu spüren bekommen. Die haben wir nicht zum letzten Mal auf unseren Schirmen. Unsere Meister werden eine Vergeltungs- und Säuberungs-Flotte ausrüsten müssen. Sie werden nicht sonderlich erfreut, über unsere Berichte sein. «

»Die Schiffe haben ihren Befehl bestätigt«, meldete der 1. Offizier.

»Sofortige Ausführung«, befahl der Commander.

Die restlichen Worgass-Schiffe brachen den Angriff ab. Sie beschleunigten und sprangen in den Hyper-Raum.

Sil'drock lächelte, als er Major Travis ansah.
»Wir haben gesiegt«, sagte er. »Dank ihrer Hilfe sind die Worgass geflohen. Wie können wir das jemals wieder gutmachen? «

»Das Worgass-Problem betrifft uns alle«, antwortete der Major. »Sie werden nicht aufhören, humanoide Rassen im All zu suchen und sie auszulöschen. Von daher brauchen wir eine starke Koalition. Langfristig werden wir es nur gemeinschaftlich schaffen, diese Wesen zurückzudrängen, oder ihnen die Möglichkeit des weiteren Vordringens zu nehmen. «

Heran war hinzugetreten.

»Wir brauchen mehr Informationen über die Ausdehnungs-Zone der Zierrakies«, bemerkte er. »Können einige Späh-Kommandos ihrer Schiffe die weiße Barriere beobachten? Alle Informationen sind wichtig. Welche Flottenaufkommen, wie viele Verbände gibt es, in welchen Abständen wird der Einflugs-Strudel passiert. Unter Umständen besteht auch die Möglichkeit, eine Spionage-Drohne in ihre Ausdehnungs-Zone einzuschleusen? Diese könnte dann alle relevanten Informationen aufzeichnen und später diese an uns übermitteln. «

»Wie stellen sie sich das vor? «, fragte Sil'drock. » Wir verfügen nicht über ihre Tarntechnik. Unsere Schiffe sind genau genommen 250.000 Jahre alt. Wir wissen noch gar nicht, ob wir der Technik der Zierrakies gewachsen sind. «

»Wollen sie auf unsere Rückkehr warten? «, antwortete Heran. » Ich dachte soeben noch, alle Informationen über ihre Herren sind wichtig für sie? «

»Das ist auch so«, erwiderte Sil'drock. »Wir müssen einen Weg finden, ohne aufzufallen, an möglichst viele Informationen zu gelangen. «

Major Travis und Heran sahen sich an.
»Das wird keine leichte Aufgabe für sie werden«, erkannte der Major.

»Mir kommt gerade noch ein anderer Gedanke«, antwortete Sil'drock. »Unsere Herren konnten vor ihrer Abreise einen Impfstoff fertigstellen, der die Worgass zu einem Umdenken zwingen sollte. Dieser Impfstoff macht die Worgass gefügig und bekämpft ihren Hass gegen alle humanoide Völker. «

»Worauf wollen sie hinaus? «, fragte Heran.
»Das will ich ihnen sagen«, antwortete Sil'drock. »Überlassen sie uns ihren Gefangenen. Wir würden gerne den Impfstoff unserer Herren an dem Commander ausprobieren. Vielleicht folgt er nach der Behandlung unseren Befehlen. Er wird von uns in einer Überlebenskapsel, vor der weißen Barriere ausgesetzt. Sicherlich finden ihn andere Schiffe bergen und nehmen

ihn mit in die Ausdehnungs-Zone. Der umdrehte Worgass, vorausgesetzt er spricht auf das Serum an, kann dann sämtliche Informationen sammeln und uns zur Verfügung stellen. «

»Glauben sie nicht, dass den Zierrakies das plötzliche Auftauchen des Commanders seltsam vorkommen wird? «, stutzte der Major.

»Schön möglich«, antwortete der Ablonder. »Aber wir werden ihn vorher entsprechend präparieren, dass er auf alle Fragen eine passende Antwort findet. «

»Falls sich ihr Vorhaben in die Tat umsetzen lässt, wäre es ein hilfreicher Weg, um umfassende Informationen über das Innere der Ausdehnungs-Zone zu erhalten«, bestätigte Major Travis. »Wir wüssten exakt, mit was wir es zu tun bekommen. Falls ihr Vorhaben scheitern sollte, stehen wir wieder am Anfang. «

»Das ist mir klar«, antwortete Sil'drock. »Ich kann ihnen keine klare Antwort geben, ob das Serum unserer Herren nach dieser langen Zeit unserer Schlafdauer nicht unbrauchbar geworden ist. «

»Mir sind das zu viele unbekannte Komponenten in diesem Plan«, sagte Major Travis. Wir werden uns, unabhängig von ihren Plänen, eigene Gedanken machen. Wir brauchen etwas Zeit, um uns zu beraten und eine entsprechende Flotte auszurüsten. Wie können wir wieder Kontakt zu ihnen aufnehmen? «

Sil'drock dachte nach.

»Auch wir haben vorrangig noch wichtige Aufgaben zu erledigen«, teilte er mit. »Es befinden sich weitere 23 Versorgungs-Planeten, mit Schläfern und Schiffen unseres Volkes, in dieser Dimension. Es ist unsere vordringlichste Aufgabe, diese anzufliegen und unsere Freunde aufzuwecken. Die Zeit des Schlafens ist vorbei. Noch haben die Worgass diese Planeten nicht gefunden. So soll es auch bleiben. Geben sie uns drei Monate ihrer Zeitrechnung, um alles Nötige in die Wege zu leiten.

Wir haben die alten Daten von Natrid & Tarid in unserem Archiv. Wie sie wissen, hatten wir auch eine Station auf Tarid unterhalten. Wir werden sie rechtzeitig kontaktieren und sie über die weitere Entwicklung informieren. Ich halte das für die beste Lösung. Wir werden die Einrichtungen dieses Versorgungs-Planeten, aber auch die meisten Anlagen der Planeten, die wir noch besuchen werden, durch eine Selbst-Zerstörungs-Schaltung unserer Herren, vernichten. Die sensiblen Daten unserer Stasis-Stationen dürfen nicht in die Hände der Worgass gelangen. «

Der Major nickte.

»Das wird wohl die richtige Entscheidung sein«, erwiderte er. »Bevor wir ihnen den Gefangenen übergeben, möchte ich dem Commander noch eine wichtige Frage stellen. «

Der Kommunikator von Sil'drock summte.
Der Ablonder nahm es aus seiner Schutzkleidung heraus.

»Hier ist Sil'drock«, meldete er sich.
»Das Aufweckprogramm wurde abgeschlossen«, teilte ihm Ras'ekin mit. »Alle unsere Leute sind wohlauf und freuen sich auf neue Aufgaben. «

»Das ist schön zu hören«, antwortete Sil'drock. »Ich brauche noch eine kurze Zeit. Aktiviere eine sichere Zelle auf meinem Schiff. Ich bringe einen gefangenen Worgass mit. Er ist der Schlüssel zu unserer Zukunft. «

»Ein Worgass entscheidet über unsere Zukunft? «, fragte Ras'ekin irritiert.

»Ich erkläre dir das später«, antwortete Sil'drock. »Aktiviere den Arrest-Raum meines Schiffes. Gib den Befehl die Schiffe zu besetzen. Wir starten sofort nach meiner Rückkehr. «

»Befehl verstanden«, antwortete der Ablonder der Boden-Station. »Bis später. «

Major Travis hatte Leutnant Heinze gebeten, ihn zu begleiten. Die Gruppe durchquerte das Schiff. Der Turbolift brachte sie in den unteren Bereich des Schiffes. Von hier war schnell der Arrest-Bereich der Termar 1 erreicht.

Die sich im Dienst befindlichen Marines salutierten vorschriftmäßig, als sie die heraneilende Gruppe erkannte.

»Irgendwelche Vorfälle? «, fragte Major Travis.

»Keine«, antwortete der Marine. »Der Gefangene verhält sich ruhig. «

»Das ist gut«, erwiderte der Major. »Öffnen sie bitte die Türe.

Der Marine drehte sich um und ging zu dem Türschloss. Er gab einen Code ein und öffnete die schwere Zellentür.

Commander Sirgphan saß gelangweilt in einem Sessel und blickte die Besucher irritiert an.

»Kann ich zurück auf mein Schiff? «, fragte er.

»Ich muss sie enttäuschen«, antwortete Major Travis. »Ihr Schiff hat einen Ausbruchsversuch gemacht und unsere Schiffe unter Beschuss genommen. Bei diesem Manöver wurde es bedauerlicherweise vernichtet. Auf unsere Funksprüche hin, das Feuer einzustellen, wurde nicht reagiert. «

»Was ist mit der Unterstützung-Flotte? «, fragte der Commander.

»Eine Flotte von 200 Worgass Groß-Raumschiffen kam zu ihrer Unterstützung«, erklärte Major Travis. »Sie ließ sich ebenfalls nicht abhalten, das Feuer auf unsere Schiffs-Verbände zu eröffnen. Der anschließende Schlagabtausch kostete ihrer Verstärkung viele Schiffe. Erst nach der offensichtlichen Niederlage und dem Verlust von mehr als 60 Prozent der Schiffe, brach der Kommandant des Verbandes seinen Angriff ab und flüchtete in den Hyperraum. Er wird jetzt sicherlich auf dem Rückflug sein und ihre Meister entsprechend informieren. «

»So ist das Prozedere«, antwortete Commander Sirgphan. »Die Zierrakies mögen keine Niederlagen. Ich möchte jetzt nicht in der Haut des kommandierenden Commanders stecken. «

»Wäre ihre Position besser gewesen? «, fragte Major Travis. » Auch sie haben ihre Schiffe eingebüßt. «

»Mir standen jedoch nur drei Schiffe zur Verfügung«, antwortete der Commander. »Jedes vernunftbegabte Lebewesen sollte doch verstehen, dass drei Schiffe gegen eine Armada von 1.000 Schiffen wenig ausrichten können. «

»Ihr Aufenthalt auf diesem Schiff geht dem Ende entgegen«, erklärte Major Travis. » Sie fliegen mit dem Ablonder Sil'drock zu einer geheimen Basis. Sie brauchen keine Angst zu haben, sie werden nicht gefoltert und gequält. Ich spreche offen zu ihnen. Unser Freund spritzt ihnen ein Serum, das ihren Hass gegen humanoide Völker behebt. Danach werden sie zu ihrer weißen Barriere gebracht. Er wird sie in eine ihrer geborgenen Rettungs-Kapseln setzen und vor dem Strudel dem Weltraum übergeben. Sie können dann den Notruf-Sender der Kapsel aktivieren. Wir sind sicher, dass sie schnell gefunden werden. Das ist alles, was wir für sie tun können. «

»Danke«, antwortete Commander Sirgphan. »Hiermit hätte ich nicht gerechnet. «

Major Travis blickte ihn an.

»Gestatten sie mir noch eine Frage«, sagte er. »Sind sie nur hier in der 2. Dimension aktiv, oder verlassen sie diese auch zwischendurch. «

»Warum fragen sie? «, entgegnete der Commander. » Die Meister geben uns nur Aufträge in dieser Dimension. «

»Sie haben keinen Kontakt zu Worgass-Stämmen außerhalb der 2. Dimension? «, staunte der Major.

»Es gibt weitere Worgass-Stämme? «, fragte der Commander erstaunt. » Darüber liegen mir keine Informationen vor. «

Major Travis blickte Heinze an.
»Er spricht die Wahrheit«, teilte der Ro mit. »Sein Gehirn enthält keine Hinweise auf Kontakte mit Worgass-Stämmen außerhalb der 2. Dimension. «

Der Commander blickte Heinze erschreckt an.
»Kann ihr Kollege Gedanken lesen? «, fragte er.

»Leutnant Heinze kann viele Dinge«, antwortete Major Travis. »Was er im Einzelnen alles zu leisten vermag, das entzieht sich aber auch meiner Kenntnis. «

Major Travis ließ den Commander in Unkenntnis.

»Ich darf sie jetzt unserem ablondischen Freund übergeben? «, ergänzte er.

Er winkte den vier Kampf-Roboter zu.
»Begleiten sie Sil'drock zu seinem Schiff«, befahl er.
»Sorgen sie dafür, dass der Gefangene ohne Schwierigkeiten einsteigt. «

»Befehl verstanden«, antwortete einer der Shy-Ha-Narde blechern.

Major Travis blickte den Ablonder an.
»Sie sind mir dafür verantwortlich«, dass der Commander gut behandelt wird. «

»Dafür sorge ich«, antwortete Sil'drock. »Ich möchte ihnen nochmals meinen Dank für ihre Unterstützung aussprechen. «

»Wir sehen uns bald wieder«, versprach Major Travis. »Informieren sie uns, sobald sie bereit sind und alle ihre Schläfer aufgeweckt haben. Die Kampf-Roboter begleiten sie zu ihrem Schiff. «

»Danke«, antwortete Sil'drock. »Das werde ich in jedem Fall. «

Er verabschiedete sich bei Commander Brenzby, Heinze und Heran.

Dann drehte er sich um und folgte den Kampf-Robotern zu dem Hangar, in der sein Schiff wartete.

Major drehte sich zu den vor der Türe wartenden Marines um.

»Ihr Einsatz ist beendet«, sagte er. » Sie können sich zurückziehen.

Die Marines salutierten und marschierten zu ihrer Einheit.

»Wir gehen auf die Brücke«, entschied der Major. »Ich möchte mir noch den Abflug der ablondischen Schiffe anschauen. «

Die Offiziere der Termar 1 und der lantranische Gast benutzten erneut den Turbolift, der sie zu dem Kommandobereich des Naada-Schiffes brachte.

Der zentrale Schirm des Schiffes war aktiviert. Die Crew der Brücke verfolgte, wie das kleine Schiff des Ablonders auf den zweiten Mond zuflog und das Landemanöver einleitete.

Heran kratzte sich mit den Fingern seiner Hand durch die Haare.

»Kopfschmerzen? «, fragte Major Travis.

»Kopfjucken«, antwortete dieser. »Es gehen mir immer noch sehr viele Fragen durch den Kopf, die nicht beantwortet wurden. «

»Das Problem wird sich vor jedem Einsatz stellen«, erwiderte der Major. »Wenn wir alle Antworten direkt erhalten würden, dann wüssten wir, womit wir es zu tun haben. «

Heran nickte mürrisch.
»In solchen Augenblicken bedeutet Unwissenheit eine schwere Last«, bemerkte Heran.

»Ich orte einen massiven Energie-Anstieg«, meldete Sergeant Dantow.

Die Crew der Termar 1 blickte auf den Bildschirm.

»Heran zoomen«, befahl Major Travis.
Das Bild vergrößerte sich und zeigte zahlreiche Bodenplatten, sie sich zwischen den Stasis-Türmen öffneten. Unzählige Raumschiffe der Ablonder drängten

in den Weltraum. In Sekundenschnelle, schossen sie aus ihren unterirdischen Verstecken ins Freie.

»Wie viele sind es wohl?«, fragte Heran.
»Unser Hypertronic-KI zählt immer noch«, entgegnete Commander Brenzby. »Wir müssen abwarten, bis alle Schiffe gestartet sind. «

Die Antriebe der Schiffe erzeugten ein Leuchten am Boden. Fast ein Drittel des Versorgungs-Mondes war in diffuses, grelles Licht gehüllt. Immer mehr Schiffe schossen in geordneter Formation aus den Hangar-Schächten des Mondes. Im Orbit formierten sie sich zu einem Keil-Gebilde, das immer größer anwuchs.

»Alle Schiffe sind draußen«, meldete Sergeant Dantow. »Die Zählung unserer Hypertronic-KI wurde abgeschlossen. Es handelt sich exakt um 150.000 Schiffe der bekannten 250-Meter-Klasse der Ablonder. «

»Sie brechen zu ihrem nächsten Stützpunkt auf«, bemerkte Major Travis. »Ich denke, wir werden sie in Kürze Wiedersehen. «

Grelles Licht flammte auf dem Bildschirm der Termar 1 auf. Vor der wartenden Flotte des Neuen-Imperiums hatte sich ein großer Dreiecks-Transmitter geöffnet. Die ablondische Keil-Formation beschleunigte und flog eine große Kurve und verschwand gemeinschaftlich in den grell geöffneten Durchgang.

»Weg sind sie«, bemerkte Heinze. »Sie alle glauben noch an den guten Ausgang ihrer Mission. «

Erstaunt blickte Major Travis, Heran und Commander Brenzby ihn an.

»Du nicht mehr? «, erkundigte er sich.
»Die ganzen Daten, die ich auch dem Gedächtnis von Commander Sirgphan gefiltert habe, geben mir doch zu denken«, teilte der Ro mit. »Wir haben es hier erstmalig mit einer technisch hochorganisierten Rasse zu tun. Ich habe zahlreiche Werft-Planeten und riesige Flotten-Verbände seinen gedanklichen Bildern entnehmen können. «

»Wir brauchen einen Plan«, entschied Major Travis. »Dieser wird mit Admiral Poison und Noel abgestimmt. Fliegen wir zurück. «

Er blickte seinen Commander an.
»Commander Brenzby, geben sie den Befehl an die Flotte«, lächelte der Major. »Rückflug ins Sol-System. «

Der Commander übermittelte den Befehl an die Flotte. Major Travis lehnte sich in seinem Kommando-Sessel zurück und blickte auf den sich öffnenden Durchgang des Dreiecks-Transmitter.

»Beschleunigen«, befahl er und zeigte mit seiner Hand auf den Dreiecks-Transmitter.

Die Flotte des Neuen-Imperiums flog geordnet auf den hellen Durchgang zu und verschwand in dem Ereignishorizont. Hinter ihnen verschloss sich der Durchgang wieder. Es schien so, als ob nie etwas anderes als das dunkle All, an dieser Position existiert hatte.

Ungefähr eine Stunde nach dem Abflug der unterschiedlichen Flotten, tobten zahlreiche Explosionen auf dem zweiten Mond des Planten Oraval. Die ablondischen Selbstverstörungs-Schaltungen hatten ausgelöst und alle 500.000 Stasis-Türme der Ablonder zerstört. Nichts sollte in die Hände fremder Kräfte geraten. Das Vermächtnis der „Aller Ersten" und ihres ablondischen Hilfsvolkes, war förmlich von dem Mondboden verschwunden.

Vorschau

DIE WEISSE ANOMALIE
DER ZIERRAKIES

GEHEIMAKTE MARS 10

D. W. McGillen